傑克・萊斯特與彩虹蚺於蓋亞那。

查爾斯・拉格斯在第一趟前往獅子山的旅程中拍攝螞蟻大軍。

在獅子山錄製蛙鳴。

觀察蓋亞那上馬札魯尼河附近的壁畫。

借住在皮皮力派的十口之家屋內。

三趾樹懶，我們很快就發現有個寶寶藏在牠的左腋下。

蟻窩上的小食蟻獸。

峇里島甘美朗樂隊與面具舞者。

前往爪哇東部的婆羅摩活火山。

紅毛猩猩查理在克魯文號甲板上。

剛收養小熊班傑明時，每三個小時要餵一次奶。

在前往科莫多島的小船上掌舵的哈桑。

風平浪靜，船隻無法移動，我們花了好幾天時間等待起風。

體型最大的科莫多龍對我們毫不在意。

伊爾弗瓜的蝴蝶群。

查爾斯在巴拉圭查科地區的灌木帶。

總是與我們失之交臂的巨犰狳，在倫敦動物園與體型較小的犰狳同胞合影。

ADVENTURES OF A YOUNG NATURALIST

年輕自然博物學家冒險實錄

來自動物園的跨海請託

SIR DAVID ATTENBOROUGH

THE ZOO QUEST EXPEDITIONS

大衛・艾登堡爵士 著

楊佳蓉 譯

跟隨艾爺爺的腳步

張東君　科普作家

首先，我要請大家在打開這本書前，盡可能是以自己最喜歡的閱讀姿勢，放輕鬆的坐著或半躺著或乾脆躺著，最好還能預留一段自己覺得可以一口氣看完整本書的時間。因為在接下來的「行程」中，我們稱之為「艾爺爺」的大衛・艾登堡會讓我們身歷其境的和他一起回顧他最早的三趟拍攝、捕捉動物旅程。在書中會出現很多動植物，但是基本上我們只需要知道那是在哪裡，屬於哪一類就好了，不要糾結在牠們／它們的中文名究竟應該是什麼，也千萬不要準備好鉛筆紅筆想要在書上塗改修正。假如是別位作者的書我是完全不反對，不過基於我對艾爺爺的愛，以及我相信會想看這本書的各位對艾爺爺的尊敬，就別這麼煞風景了。這可是艾爺爺呢！

不要說我往臉上貼金，想要攀關係蹭艾爺爺的熱度，但我的學經歷還真的有那麼一咪咪類似艾爺爺。除了大學讀動物系以外，我在當助理及讀碩士班的期間，其實有主持過一季的公視節目「奇妙的動物」。當時公視還沒有自己的電視台（光這樣就知道是多久以前），製作的節目都是穿插在三家電視台的固定時段播出。「奇妙的動物」是由光啟社製作，難得的棚內攝影在忠孝敦化的社裡拍，外景則去台灣各地容易抵達的地方。由於我還要上學，外景不是跳著拍，就是三天兩夜以內得回到台北。除了最開始的幾集出動比較多人力以外，都以當時最簡潔的人力出門。導播江麗淑大姐、助理導播許炳祺、攝影師小咪、載攝影器材跟我們的司機大哥、我，這樣五個人到處趴趴走。編劇則是後來認到的已故（高中）學姐趙敏。

由於年代久遠，我又沒有像艾爺爺那樣有鉅細靡遺的紀錄，在我當時的記事本上其實只有外景地點，以及當天穿的衣服、髮型、鞋子等，以防日後補鏡頭的時候「不連戲」。在一季的節目中，現在還記得的只有幾次。有一集要採訪台北動物園當時的獸醫主任，在我下車走到動物醫院的路上，我看到一隻二十多公分高的深色「小雞」，很開心的把牠抱起來然後帶到動物醫院去給獸醫主任說：「我剛剛在前面撿到牠（愛心）」。接下來就看到兩個氣急敗壞的人跑進來說：「主任，那隻鴯鶓寶寶跑掉了……欸，有被帶回來啊。」還有一集是去中央研究院動物研究所採訪我從幼稚園起就認識的周延鑫老師，請他說明他為什麼要養非常、非常多的蟑螂，以及費洛蒙是什麼。除了我以外的攝影團隊看到很多飼養箱的滿滿蟑螂都一副想要往後倒彈的表情，只有我毫不在意的把手伸到飼養箱裡玩蟑螂，讓他們即便在我說我洗完手之後，還是要我不要碰它們。有一次是去墾丁出外景，但是攝影機器出問題，光是拍個我在小徑上看蜘蛛就NG了二十多次才拍完，而且攝影師小咪還在某個水池看到很多黑色的蝌蚪，說要抓回去給他父親生吞治療皮膚病，讓我很擔心他父親會有寄生蟲問題。還有一次是去南部採訪鱷魚大王，鱷魚大王很自豪地說只要喝他家的很厲害的鱷魚產品就能夠非常神勇。到了半夜，助理導播來敲我跟導播的房間門說他沒有辦法回房間，因為同房的攝影師帶了人回來，而司機大哥根本沒回旅館……。

就像這樣的，初期的公共電視動物節目雖然預算不多，也是相當有趣的，只是要拍第二季的時候我已經考上京都大學的博士班，而且也存夠第一年的生活費和學費，於是很遺憾地跟節目說拜拜去念我的書，後來導播還跟我碎念說新一季的主持人居然去海邊出外景時不會想要摸海水看動物。艾爺爺的節目比我的早了將近半世紀，縱然英國的預算比公視的多上非常多，但是要克服的困難、遭遇的危險也是多到不是只有小巫見大巫可以描述的程度。不過就像許多搞笑或喜劇節目一樣，演員遇到的狀況越慘，大家笑得越開心一樣的，艾爺爺以生動有趣的筆觸記下他去蓋亞那、到印尼、巴拉圭的各段行程，讓我們知道即使自他一九五五年第一次出發以來已經過了將近七十年，科技大幅躍進，動物園扮演的角色也從收集動物的活體博物館演變成為保育野生動物的基地，關於工作聯絡的各種公私部門官僚卻也沒有太大的進步。但是我可以確實跟大家說只要是好的動物園，都很努力的在維持動物福利，並跟不同專業領域的學者合作，讓自己更了解飼育下的動物，並保育自然界中的野生族群。

例如艾爺爺在找到犰狳之後發現還是要讓牠們吃點土才能維持健康一樣的，台北動物園在二十年前也跟台大畜牧系的老師合作，先看穿山甲吃東西之後要過多久之後才會排到體外，然後研發不同版本的食譜給穿山甲試，才有了今天這樣可以飼養到第五代的結果。動物園飼養的動物也不再是從野外抓來，而是藉由各個動物園交換血緣、避免近親繁殖而來的後代。各種動物不只是祖宗八代，連更久之前的親緣關係都可以靠著世界各國動物園水族館分享的資料查得一清二楚，除非那是在很封閉，沒有整合資訊或是不把資訊流出來的國家。

所以，看艾爺爺的這本書，知道他年輕時候是如何觀察自然之後，也可以造訪動物園，認識一下他筆下寫到的紅毛猩猩、食蟻獸、青鸞、蝴蝶，以及很多很多其他種的動物，了解什麼叫做前人種樹、後人乘涼。聯合國每隔幾年就會有一個口號。現在的是「Reverse the RED」，要努力讓瀕危物種不滅絕。讓我們一起努力吧。就從看這本書做起。

目次

跟隨艾爺爺的腳步　張東君——3

序言——11

第一部　「動物園追追追」前往蓋亞那

第一章　蓋亞那——23
第二章　泰尼・麥塔克和食人魚——35
第三章　壁畫——49
第四章　樹懶與蛇——63
第五章　夜晚的神靈——81
第六章　馬札魯尼的船歌——103
第七章　吸血蝙蝠和葛蒂——117
第八章　金先生和美人魚——133
第九章　回返——149

第二部　抓龍特攻隊

第十章　前往印尼——155
第十一章　忠誠的吉普車——165
第十二章　峇里島——179
第十三章　峇里島的動物——187
第十四章　火山與扒手——197
第十五章　抵達婆羅洲——209
第十六章　紅毛猩猩查理——223
第十七章　一波三折——237
第十八章　科莫多島——257
第十九章　科莫多龍——269
第二十章　後記——279

第三部　追到巴拉圭

第二十一章　前往巴拉圭——283
第二十二章　好景不常——289
第二十三章　蝴蝶和鳥——303
第二十四章　鄉間的鳥巢——327
第二十五章　浴室裡的野獸——341
第二十六章　追逐巨犰狳——353
第二十七章　查科野地的牧場——365
第二十八章　查科之旅——379
第二十九章　第二趟搜索——393
第三十章　迷你動物園大搬家——403

大衛・艾登堡爵士Sir David Attenborough

序言

現今的動物園已無需派人去收集活生生的動物。這樣再好不過了。即便沒被我們偷走自然界中最美麗、最有魅力、最稀有的居民，它已經承受了夠多的壓力。現今，動物園裡的明星物種——獅子、老虎、長頸鹿、犀牛，甚或是狐猴和金剛猩猩——都能在園內繁殖，血統登記得清清楚楚，讓我們能夠跨國交換動物個體，不會惹出近親繁殖的問題。牠們是幫助遊客親近自然界奇蹟的關鍵角色，教導社會大眾維持生態複雜性有多麼重要。

但這並非慣例。一八二八年建立倫敦動物園的科學家團隊，關注的仍是收集所有尚存的物種，這個任務相當重要，但也接近不可能。某些動物的標本從天涯海角送到倫敦，有的動物活著抵達英國，就關在攝政公園裡動物學協會的園地中展示。這兩類動物最後的命運，都是成為妥善研究的解剖標本，獲得精心保存。無需我贅言，他們格外注重找到其他動物園尚未入手的物種，這份雄心壯志持續到一九五〇年代不見消退，當年我拜訪了動物園其中的一名館長，提出要製作新型電視節目的計畫。

當時的電視跟現在很不一樣，僅一個頻道，節目由BBC製作，只能在倫敦和伯明罕收看。所有的節目來自倫敦北區亞歷山德拉宮的兩間小攝影棚，從一九三六年推出獨步全球的固定電視節目播映服務起，攝影棚和器材一直沿用至五〇年代。一九三九年曾因第二次世界大戰爆發停播，不過等到一九四五年宣布停戰後，立刻恢復服務。因此，當我一九五二年得到製片實習生的工作時，英國電視圈只有十年的實際製片經驗。

電視節目幾乎都是現場直播。電子記錄技術還要等上幾十年，所以我們這些製片想在攝影棚中填充節目畫面只能用上影片。那要花費不少錢，我們通常沒經費這麼做。我們並不會因此受限，相反的，觀眾和製作方都認為「即時性」是電視媒體最大的吸引力。觀眾在螢幕上看到的事件正同時發生。要是演員忘詞，大家都聽得到工作人員替他提詞。要是政治人物發飆，大家都會看到他的失態，不讓他有機會收回發言，堅持那些言論都是經過剪接。

剛入行時，已有幾個動物節目在播了。主持人是倫敦動物園的園長喬治·肯斯岱爾（George Cansdale），他每週從攝政公園帶來體型合宜、個性乖巧的動物，把牠們放在亞歷山德拉宮攝影棚一張鋪了踏腳墊的桌子上，讓牠們在攝影棚的強光下楞楞眨眼，肯斯岱爾先生負責介紹牠們的身體構造、特殊之處和擅長的小把戲。他是專業的自然學家，控制動物的手法高超，總能哄得牠們乖乖就範。雖然不一定每回都能如他所願，但這也是該節目的賣點之一。動物多半會在墊子上放鬆坐穩，運氣好的話還會趴到他的大腿上。偶爾會有動物溜走，為此他們派了幾名穿著制服的動物園管理員在鏡頭外待命。某次一隻非洲的嬌小松鼠從展示檯跳上正上方的麥克風桿，順著線路竄過整個攝影棚，在通風管線裡安頓下來。牠在上頭住了好幾天，不時在同個攝影棚拍攝的電視劇、綜藝節目、片尾曲露臉。肯斯岱爾先生有幾次甚至被動物咬了，這些都是不容錯過的經典橋段，只要他帶來特別危險的動物——比如說蛇——全國觀眾都會屏息觀賞。

接著，一九五三年出現另一種型態的動物節目。名叫阿蒙・丹尼斯（Armand Denis）的比利時探險家兼拍片人，帶著他美麗迷人的英國妻子米凱拉（Michaela）從肯亞來到倫敦，公開了一段他們拍攝《撒哈拉以南》（Below the Sahara）這部紀錄片的花絮。他們把沒放進電影的片段剪成半小時的電視節目，讓大家看見大象、獅子、長頸鹿，以及東非平原壯觀的知名獵場。節目非常成功，許多觀眾是第一次見到那些動物活生生的模樣。儘管影片沒有肯斯岱爾先生現場節目的驚喜感，但大家都看見了身處原生環境的動物是多麼不可思議。

觀眾的熱情回饋使得電視台企劃馬上請丹尼斯夫婦提供更多作品。來個能播上好幾個禮拜的系列作如何？丹尼斯夫婦已在非洲拍攝多年，累積了大量的動物影片，他們聞到商機，很快就點頭答應。「動物觀光行」（On Safari）系列就這麼開播了。

我這個二十六歲的菜鳥製片只有兩年的電視台工作經驗，以及從沒派上用場的動物系學位，急著想做出自己的動物節目。每一種節目形式都有其特有的吸引力——及局限性。肯斯岱爾先生帶來無法預測的動物，不可否認這是相當刺激的體驗，然而那些動物處於陌生的攝影棚裡，行為舉止多半不夠自然。至於丹尼斯夫婦的動物則是身處自然環境，看起來無比自在，卻又欠缺現場節目的驚奇性。我在心中想了無數次，能否擷取兩者所長，將這兩種風格融合成一個節目。當時我已經製作過音樂演奏會、考古猜謎、政論、芭蕾舞表演等等節目，最新的作品是三集一組的節目，介紹動物外表型態的意義和目的，由偉大的當代科學家朱利安・赫胥黎爵士（Sir Julian Huxley）擔任旁白，為了替節目增色，還向肯斯岱爾先生的倫敦動物園借來幾隻動物嘉賓。製作過程中，我結識了動物園的爬蟲館館長傑克・萊斯特（Jack Lester）。

傑克年輕時對動物滿懷熱情，但他並非本科系出身，先在銀行工作了一段時間。不過他很快就說服老闆，調派他到西非的分行，就此沉浸於收集、飼養爬蟲類的興趣之中。戰爭爆發後，他加入皇家空軍，待二戰結束，他便在英國西部的一間私人動物園就職，最後進入攝政公園，照顧倫敦動物園內大量的爬蟲類。他的辦公室是爬蟲館裡的一個小房間，跟模擬熱帶氣候的展示區一樣，暖氣熱得讓人差點窒息。擺滿了各種尺寸的籠子，裝著他那些不需要公開展示的心肝寶貝——侏儒嬰猴（Dwarf bush baby）、巨型蜘蛛、變色龍、穴居蛇類。因為他替我的赫胥黎節目幫上挑選動物的大忙，於是我跑去找他討論未來更多的合作計畫。自認我的提案應該能說動他，因為他可以回到摯愛的西非——加上我這個跟班。

我的計畫很簡單。ＢＢＣ和倫敦動物園應當要派我們兩個聯手收集動物。我負責拍攝傑克在野地裡探索，最後抓到某個目標。最後一個鏡頭就是近距離拍攝他手中的動物，影像淡化，畫面轉到同一隻動物擺出同樣的動作，只是場景換到攝影棚內。傑克以肯斯岱爾的口吻來介紹這種動物有趣的外表和行為。若是發生無可避免的插曲，比如說動物逃脫或咬人，那就再好不過了。下一集觀眾們又會跟著影片回到非洲，和傑克展開又一次的搜捕。

傑克認同我的提案，唯一的問題是動物園當時無意派人到海外收集動物，BBC也不打算拍攝這種需要專業知識、肯定要燒掉不少鈔票的自然史影片。不過呢，這個小問題竟然透過動物園和BBC高層的一場飯局就解決了，雙方都以為對方早就胸有成竹。

那天的午餐飯局在動物園的餐廳進行。傑克和我在一旁搧風點火。我們的老闆喝完咖啡後離席，各自確信加入對方的計畫能讓自己獲得暴利，隔天我們分別收到大幹一場的指示，可謂是喜出望外。

我們隨即敲定就從叢林開始。傑克過往待的銀行位於獅子山，非常了解這個國家，也了解那裡的動物相。他在那邊還有不少朋友，能幫我們一把。我深信這場冒險應當訂下特別的目標——某種讓動物園欣喜若狂的稀有動物，全世界沒有任何一間動物園看得到；如此浪漫、寶貴、刺激的目標，能讓觀眾有動力一集一集看下去，等待我們終於找到那隻動物。這個系列可以叫做「尋找……」之類的……可是要找什麼呢？

確立目標並不容易。在獅子山符合標準的動物，傑克只想到一種名叫白頸岩鶥（*Picathartes gymnocephalus*）的鳥類。要用這個名字引起英國民眾的瘋狂期待似乎不簡單。有沒有更浪漫的稱呼呢？「有的。」傑克熱心提供情報，「牠的俗名是禿頭岩鳥（Bare-headed Rock

Fowl)。」我想就算是這個名號也炒不起半點熱度，但傑克想不出其他目標。於是岩鶥（Picathartes）成了我們的終極目標，節目的名字就簡單稱為「動物園追追追」（Zoo Quest）。

還有其他問題要應付。電視使用的膠捲規格是三十五釐米，跟劇情片一樣。一捲的尺寸大約和壓扁的足球一樣大，搭配的攝影機就像小型行李箱那麼大。一般來說，需要把機台架設在三腳架上，由兩名工作人員操作。丹尼斯夫婦用了體積較小的十六釐米膠捲和攝影機，我也想如法泡製。

電視台影片部的長官氣壞了，他說十六釐米是給門外漢玩的。專家壓根看不上這種東西。影像模糊到令人髮指，就算要砍掉整個節目，他也不會降低水準。節目部門的長官叫我來開會。我說明狀況（儘管從未幹過這類企劃，還是滿懷信心地），解釋若是不用更小巧、更好操作的器材，就拍不出理想的鏡頭。

最後他們順了我的意，影片部長官卻有個但書：當年的電視只有黑白兩色，可是我們必須使用彩色負片來沖印正片，而非一般的黑白負片。彩色負片的感光度不夠強烈，但是沖印出的黑白影片畫質會清晰不少。我接受這個條件，表示除非是光線極度昏暗的環境，我們絕對不會使用黑白負片。

然而ＢＢＣ的攝影師沒有半個人願意使用十六釐米的機材。我得要自己去找攝影師，花了一點工夫，找到一個跟我年紀相仿、剛從喜馬拉雅山回來的小伙子，他去那裡擔任尋找雪怪（abominable snowman）探險任務的攝影師助理（任務失敗了）。他名叫查爾斯・拉格斯

（Charles Lagus）。我們安排在攝影棚附近的酒吧碰面，電視台的人常常約在這裡。我們喝了點啤酒，發現彼此的笑點很接近。他覺得我的提議很有意思，喝完第二杯就答應入夥。傑克也招募到他需要的幫手，亞夫．伍德（Alf Woods），動物園鳥園的管理員組長，身材結實，腦袋靈光，負責照顧他們抓到的動物。就這樣，一九五四年，一行四人動身前往獅子山。

在首都自由城待了幾天，隨後便朝雨林挺進。查爾斯和我都沒待過這樣的環境。森林裡極度昏暗，查爾斯沉著臉掏出測光器。「如果想得到足以拍攝彩色負片的光線，我們得要砍掉幾棵樹。」他挖苦似地說道。這是致命一擊。要在密林中執行任務，就得動用寥寥無幾的黑白膠捲。

我試著說服傑克：要是他在森林裡抓到什麼東西，先帶到明亮的空曠處放掉，然後再捕捉第二次。傑克爽快答應。於是查爾斯和我與其拍攝在枝椏間飛躍的猴子、躲在暗處和林間等待性情

亞夫．伍德（右）和傑克．萊斯特餵食白頸岩鶥幼鳥。

害羞的羚羊探頭。我們只能先拍攝連我們都抓得到的小動物——變色龍、蠍子、螳螂和馬陸。

白頸岩鶥仍舊是我們的首要目標。傑克帶著畫家用博物館標本臨摹的水彩畫，無論走到哪裡，他都會掏出來問當地居民，有沒有看過這樣的動物。每個人都是一臉茫然，不過最終還是讓我們找到認得這種鳥類的村民。他說牠們很像燕子，會拿泥土築巢，只是尺寸更加巨大。牠們的泥巢黏在叢林中的巨岩邊上，很難移動到明亮處，我們也無法砍掉附近的樹木來降低拍攝難度。因此只好動用珍貴的高感光黑白負片，終於拍下史上首次活生生的白頸岩鶥畫面。

第一集於一九五四年十二月播出。傑克在攝影棚內介紹動物，我指揮鏡頭，從主控室播放錄好的影片。可惜我們遇上了天大的憾事：播映後隔日，傑克身體嚴重不適，送醫治療。當然了，節目本身是現場直播，下禮拜必須找人接替他的位置。電視台老闆叫我自己上陣。「你是我們的員工。」他說，「這樣就不用多付工錢啦。」隔週，我使出渾身解數接下傑克的擔子，抓好那些動物，由我的導播朋友在主控室控制攝影機。

我們呈現的非洲風貌與丹尼斯夫婦的節目大相逕庭。泥壺蜂建造令人讚歎不已的杯形蜂巢，行軍蟻大軍襲擊蠍子——與遼闊的東非相比，格局小，但查爾斯運鏡技巧高超，營造出強烈的戲劇感，該系列獲得了極大的回響，我的老闆可謂是喜出望外。

節目播畢後一個月，傑克終於恢復到能夠出院的程度。我們兩個再次聯手，認為應當趁兩邊上司都還記得上一次的成果，提出新企劃。

我們提了——有點不可思議地——在一九五五年三月，最後一集西非動物節目播映後才過了八個禮拜，我們再次出發。這回的目標是南美，當時稱英屬蓋亞那（British Guiana）的地方。

然而我們到達目的地不久，傑克再次病發，不得不馬上飛回倫敦住院。於是我又得飾演他的角色，連捕捉動物的任務一併擔下，然後由另一名動物園的管理員組長來照顧愈來愈多的動物。

等我們回到英國，傑克的復原情況還是很差，於是我再次坐上主持人的位置。這回的節目也很成功，因此我們提出第三趟任務的企劃。這趟要去印尼，首要目標是科莫多龍（Komodo dragon），全世界最大的蜥蜴，而且從未上過電視。傑克的體力無法陪我們遠行，但他要我們別管他，我們就這樣出發了。我們駐扎於印尼期間，他以四十七歲的年紀英年早逝。

英屬蓋亞那之旅後，我寫下我們的經歷，也在接下來的幾年裡記錄每次旅程。本書收錄了前三趟紀錄，與原本的文字相比，稍微刪減一些內容，並更新部分資訊。

自當年完稿後，這個世界變化極大。英屬蓋亞那獨立建國，改名為蓋亞那。當年我們踏進蠻荒之地魯普努尼莽原（Rupununi savannah）尋找大食蟻獸，現在那裡擁有定期航班，與交通便利的海岸地區。在印尼爪哇，壯觀的婆羅浮屠（borobudur）寺廟遺跡，曾是充滿浪漫情懷的廢墟，現已完全清理修復；原本只能透過海路前往的峇里島，當年我們只在那見過另一張歐洲臉孔，現在每天都有數千名度假客進出當地機場，往返於澳洲和歐洲間航班；一九五六年我們費盡千辛萬苦抵達的科莫多島，已經開闢出觀光路線，一群群遊客透過旅行團安排探訪那些爬蟲類。電視節目也全都轉換成全彩畫面。

二〇一六年，有位檔案管理員在整理ＢＢＣ的片庫時，找到幾個生鏽的片盒，上面貼著「動物園追追追—全彩」的標籤。她滿心疑惑打開片盒，挖出好幾捲原始底片，包括我在內，沒有人看過它們原本的色彩。現今它們終於能以全彩的姿態上映。看過影片的人認為儘管時隔六十年，但其生動的程度足以登上電視螢幕。希望接下來的書本內容也能帶給各位讀者同樣感動。

大衛·艾登堡，二〇一七年五月

第一部

前往蓋亞那「動物園追追追」

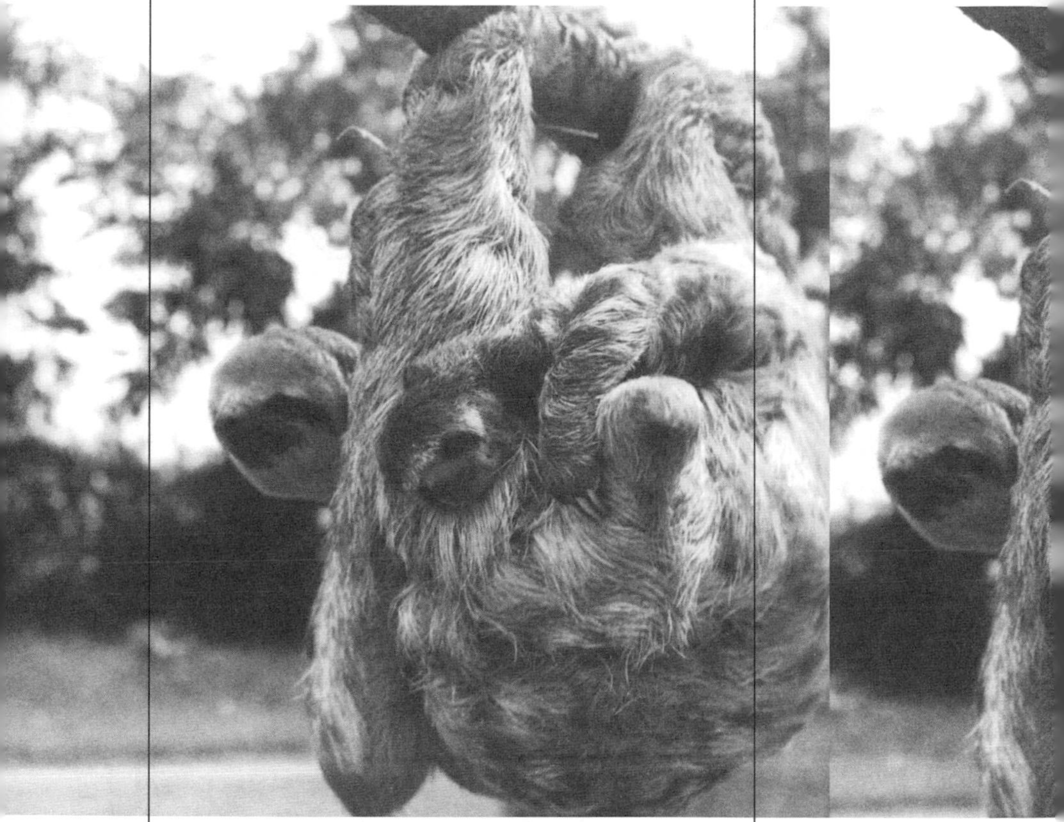

ZOO QUEST TO GUYANA

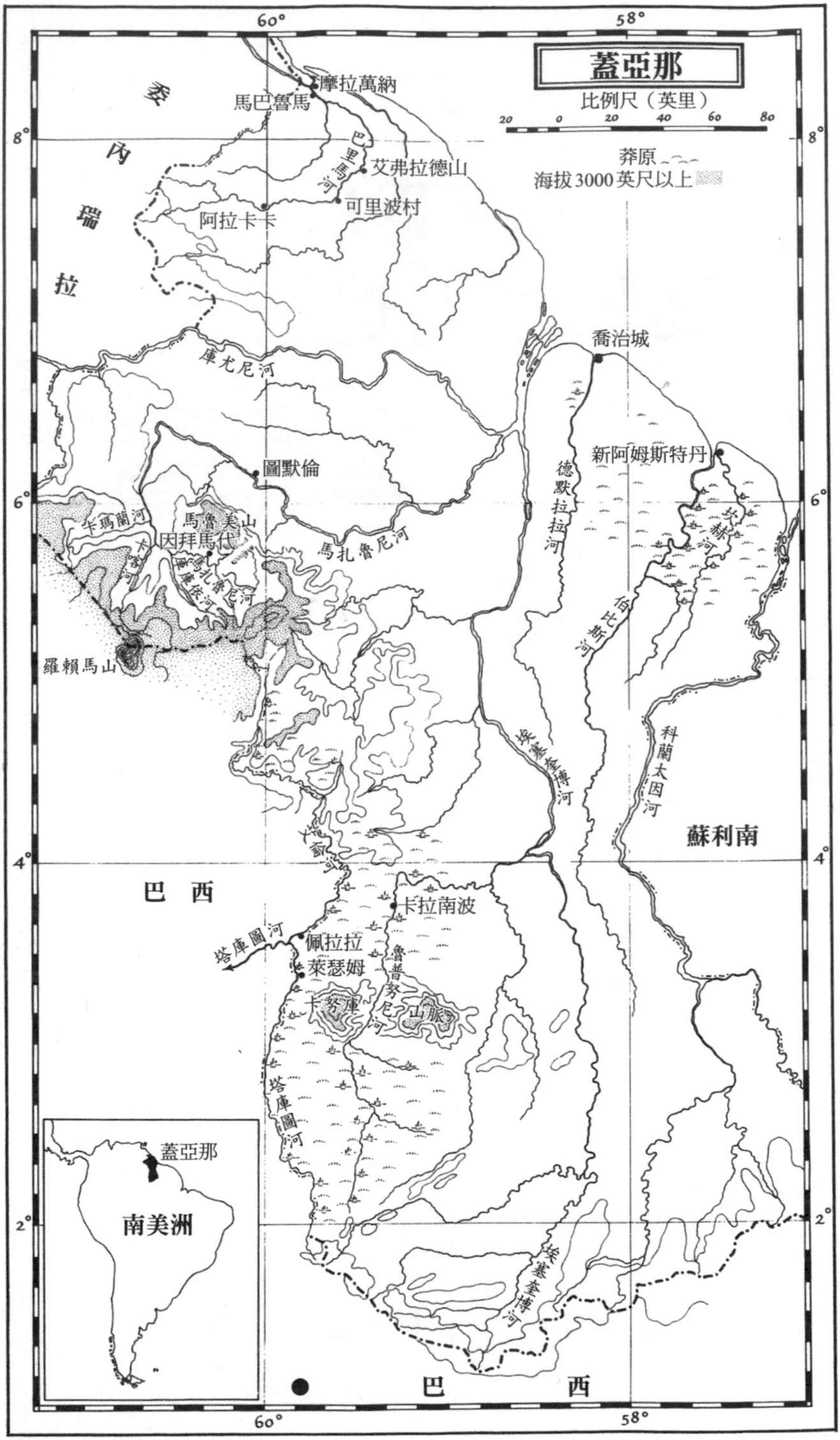

蓋亞那
比例尺（英里）
20 0 20 40 60 80
莽原
海拔3000英尺以上
60°
58°
8°
6°
4°
2°
委內瑞拉
摩拉萬納
馬巴魯馬
巴里馬河
艾弗拉德山
可里波村
阿拉卡卡
喬治城
庫尤尼河
新阿姆斯特丹
圖默倫
德默拉拉河
坎赫河
卡瑪蘭河
馬魯美山
因拜馬代
馬扎魯尼河
伯比斯河
羅賴馬山
埃塞奎博河
科蘭太因河
蘇利南
巴西
文俞河
卡拉南波
塔庫圖河
佩拉拉
萊瑟姆
魯普努尼河
卡努庫
山脈
塔庫圖河
埃塞奎博河
巴西
蓋亞那
南美洲

第一章　蓋亞那

南美洲是某些世上最奇異、最可愛、最駭人動物的故鄉。少有生物比樹懶還要讓人瞠目結舌，牠們像是以靜音模式外加慢動作，倒掛在高高的樹梢上度過一生。少有生物比莽原的大食蟻獸還要怪異，牠們的體態比例奇特，尾巴膨成毛茸茸的旗幟，上下顎化為無齒的彎曲長管子。另外，美麗的鳥類多不勝數，可謂是不足為奇：色彩豔麗的金剛鸚鵡在森林裡振翅穿梭，絢麗的羽毛與沙啞瘋狂的叫聲形成強烈對比。還有寶石般的小小蜂鳥，飛掠在花朵間吸取花蜜，羽毛炫出一片虹彩。

許多南美洲的動物可怕到令人印象深刻。整群的食人魚埋伏在河流裡，等著撕扯膽敢踏進牠們領域的動物血肉；還有在歐洲被列為傳奇生物的吸血蝙蝠，牠們是南美洲的可怕現實，夜裡從森林裡的棲身處飛出，吸食牛血或人血。

自從我們首度以「動物園追追追」節目的名義造訪非洲後，隨即選定南美洲就是我們的下一個目標，然而面對如此遼闊又多樣的大陸，該先落腳在哪呢？最後我們挑上蓋亞那（當時的英屬蓋亞那），全南美洲唯一的大英國協成員。連同傑克・萊斯特、查爾斯・拉格斯，我們三個遠征非洲的老班底，再加上倫敦動物園的管理員提姆・文奈爾（Tim Vinall）。他原本的勤務是照顧有蹄類，不過在動物園的資歷很長，照料過不少動物。他得要留在接近海岸的基地，負責艱辛的後勤任務，照顧我們抓回來的動物。

就這樣，一九五五年三月，我們降落在首都喬治城，隨後花了三天取得各種許可，從海關領取我們的攝影機和膠捲，購買鍋碗瓢盆、食物、吊床。深入內陸展開冒險的衝動，令我們心癢難耐。大致的拍攝計畫已經擬定，從地圖可看出蓋亞那境內大多是熱帶雨林，從北部的奧利諾科（Orinoco）延伸至南方的亞馬遜盆地。西南側有一片廣大的莽原，條狀的已開發地區沿著海岸分布，稻田、甘蔗園、沼澤、溪流交錯。若是想捕捉蓋亞那的代表性動物，我們應該涉足每一個區域，因為那些動物的地域性很強。只是我們不太清楚要在每一個區域的哪裡落腳、該以何種順序移動，直到第三天晚上，我們受邀參加晚餐餐會，同席的三位專業人士給予我們精確的建議：民政事務官比爾・賽格（Bill Seggar），他負責臨近西側國境的偏遠森林；來自魯普努尼莽原的牧場主人泰尼・麥塔克（Tiny McTurk）；肯尼德・瓊斯（Cennydd Jones）則是照料美洲原住民的醫生，踏遍了殖民地的每一個角落。我們聊到隔天清晨，掏出照片和影片，對著地圖比畫，興奮地抄錄一堆筆記。等到終於散會，我們確立了詳細的遠征路線，先去莽原，接著是森林，最後以海岸邊的沼澤地劃下句號。

隔日一早，我們徒步前往航空公司辦事處詢問交通方式。

「前往魯普努尼的四張機票嗎？」辦事員說，「沒問題，明天就有一班飛機。」

一行四人登上飛機的那一刻，興奮之情難以形容。不過，我們沒料到會碰上如此刺激驚險的旅程。我們的機長威廉斯上校在蓋亞那叢林飛行的經驗豐富，多虧他的膽量和想像力，才能一窺這個國家的諸多偏遠地區。起飛時，我們發現上校的飛行技術與帶我們從倫敦來到喬治城的機長完全不同。這架達科塔運輸機沿著跑道，引擎聲發出如雷響聲，盡頭的棕櫚樹高速逼近，以為機器出了問題無法起飛。在最後一秒，機頭猛然拉升，只差一呎就要撞上棕櫚樹叢。我們面如死灰，高聲道出心中疑

查爾斯・拉格斯與楓葉龜（matamata turtle）。

慮，隨後我鑽到前方問威廉斯上校這是怎麼一回事。

「在叢林飛行時，」他大吼，捏起叼在嘴角的菸，往控制面板角落的菸灰缸敲了敲。「在叢林飛行時，我覺得起飛是最危險的瞬間。只要哪個引擎在最需要它的節骨眼故障了，整架飛機就會墜毀在森林裡，沒有人能來救援。我總要在地面累積足夠的速度，這樣就算沒有引擎也飛得起來。怎麼啦，小子，怕了嗎？」

我倉皇地向威廉斯上校保證我們一點都不怕，只是對於他的駕駛技術很有興趣罷了。威廉斯上校咕噥幾聲，把起飛時使用的近焦眼鏡換成遠焦眼鏡。我們坐下來欣賞風景。

飛機下方的森林有如綠油油的絨毯，往四面八方延伸至視野盡頭。越是接近大懸崖，地面漸漸升起。威廉斯上校沒有切換高度，森林幾乎近在眼前，可以看到鸚鵡飛過樹頂。等到懸崖被我們拋在腦後，森林又變了個樣。一片片草地宛若島嶼點綴其間，我們很快就來到廣袤的平原上空，銀色的河流像是血管般流淌，頂端帶著些許白雪的山峰好似雀斑。飛機往下降，在一小片白色建築物上盤旋，往跑道上找地方降落（說好聽點是跑道，其實不過是少了起伏山丘的一片莽原）。上校優雅地操控機身，起落架在地面碰撞幾下，滑向等待接機的人群。我們跨過機艙地板上一堆堆貨物，跳下飛機，被炫目的陽光照得睜不開眼。

曬成古銅色的開朗男子身著短袖上衣和寬邊草帽，從人群中走來迎接我們。他是負責接待我們的泰迪．梅維爾（Teddy Melville），家世顯赫，父親是第一批落腳在魯普努尼的歐洲人，在此經營牧場，現在他的牛群隨處可見。他於世紀之交抵達此地，先後與兩名瓦比廈那族（Wapishana）印第安女子結婚，她們各生了五個小孩。這十名男女都是此地的權貴人士，牧場主人、店家老闆、政府的巡山員和獵人。我們很快就發現在北部的莽原區，無論走到哪，遇到的人不是姓梅維爾，就是曾與梅維爾家有姻親關係。

飛機降落在萊瑟姆（Lethem），這個小鎮只有幾棟白色水泥建築，散落在跑道兩旁。其中最大的一棟、同時也是唯一有兩層樓的屋子，正是泰迪的旅店——樸素的四方形建築，有個陽台和幾扇未裝玻璃的窗戶，冠上了「萊瑟姆旅館」的名號。右側半哩外的矮丘頂上，是事務官辦公室、郵局、一間店舖、小型醫院。塵土滿天飛的紅土道路將旅店和那片建築串在一起，經過木板搭建的一排廁所，通往炙熱的野地、蟻丘、低矮的灌木叢。二十哩外，參差的山脈聳立在平原上，熱氣蒸騰，勾勒出群山的灰藍色輪廓。

方圓幾哩內的居民都來萊瑟姆接機，因為這架飛機帶來了他們企盼已久的補給品和每週的定期郵件。飛機日一向是重要的社交場合，旅店擠滿攜家帶眷的牧場主人，他們來自邊陲地帶，飛機離開後繼續留下來交流情報和八卦。

當天晚餐後，餐桌自餐廳撤出，換上一張張木頭長凳。泰迪的兒子哈洛德架設起投影機和布幕。吧檯越來越冷清，長凳漸被填滿。瓦比廈那族的牛仔，在此地稱為「瓦庫洛斯」（牛仔的西班牙語），他們的皮膚曬成古銅色，一頭直髮黑得發藍，光著雙腳湧入旅店，在門口付了錢。店主關燈，屋內頓時充滿刺鼻的菸草味和滿懷期待的低語。

最開頭的娛樂是幾段聳動的過時新聞，接著播放了一部好萊塢的美國西部牛仔片，代表正義的白人屠殺許許多多邪惡的印第安紅人。片子拍得不是多好，但這群瓦比廈那人看著他們的北美洲表親慘死，神情木然，臉上沒有半點情緒。故事有點難懂，不只是因為他們只剪接出部分影片，膠捲也不像是以正確的順序播放，比如說可愛的美國女孩在第三個膠捲中被印地安人殘殺，卻又在第五個膠捲裡再次登場，跟主角上床。不過，瓦比廈那人很捧場，這點小事絲毫不影響其興致，盛大的打鬥場面依舊引起熱情的掌聲。我私下提醒哈洛德·梅維爾選擇該片可能不太恰當，但他再三保證牛仔片一向最受歡迎。在瓦比廈那人眼中，好萊塢的家庭喜劇肯定是無與倫比的鬧劇。

電影散場後，我們來到二樓房間。房裡只有兩張架著蚊帳的床鋪，顯然我們之中有兩個人得睡在吊床上，查爾斯和我自告奮勇。我們兩個在喬治城買了吊床，這可是難得的機會。我們裝出一副行家模樣，用牆上的鉤子架好吊床，然而幾個星期後才領悟到只有外行人才會這麼做。我們掛得太高，用複雜的大繩結固定，早上得花不少時間收拾。傑克和提姆只要爬上他們的床鋪就好。

隔日一早，相信不用多說就知道哪一方睡得比較好。查爾斯和我信誓旦旦地說我們一夜好眠，在吊床上簡直就是如魚得水。才怪！當時我們都還沒學會在沒有支架的南美吊床上睡穩的簡單技巧。我花了大半夜嘗試著躺好，結果是腳伸得比頭高、背脊彎得厲害，要是翻身肯定會折斷背骨。早上起來我只覺得脊椎要終身殘廢了。

吃完早餐，泰迪·梅維爾前來告知一大群瓦比廈那人正在附近湖邊，以傳統的毒魚方式捕魚，過程中說不定會撈到我們感興趣的動物，他建議我們去看看。我們爬上他的貨車，橫越莽原。無論車子往哪開幾乎都沒東西擋路，蜿蜒的溪流不時出現，但可輕易迴避，從大老遠就能看到長滿灌木叢和棕櫚樹的河岸。此外，只有一叢叢厚殼樹和蟻丘——像高塔般聳立，有的形單影隻，有的擠成一團，讓我們有種在巨大的墓園中穿梭之感。莽原上有幾條明顯的路徑，連接一座座牧場，不過和我們要造訪的湖相隔了段距離。泰迪很快就駛離道路，在樹叢與蟻丘間顛簸，只靠著他的方向感前進。不久，地平線上出現一列樹木，標記著我們的目的地。

抵達湖邊時，我們發現湖面有一大片區域被粗樹枝築成的水壩隔起，瓦比廈那人往裡頭倒入特殊的藤蔓汁液，那是他們從好幾哩外的卡努庫山脈採集來的。四周全是準備好弓箭的漁夫，等待魚兒被藤蔓的毒性麻痺浮上水面。瓦比廈那人攀在伸往湖中的樹枝上，以特別架設在湖上的平台為據點，還有人站上

射魚。

克難的木筏或划著獨木舟來回巡邏。婦女在湖岸邊的空地掛起吊床，席地而坐，並且生好火，只要男丁一撈到魚，隨即就能清理烹煮。不過到目前為止尚無半點收穫，她們越來越不耐煩，狠狠數落自家老公太蠢，圍起太大的區域，採集到的毒藤遠遠不足，毒性太弱了，對魚兒根本沒效。花了三天堵起漁場、搭建平台，時間和心血全都付諸流水。泰迪用瓦比廈那語跟她們閒聊，收集情資。一名婦人看過對岸有個洞，裡頭似乎住了某種大型動物。她說不上來是什麼，不是森蚺，就是凱門鱷。

在爬蟲類的分類群中，凱門鱷和短吻鱷、鱷魚是非常相近的物種，在門外漢眼中，牠們幾乎是一模一樣。不過，傑克自然是分得出牠們的差異，儘管都能在美洲找到，其棲息環境卻是大相逕庭。傑克說在魯普努尼有機會能找到凱門鱷當中體型最大的黑凱門鱷（black caiman），據說能長到二十呎。他承認「龐大的凱門鱷」對他來說極具吸引力，此外，若能抓到夠大的森蚺也是不錯的成就。不是一就是二，他認為我們真的該去試試手氣。我們爬上幾艘獨木舟，請一名婦人帶我們橫越湖面。

經過實際調查，我們找到兩個洞，一大一小，彼此相通（拿棍子戳進小洞，大洞就激起水花），於是我們拿樹枝堵住小洞。為了防堵未知生物從大洞溜走，同時又要給牠足夠的空間現身，從岸邊砍了幾根樹苗，深深插入湖底的泥巴，在洞口外圍成半圓的柵欄。我們還沒看到目標的真面目，而從小洞刺探也激不出洞中的居民，因此決定擴大洞口，慢慢挖開地道的頂部。就在此時，一陣騷動自水下傳來，感覺不像是蛇。

我們小心翼翼地隔著柵欄縫隙窺看，地道裡相當陰暗，我只勉強看見一顆碩大的黃色尖牙在泥水裡若隱若現。我們困住了一隻凱門鱷，從牙齒尺寸判斷，牠的身軀肯定不小。

凱門鱷有兩項厲害武器。首先是最顯眼的滿口利牙，其次是牠強勁的尾巴。無論是哪一邊都能帶來嚴重傷害，幸好被看上的這隻卡在自己的洞裡，我們一次只要應付一邊就好。瞥見那排牙齒，我知道現在的當務之急是哪一端。傑克在柵欄內的泥水裡踩來踩去，想摸清楚牠趴在哪裡、要如何俐落地逮到牠，達成任務。從我的角度來看，要是這隻凱門鱷衝出來的勢頭太猛，傑克必須匆忙的往後跳，否則會賠上一條腿。我也不太安全，站得遠一點，踏在淹到大腿的湖水中，控制查爾斯坐著的獨木舟，幫他找個合適的角度與距離，穩妥的錄下過程。看到凱門鱷衝向傑克，我相信牠的勢頭肯定不容小覷，足以撞倒我們的陽春柵欄，傑克可以跳上湖岸，而我卻得涉水好幾碼才能

挖出凱門鱷。

回到安全地帶。我相信凱門鱷在湖水中的動作比我還要敏捷。不知道為什麼——或許我比自己想像的還要緊張——我無法穩住獨木舟，讓查爾斯好好工作。船身在我手中劇烈晃動，害他差點讓手中的攝影機落水，他判斷若想保護機具安全，不如陪我一起涉水。

同時，泰迪向瓦比廈那人借來一組生皮套索，他和傑克跪在岸上，套索垂到凱門鱷的吻部前方，期盼牠撲向查爾斯和我時撞進陷阱。牠在洞穴裡不斷吼叫撲騰，力道之大連湖岸都微微晃動，但牠也相當機警，拒絕繼續往外鑽，傑克又把洞挖開一些。

到了這個當頭，二十幾名當地民眾跑來看我們忙活，七嘴八舌地提議。他們無法理解我們為何想活逮這條生物。他們偏好直接拿刀現場支解獵物。

最後，傑克和泰迪拿來兩根分岔的樹枝撐開繩圈，終於套住凱門鱷漆黑的吻部，牠顯然是氣壞了，身體一扭，張嘴大吼，甩掉了圈套。他們套了三次，三次都被掙脫，直到第四次才成功完成。傑克靠著樹枝把套索繞過牠的鼻尖，在牠意識到發生什麼事之前，迅速抽緊繩圈，控制住那對危險的上下顎。

現在還得提防牠那條大尾巴的突襲。情勢逆轉，傑克又在凱門鱷的吻部加了一個繩圈以防萬一。泰迪要瓦比廈那人拆掉柵欄，查爾斯跟我反而陷入險境。凱門鱷長長的腦袋伸出洞外，黃色的眼珠子一眨也不眨地狠狠瞪著我們。沒想到傑克竟然拎著一根樹枝長棍跳進水裡，彎下腰，棍子插進地道，擱在凱門鱷粗糙的背上，再伸長手在棍上打了個半結，套住牠黏答答的腋下，把牠固定在棍子上。泰迪也來幫忙，兩人一點一點地拖著凱門鱷出洞，又用幾個半結套住牠的身軀。後腿，尾巴基部，最後連尾巴末端都牢牢固定住，牠以無害的姿勢趴在我們腳邊，泥水在其嘴邊激起水花。牠只有十呎長。

我們必須將牠運回對岸的貨車上，把棍子末端掛在獨木舟上，划船拖著凱門鱷回到婦女的營區。

傑克在旁邊監督瓦比夏那人幫我們把凱門鱷裝載至車斗上，按部就班地檢查繩結，確認沒有被牠的外皮磨壞。沒魚可處理的婦人閒得發慌，擠到貨車旁打量我們的收穫，討論怎麼會有人把如此危險的害獸當成寶貝看待。

我們回頭橫越莽原。查爾斯和我坐在凱門鱷的左右兩側，腳離牠的大嘴僅六吋之遙，相信生皮套索不會辜負它的名氣。第一天就抓到這麼引人注目的動物，我們可謂是欣喜若狂。傑克倒是沒這麼興奮。

「這開場差強人意啦。」他說。

第二章　泰尼・麥塔克和食人魚

在莽原待了一星期，採集到的動物數量意外得多。我們逮到一頭大食蟻獸，而當地的牛仔更是帶來不少動物，泰迪・梅維爾貢獻出自家屋裡亂竄的幾頭寵物——嗓音沙啞的金剛鸚鵡羅伯特、兩隻在雞舍裡過著半室內生活的喇叭鳥，還有他取名綺奎塔的捲尾猴（雖然她極度溫馴，偶爾還是會來點小惡作劇，當我們開心地陪她玩耍時，從我們口袋裡偷東西）。

收集到的動物在提姆的照料下過得很好，於是我們決定擴大探險範圍，離開萊瑟姆近郊，造訪北方六十哩外的卡拉南波（Karanambo）。抵達喬治城的第三天認識的牧場主人泰尼・麥塔克就住在那裡，之前他曾邀請我們去他的牧場玩玩。我們向提姆道別，爬上借來的吉普車，就朝著北方出發。

在沒有半點起伏變化的疏林莽原間開了三小時的車，遠處地平線上浮現一片帶狀樹林，就擋在我們前方。沒有路標或比較空曠的地方指引我們如何穿越，車道越來越模糊。就在我們確信已經迷路的當頭，發現有條小徑直直切入樹林，陰暗的通道恰好只夠吉普車通行。兩側的樹幹與灌木叢和藤蔓糾纏不清，枝葉在我們頭頂上交會，構成幾乎不透光的天棚。

突然間，陽光流瀉而下，照亮整輛車，這片樹林就這般憑空出現，又突兀地劃下終點，卡拉南波就在眼前：幾幢泥磚稻草屋圍繞著鋪上碎石子的空地，中間隔著幾叢芒果、腰果、芭樂、萊姆。

泰尼・麥塔克和康妮・麥塔克夫妻聽見車聲，出來迎接我們。泰尼一頭金髮，身材高大，一身油膩的卡其工作服，前不久他還在工作室裡磨製新的鐵箭頭。康妮矮小些，纖細苗條，穿著整潔的藍色牛仔褲和罩衫，她熱情的招呼我們進屋。我見識到了最有意思的房間，裡頭就像裝了一個世界，古老而原始，嶄新又便利——在世界的這個角落呈現出人生縮影。

說是「房間」或許不夠精確，兩片相連的牆面只砌了兩呎高，與戶外呈現半開放狀態。一張皮鞍跨在其中一面牆頂上，外側有條長長的木頭軌道，裝載著四座外掛式引擎。房間的另外兩側架著木牆，後方就是臥室。一張桌子靠著其中一面牆，上頭擺滿了無線電器材，泰尼就靠這個和喬治城及海岸區域聯繫，旁邊則是一組塞滿書的架子。另一面牆上掛著大鐘和一大堆野蠻的槍枝、十字弓、長弓、箭矢、吹箭、釣線，以及一組瓦比廈那族的羽毛頭飾。我們注意到屋角堆了幾支船槳和裝滿冷水的美洲原住民風格陶甕。屋裡沒有椅子，取而代之的是屋角三個鮮豔的巴西吊床，房間中央是一張三碼長的大桌子，四隻桌腳埋入堅硬的泥土地，整串橙色的玉蜀黍從頭頂上的屋梁垂落。梁柱間隨興架設的木板成了天花板。我們東張西望，讚嘆不已。

「這屋子沒用上半根釘子。」泰尼得意洋洋。

「什麼時候蓋的？」我們問。

「這個嘛，大戰結束後，我在內陸鬼混了一陣子，到西北部淘鑽石、打獵、挖金礦之類的，然後我想該安頓下來了。我曾經到魯普努尼河上游探險一、兩次。當年要靠船隻逆流而上，需花上兩個禮拜到一個月，看水流的狀況。我覺得這個國家挺不錯的——人不會太多——就決定把這裡當成自己的家。來到上游，找了個地勢高的地方，遠離喀波拉吸血蚋（kaboura flies）的活動區域，也不用擔心排水問題，同時又要離河岸近一些，這樣我才能從海岸區域用船把家當運過來。這棟屋子其實只是暫時的，我蓋得很倉促，還有一堆計畫，要收集各種建材，才能蓋出真正的豪宅。那些計畫還在我腦袋裡，建材堆在倉庫裡，我隨時都可以動手，只是呢——」他避開康妮的視線，「——我就是沒辦法動工。」

康妮笑出聲來。「這話他已經說了二十五年啦。你們一定都餓了吧，快坐下來吃飯。」她移到長桌旁，示意我們坐好。桌子周圍擺了五個倒放的橘子箱。

「抱歉，屋裡淨是這種舊東西。」泰尼說，「現在的木箱品質和戰前完全不能比。跟你們說，以前我們也是有椅子的，只是地板太不平整了，總會坐壞椅子腳。箱子沒有腳，至少能撐久一點，而且坐起來跟椅子一樣舒服。」

麥塔克家的大餐一點都不簡單。康妮是享譽蓋亞那的優秀廚師，她煮出來的菜色自然不會馬虎。首先端上桌的是肉質細緻的眼點麗魚[1]排（泰尼會固定前往魯普努尼河抓捕）。接著是烤鴨——泰尼前一天獵到的——最後是屋外摘來的新鮮水果。不過呢，還有兩隻鳥兒跟我們搶食：一隻小小的鷚哥和黑黃相間的擬椋鳥。牠們飛到我們肩頭討碎屑，我們不太確定該如何反應，因此從盤裡捏起魚肉的速度慢了些，這時鷚哥決定放下繁文縟節，落到傑克的盤子邊緣自行取用。擬椋鳥則是用了不同的招數，以尖針般的鳥喙狠狠啄了查爾斯的臉頰一口，提醒他應負的義務。

不過呢，康妮很快就阻止了沒規矩的鳥兒，把牠們趕開，在遠處桌角拿小碟裝著替牠們特製的食物。「破壞規矩，在餐桌上餵寵物就是這樣的下場，害自家的客人被牠們騷擾。」她說。

夜幕低垂，晚餐來到了尾聲，倉庫裡的蝙蝠紛紛醒來，悠閒地、悄悄地飛過起居室，鑽進夜色中捕食飛蟲。角落傳來搔抓聲。「泰尼，我說真的，你該好好對付那些老鼠了。」康妮語氣嚴峻。

「我做了啊！」泰尼似乎有點受傷。他對我們說，「以前我們在走廊養了條紅尾蚺，牠讓我們完全不用煩惱鼠患，可是就因為牠有次嚇到客人，康妮就叫我把牠弄走。看看現在成了什麼樣子！」

飯後，我們離開桌邊，各自窩在吊床上閒聊。煤油燈懸在梁上，夜色漸深，泰尼說了一個又一個故事，像是他早年在莽原過活，卡拉南波這一帶有好多美洲豹活動，每兩個禮拜他就得射殺一頭才能保住牲口。他記得一群巴西盜匪摸過邊境來偷馬，直到他親自到巴西一趟，拿槍威脅那群小賊，奪走他們的槍枝，燒掉他們的房子。我們聽得入迷。蛙類和蟋蟀開始鳴叫，蝙蝠飛進飛出，一隻大蟾蜍溜進屋子，在燈光中有如貓頭鷹似地猛眨眼。

「剛來這裡時，我僱了一名馬庫希族（Macusi）印第安人來幫我幹活。讓他嘗了點甜頭後，我才發現他是個皮埃，也就是巫醫。早知道就不會找他了，巫醫絕對不是好用的工人。他一借到錢就說不要繼續工作。我說要是債沒還完就想走，我會狠狠揍他一頓。嗯，他不會走到這一步的，太丟臉啦，這樣他在其他馬庫希人面前可是會抬不起頭的。我逼他在這裡做苦工，直到還清債務才放人。那時他說要是我不多付一點錢，就要對我吹氣。這口氣一吹，我的眼珠子會變成

替麥塔克夫婦錄音。

1 註：又名皇冠三間，在台灣是外來入侵魚類，蓋亞那則是原產地。

水，我會下痢，把五臟六腑拉個精光，命喪黃泉。我說：『好啊，你吹啊。』我就站在原地看他怎麼吹。等他施完法，我說：『我是不知道馬庫希的法術是怎麼一回事啦，不過我跟阿卡瓦伊人（Akawaio）混過好一陣子，現在輪到我對你下一點阿卡瓦伊的咒語了。』於是我往肚子裡吸飽氣，在他四周跳來跳去，對他狂吹氣。我一邊呼氣、一邊說他的嘴巴會黏起來，再也吃不下半點東西；他會整個人往後彎，直到後腦杓碰到腳跟，到時候他就死定了！跟他鬧完，我叫他回去，把他的事情全拋到腦後，進山打獵，過了幾天才回來。一回到家，我認識的印第安酋長跑來跟我說：『泰尼大爺，那個人死了！』我說：『小伙子，每天死的人還不夠多嗎？你說的是誰？』『被你下咒的那個人，他死了。』『他什麼時候死的？』『前天。就跟你說的一樣，他的嘴巴緊緊閉著，身體往後凹去，最後死掉了。』」

「他沒有騙我。」泰尼下了結論。「那個人真的死了，死狀跟我說的一模一樣。」

我們沉默許久。「可是啊，泰尼。」我說，「這事肯定沒那麼單純，不會是巧合吧。」

「這個嘛。」泰尼無辜地仰望天花板。「我是注意到他的腳掌有點破皮，然後最近他的村裡有兩起破傷風的案例，說不定有點關聯。」

我們陪鸚哥和擬椋鳥共進早餐，和泰尼討論今天的計畫。傑克決定要在出門抓動物前先把籠子、飼料槽、動物食器的行李拆封。

泰尼對我們說：「小伙子，你們有什麼打算？對鳥兒有興趣嗎？」我們連忙點頭。「跟我來吧，這一帶應該有些東西能給你們看看。」他神祕兮兮地說道。

我們隨泰尼穿過魯普努尼河岸邊的灌木叢，這段路宛如一堂豐富的叢林課程。半小時的路程間，他指出一棵枯木上的樹洞，周圍散著木屑（木蜂的傑作）、羚羊[2]的蹤跡、迷人的紫色蘭花、馬庫希族人在河邊釣魚的營地遺跡。他突然間踏出林徑，示意我們別開口。腳下的植被越來越厚，我們努力跟上他沉默的步伐。

這裡的樹幹飾滿了翠綠色的爬藤植物，像帷幕般垂在樹木之間。我下意識地用手背撥開，卻被一陣刺痛激得連忙縮手，這些爬藤類的葉片銳利如剃刀，莖上長出一排排棘刺。我的手被劃出一道血口，出聲大了些，泰尼轉身，豎起食指要我安靜。我們小心翼翼地在糾結的藤蔓裡找路，沒過多久，植被厚實到我們得要用腹部往前推進，然後垂頭躲避利刃般的葉片。

他終於停下腳步，我們圍到他身旁。厚毯般的利刃葉片垂到我們眼前，他謹慎地撥出一道縫隙讓我們窺看。後頭是一片類似沼澤的小湖，水面滿滿的布袋蓮，花朵零星散布，鮮豔的綠毯上點綴著一點一點精緻的藍紫色。

2　審註：南美洲沒有任何羚羊物種（分類上為牛科），低地會出現的有蹄動物主要是奇蹄目的貘和偶蹄目的西貒科、和鹿科動物。

在我們面前十五碼外，一大群鷺科鳥類占據了湖面中央到對岸的區域，模糊了一片布袋蓮的輪廓。

「就是這兒。」泰尼悄聲說，「覺得如何？」

查爾斯和我猛點頭。

「接下來沒我的事了。」泰尼繼續道，「我回去吃早餐啦。祝你們好運！」他悄然無聲地回頭離開，留下我們兩個隔著利刃葉片繼續打量那群鳥兒。裡頭混了兩種鷺：大白鷺與較小的雪鷺。我們透過望遠鏡欣賞牠們揚起精巧掐絲的冠羽，跟同伴口角。偶爾會有一對鷺鷥飛到半空中，激烈地以鳥喙相鬥，又在瞬間縮回鳥群中。

湖對岸有幾隻高大的裸頸鸛，比其他鳥兒高出不只一個頭。漆黑的光頭搭配鮮紅色的浮腫頸子，讓牠們在純白的鷺群間格外搶眼。左側的淺灘聚集了上百隻鴨子。有的矯健成團，軍人似地面對同一方向，其他的則是成群結隊在湖裡漂浮。靠近我們這一側有隻水雉小心翼翼地踏過水面上的布袋蓮葉片，細長的腳趾將體重分散開來，每一步都像是穿了滑雪板似的。

最可愛的景象來了，就在我們腳邊幾碼外，四隻玫瑰琵鷺（roseate spoonbills）在淺灘忙碌撥水，用鳥喙吸吐泥水，尋找可吃的小動物。牠們漂亮極了，羽毛泛著最柔和的粉紅色調，每隔幾分鐘就抬起頭來東張西望，讓我們看到扁平如圓盤的喙尖，帶著卡通人物般的逗趣，完美結合了古怪和優美。

我們設置好攝影機，準備錄製眼前的美景，但是不管如何擺放，總會被前方的一小叢灌木遮住視野。我們以最小的音量開了個會，決定冒著驚擾鳥群的風險，往前推進幾碼，躲到一叢尺寸剛好能遮住我們和攝影機的灌木下方。只要不讓鳥兒注意到我們的動靜，應該就能清楚拍到湖上的每一隻鳥——鴨子、鷺鷥、鸛、琵鷺。

我們以最輕巧的動作，撥開刃葉間的隙縫，鏡頭舉在面前，緩緩擠了出去，跨越湖邊的草地。查爾斯安然抵達遮蔽處，我也隨即跟上。生怕驚動鳥兒，我們很慢很慢地豎起三腳架，固定好攝影機。就在查爾斯幾乎對好焦，要拍攝琵鷺時，我按住他的手臂。

「你看。」我悄聲道，指向左側遠方。一群莽原的牛隻踏著淺灘涉水而來，我先是擔心牠們會嚇跑我們當下的目標——琵鷺，不過鳥兒沒把牠們當一回事。牛群悠悠閒閒地接近我們，搖頭晃腦，一頭領頭牛走在最前方。牠停下腳步，仰頭嗅嗅空氣。牠的子民也暫停前進。接著，牠刻意朝我們躲藏的樹叢逼近，又在十五碼外停步，低吼一聲，刨抓地面。從我們的角度來看，牠和英國鄉間溫和的更賽牛（Guernsey）長得一點都不像。牠再次不耐地吼叫，朝我們揮舞犄角。我趴在原地，無助極了。要是牠決定衝刺，肯定會像壓路機般撞倒整個樹叢。

「如果牠衝過來。」我緊張地低語，「一定會把鳥兒嚇跑。」

「還可能毀了攝影機，我們就完了。」查爾斯悄聲回應。

「我想撤退是明智之舉，你覺得呢？」我緊盯著那頭牛，不過查爾斯已經付諸行動，爬向我們的刃葉簾幕後，攝影機抱在胸前。

我們乖乖窩回原處，覺得自己蠢斃了。大老遠的跑來南美洲，直搗美洲豹、毒蛇、食人魚的老巢，卻被一頭牛嚇得屁滾尿流，丟臉丟回老家去。我們抽了點菸，說服自己為了設備著想，撤退也是英勇的表現。

過了十分鐘，我們探頭看看那群牛的動靜。牠們還在，對於躲在遠處的我們一無所覺。查爾斯指著前方隨著微風搖曳的草叢，風向變了，現在我們處於下風處。仗著這個優勢，我們再次鑽到樹叢下，架好攝影機，就這樣埋伏了整整兩個小時，錄下鷺群和琵鷺的一舉一動。我們看著兩頭美洲鷲在湖邊找到一顆魚頭，又被一頭大鵰趕跑，而大鵰反過來對虎視眈眈的美洲鷲無比提防，不敢停下來享用戰利品，只得拎著魚頭飛走。拍了一個小時，牛群涉水走回莽原。

「要是所有的鳥兒一同起飛，那幅景象肯定是無比壯觀。」我對查爾斯竊竊私語。「你慢慢鑽出樹叢，我從另一邊跳出去，你在牠們起飛的瞬間站起來，錄下牠們在空中翱翔的模樣。」查爾斯放慢動作，不想在時機成熟前驚動鳥群，他匍匐前進，抱著攝影機蹲在樹叢旁。

「好！預備！」我以誇張的語氣對他下令，接著大喊一聲，揮舞雙臂，跳出樹叢。鷺群完全沒把我放在眼裡。我拍手大叫，牠們依舊毫無動靜。太奇怪了。我們一整個早上躡手躡腳，連說話都不敢太大聲，就怕把這些理應神經兮兮的鳥兒嚇跑，但現在我們大吼大叫，牠們卻似乎完全沒有反應。大費周章的謹慎舉動看來根本是毫無必要。我哈哈大笑，衝向湖邊，離我最近的鴨子終於飛起，鷺群跟在後頭，一大群白鳥從湖面剝離，化為強勁的旋風，鳴叫聲在泛起漣漪的水面迴盪。

回到卡拉南波，我們向泰尼坦承被牛群嚇著的丟臉事蹟。

「喔。」他笑道，「有時牠們確實是有些暴躁，我也得離遠一點。」我們覺得稍微挽回了一些顏面。

隔日，泰尼帶我們到他家下方的魯普努尼河探險。我們沿著河岸漫步，他展示柔軟石灰岩上的深深壺穴，並往其中一個丟下石頭，一陣氣泡隨即從洞底啵啵浮起。

「有人在家呢。」泰尼說，「幾乎每一個洞裡都住了一條電鰻。」

我還有一個尋找電鰻的招數。離開英國前，有人要我們拿錄音機記錄這種魚類的電流。器材需求很簡單——兩根細銅棒，以六吋左右的距離固定在木板上，再接上一段可插進機器的軟管。我把這個陽春的裝置放進洞裡，馬上就透過耳機聽到代表電鰻放電的咯答聲響，頻率和音量越來越強烈，到了頂點又漸漸減弱。我們認為電鰻放電的目的是定位，牠們的側線布滿特別的感應器官，讓牠們得以偵測因為水中物體改變的電流強度，解決了在六呎深的崎嶇陰暗環境活動的問題。除了半持續性的微量電流，電鰻也能在殺死獵物的瞬間釋放強烈電擊，據說其威力能把人電昏。

我們從泰尼搭建的小碼頭登上兩艘加裝舷外引擎的小艇，穩穩地載著我們逆流而上，經過一棵擠滿擬椋鳥的樹，形似粗大木棍的鳥巢掛在樹梢搖搖晃晃。船後拖著幾根附有金屬假餌的釣線，看能不能釣到幾條魚。才剛丟下魚餌，就有魚上鉤。我拉起釣線，發現抓到的是一條銀黑色的魚，十二吋長，掙扎著想吐掉釣鉤。

「小心手指頭。」泰尼懶洋洋地提醒，「你釣到的可是食人魚。」

我隨即把魚丟到船板上。

「兄弟，別這樣。」泰尼有些不悅，握起船槳，狠狠敲昏那條魚。「牠說不定會狠咬你一口。」他拎起魚，為了證明他所言不假，往牠張開的嘴裡塞了一塊竹片。那兩排三角形尖牙狠狠合上，竹片應聲斷裂，像是被斧頭劈開一般。

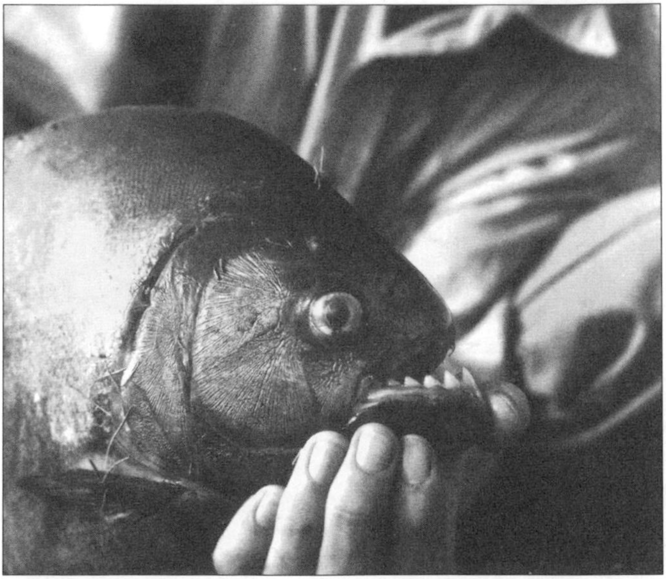

食人魚。

我嚇得冷汗直流。「要是有人跌進食人魚盤據的河裡，一定馬上被啃成枯骨吧？」我問。

泰尼呵呵大笑。「我們都叫牠們比拉魚（perai），要是你蠢到牠們開咬後還待在水裡，下場肯定不會太好看。基本上牠們受到血味吸引才會展開攻擊，所以身上若是有傷口就不該到河裡洗澡。幸好牠們不喜歡湧動的水流，你們下船時只要立刻把船身豎起來，就不用擔心了，牠們不太會游過來。

「當然了，」他繼續道，「有時候牠們來得毫無預警。我記得有次跟十五個印第安人搭上同一艘船，船上太擠了，大家只得把一隻腳伸進水裡。只有我穿著靴子。我是最後一個上船的，甫坐下就發現前面的人血流如注。我問他還好嗎，他說他腳一進水就被食人魚咬了。最後在十五個人裡，有十三人的腳掌都

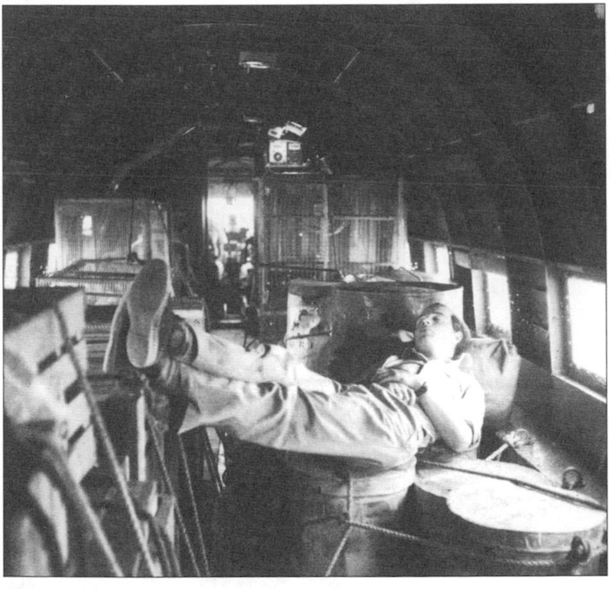

查爾斯·拉格斯於回喬治城的飛機上。

缺了點皮肉。當下沒有人慘叫，也沒有人想到要警告後面上船的同伴。比起食人魚，從這個故事你們應該對印第安人的性情有了更深的了解。」

在卡拉南波待了幾天，我們回到萊瑟姆。收集到的動物越來越豐富，經過兩星期的莽原之旅，隨後飛回喬治城，不只帶著我們的凱門鱷（牠趴在量身訂作的大木箱裡），還有一頭大食蟻獸、一條小型森蚺、幾隻淡水龜、捲尾猴、鸚哥和金剛鸚鵡。感覺是個不錯的開始。

第三章　壁畫

蓋亞那西部與委內瑞拉接壤處是一片高地，馬札魯尼河（River Mazaruni）順著地勢浮起。河道其中一段兜了長達百哩的圈子，才切入砂岩山區，在短短的二十哩內下降一千三百呎，化為許許多多的瀑布激流，構成河運的艱難關卡。

想沿著陸路進入盆地，只能踏上漫長而崎嶇的山路，就連最輕鬆的路徑也得要在密林裡跋涉三天，越過三千呎高的山嶺。因此，這個區域可謂是陸上孤島，約有一千五百名美洲原住民住在此地，直到我們造訪的幾年前，他們與海岸地區的文明景況始終無緣。

然而，當飛機進入這個國家時，一切都改觀了。只要有一架水陸兩用飛機，就能夠飛越群山阻礙，降落在馬札魯尼河廣闊的河水上。突如其來的叩關，可能會嚴重影響到當地阿卡瓦伊族和阿勒庫納族的部落，為了阻止原住民遭到剝削，政府將整個區域劃為原住民保留區——禁止盜採鑽石或黃金，旅客未經許可也不准進入。並指派了一名民政事務官，負責維護原住民的權益。

目前由比爾．賽格擔任這個職務。算我們走運，剛抵達蓋亞那時，正好是他定期來喬治城補貨的日子，採購六個月的食物、交易物產、汽油，以及其他等著裝上飛機運回駐地的必要用品。

比爾高大壯碩、膚色黝黑、五官輪廓深刻。儘管他沉默寡言，但在寥寥數語中便清楚透露出，他對自己的管區懷抱著極大的熱情與驕傲。他向我們介紹該地的各種奇景：近期發現的瀑布、尚未有人涉足的廣大森林、阿卡瓦伊人奇異的「哈雷路亞」信仰、蜂鳥、貘、金剛鸚鵡。他估測我們結束魯普努尼的兩週旅程後，剛好他也完成了採買任務，慷慨地邀請我們和他一起飛回盆地。

我們回到喬治城，興奮萬分地四處尋找比爾，確認他的飛機何時起飛。最後我們在某間旅館的酒吧，逮到他一臉陰沉地盯著一杯月黑風高。他得知一件壞消息。他向幾間店下了訂單，貨物應當要由一架運輸機載回盆地東緣的因拜馬代（Imbaimadai），降落在一小片開闊的莽原上。在漫長的乾季間，那塊地非常適合飛機停靠，然而一旦下雨就會淹水。現在是四月中，理論上沒有問題，但這陣子突然下了陣暴雨，機場跑道頓時化為泥塘。比爾明天要搭兩用飛機回去，降落在馬札魯尼河上。逆流而上，駐紮在機場跑道附近，每天用無線電回報，只要水一退，貨機就能從喬治城起飛，送來重要物資。要讓補給品先送到，等它們安然抵達，只要跑道還是乾的，我們就能隨後飛過去。我們憂鬱地喝了幾杯，向比爾道別，祝他明天回因拜馬代的路上一切順利。

我們在喬治城等著，每天焦躁地拜訪內政部，想知道機場的狀況。第二天，聽說雨終於停了，只要出太陽，不再下雨，跑道應該能在四天左右恢復運行。這四天我們幫提姆・文奈爾安頓從魯普努尼抓來的動物，把牠們放在舒服的環境裡。農業部出借植物園的車庫，我們很快就堆起籠子，把它布置成迷你動物園。某些大型動物進不了室內，喬治城動物園很爽快地答應將其中部分動物當成臨時房客，包括那隻大食蟻獸。凱門鱷的木板箱一半泡在植物園的人工運河裡。

過完這四天，比爾捎來無線電訊息，說當地狀況良好，貨機可以起飛了。接下來的兩天內，所有店家將貨物送上飛機，運往他的駐紮地。最後終於輪到我們了。

我們向提姆道別，他得留守喬治城照顧來自魯普努尼的動物，這份差事一點都不值得羨慕。我們再次打包所有裝備，爬上一架達科塔運輸機。

飛越雨林的過程相當乏味，機下是無邊無際、毫無變化的綠色海洋。五花八門、令人興奮的動物全都藏在起伏的蓊鬱間，不時有幾隻鳥鑽出樹冠，如同飛魚般掠過。零星的空地上蓋著小屋子，宛如密林之海間的孤島。

過了一個小時，地貌逐漸改變，我們接近帕卡賴馬山脈（Pakaraima mountains），那是馬札魯尼河東南側的天險。森林爬上傾斜的坡面，直到它們再也無法繼續往陡峭的岩壁扎根，露出奶油色的山壁。

不到幾分鐘，我們就飛過了一重重早年旅人難以跨越的屏障。馬札魯尼河在機下蜿蜒，光是上游就有五十碼寬。接著，奇蹟似地，我們看到森林中央有一小塊莽原，其中一側搭建一棟小木屋，旁邊站了兩個小小的白色人影，我們知道那是比爾．賽格與黛芬妮．賽格夫婦。

運輸機盤旋幾圈，找到著地的角度。機長的技術沒有問題，只是地面太過顛簸，因拜馬代的機場跑道沒有停機坪，就是一片荒野，由比爾．賽格的原住民幫手鏟掉大部分的岩石和林木。

賽格夫婦上前招呼我們。他們都光著腳。黛芬妮身材高眺、姿態優雅，穿著針織運動衫，比爾則是套著卡其短褲，襯衫前襟全開，頭髮還帶著河中沐浴後的濕氣。看到我們，比爾鬆了一大口氣，因為我們的飛機還載了他的最後一批重要物資。這下子無論情勢有什麼變化，他都能靠著補給撐過預計在一個月後到來的雨季，一切順利的話，我們應該能在四個禮拜內離開因拜馬代。

「可是啊，天候總是難以預料。說不定明天又要開始下雨了。」他愉快地補充道，「就算真是如此，我們總有辦法花大錢找兩用飛機送你們回去。」

我們在因拜馬代機場旁半毀的小屋過了一夜，隔天早上，比爾提議我們往馬札魯尼河的上游航行，上溯到支流卡洛維因河（Karowrieng River），深入無人居住、相對未經開發的野地。我們問他可能會遇到什麼動物。

「這個嘛，那裡沒有住人，一定有許多能引起你們興致的野生動物。那裡還有漂亮的瀑布，是我在一、兩年前發現的，還有一些神祕的原住民壁畫，沒多少人見過，好像也沒多少人知道。你們也可以去看看。」

比爾等著接收下一班飛機送來的貨，雖然沒有他手邊的物資那麼必要。不過，他至少還要再等上兩天，因此隔日一早他說就讓他們夫妻倆陪我們展開第一天的行程。我們五個人跳進四十呎長、裝設馬達的獨木舟，比爾習慣駕著這艘船在他的轄區內移動。六名原住民青年陪我們上路。

那天真是太神奇了，我們第一次如此貼近森林。河谷裡陽光普照，船下是半透明的棕色河水，兩岸森林如牆面般包夾。紫心木、綠心木、豆科鱈蘇木屬的樹木高達一百五十呎，茂密的爬藤類和藤蔓垂盪在樹冠下，好似一片片簾幕，遮擋通往森林深處的視野。往下是較矮的灌木叢，貪婪地向上伸展，爭取進不了陰暗叢林的陽光。毫無間隙的樹葉並不是單調的綠。雨季即將到來，某些樹木吐出金紅色的嫩芽，虛軟地往下垂落，在各種色調的植物間格外顯眼。

兩個小時的航程中遇到幾次激流。某處的河水撞上一大片岩盤，打出乳白色泡泡。我們卸下最精細、最脆弱的裝備——攝影機和其他記錄儀器——扛著它們上岸，爬到激流上游，再回頭幫原住民青年將沉重的獨木舟拖過障礙物。天氣炎熱，但這群小伙子一邊做著苦工、一邊談笑風生。當我們之中某個人不慎腳滑，跌進岩石間的及腰深水中，換來他們一陣朗笑。終於，我們把獨木舟抬到激流上方的平靜水潭，繼續朝上游航行。

又搭了近一小時的船，比爾要我們仔細聽：除了引擎的運轉聲，我們聽見從遠方傳來的轟鳴。

「我的瀑布。」他說。

十五分鐘後，河道帶著我們轉了個彎，瀑布的水聲震耳欲聾，比爾說它就在下一個彎道後。若想繼續往上游跑，就要費盡千辛萬苦，把獨木舟扛到瀑布上頭，因此我們決定在岸邊紮營過夜。不過，比爾和黛芬妮無法繼續陪同，他們必須返回因拜馬代，等飛機送來其餘的補給品。

他們離開前，趁著那些原住民清出一塊紮營空地，帶我們沿著河岸走近瀑布。蓋亞那境內有大量瀑布，往南幾哩就是八百呎高的凱厄圖爾瀑布（Kaiteur Falls），因此在蓋亞那人眼中，比爾的瀑布根本算不上什麼——不過一百呎高。但我們繞過河彎，見識到驚人的美景。

扛著獨木舟越過激流。

鐮刀狀的白色水簾從高聳的上游河道傾瀉而下，落入平穩的開闊水域。我們在潭裡游泳，爬上瀑布底部交疊的巨岩，忍受水柱衝擊，鑽進水簾後潮濕的洞穴。

比爾替他的瀑布命名為邁普利——當地土語中的貘——因為他找到這座瀑布時，曾在岸邊看到貘的腳印。可惜我們沒空大肆觀光，賽格夫婦得在天黑前回到因拜馬代，必須立刻動身，因此我們順著原路，回到那些原住民和獨木舟旁。

賽格夫婦帶上兩名幫手，往下游離開，答應我們會在兩天內派一名原住民青年開船回來接我們。

他們留下四名原住民青年，幫我們把攝影器材運到森林裡的任何一個角落。他們都是阿卡瓦伊人，不過在比爾的駐紮地工作了一段時間，已經稍微歐化了。身穿卡其短褲和襯衫，嘴裡說著變種英語，這種方言在蓋亞那的各個族群中暢行無阻——美洲原住民、加勒比黑人（Afro-Caribbean）、印度人、歐洲

傑克．萊斯特於邁普利瀑布（Maipuri Falls）。

人。基礎是簡化的英文，不過就像世界各地的變種英語，有獨特的規則、字彙、簡稱、發音。他們大多避免使用動詞，就算用了，也都是現在式；複數與強調是透過重複同一個字眼好幾次來表達。因此我們也使用這種語言，雙方溝通毫無障礙。其中較年長的肯尼斯也懂一點引擎，不過我們後來發現，他對付各種故障的招數就是拔掉所有的塞子，往裡頭吹氣。他的左右手名叫喬治國王（King George）——頂著一頭鳥巢般亂髮的結實男子，總是一臉怒容。我們從比爾口中得知，他是下游某座村子的村長，替自己封了這個頭銜。各界請他好歹把名字改成喬治．金（George King），但他執拗地拒絕了。

就在我們欣賞瀑布的同時，四名阿卡瓦伊人已在林間清出一大片空地，長寬約十五碼，用砍來的樹苗搭建棚架，再以樹皮和藤蔓綁緊，然後攤開一大張防水布，抵擋突如其來的暴雨。在這個棚子下，我們掛起吊床；他們已經生好火，煮好開水。肯尼斯握著槍走到我們面前，問我們晚餐想吃什麼鳥。我們提議來隻麻安鳥（maam），那是一種小型鵪鳥[3]，這種鳥類似鷓鴣，不會飛行，非常美味。

「沒問題，長官。」肯尼斯充滿信心，鑽進森林裡。

過了一個鐘頭，他依約帶回一頭肥碩的麻安鳥，我問他是如何逮到我們指定的鳥類，他說所有的原住民都能靠著模仿鳥兒叫聲打獵。我們要吃麻安鳥，他就躡手躡腳地鑽進森林，以低沉又悠長的口哨聲模仿麻安鳥的叫聲。三十分鐘後，有隻鳥兒回應了，他繼續吹口哨，悄悄逼近，一槍打中目標。

晚餐後，我們爬上吊床，度過在森林裡的第一夜。兩個禮拜的莽原生活讓我們學會如何在吊床上熟睡。不過呢，莽原日夜一樣熱，換到高海拔的馬札魯尼盆地，晚間的氣溫降得不少。那一夜，我學到睡吊床需要帶上比一般床舖多兩倍的毯子——想把前胸後背全部包起來，多一條毯子效果比較好。這裡冷到我躺了一個小時就爬下來，穿上所有的備用衣物，才好不容易睡著。即便如此，這一夜還是很不好過。

還沒天亮我就醒了，不過隨著太陽升起，發現早起的好處真不少，金剛鸚鵡和鸚鵡的歌聲在河面上迴盪，一隻蜂鳥已經吃起河邊爬藤植物的花蜜。那隻嬌小精緻如同珠寶的生物不比胡桃大，輕巧地在半空中彈射。一旦決定要吸哪朵花的花蜜，便懸浮在花朵前，接著絲線般的細長舌頭一閃，旋即深入花心吸食。等牠吃完，迅速鼓動翅膀，緩緩後退，衝向另一朵花。

吃完早餐，喬治國王說比爾．賽格提到的壁畫在森林裡，徒步兩小時就能看到。我們問他能否帶路，他說他只去過一次，但他相信一定能再找到那個地方。我們帶上另一名阿卡瓦伊青年幫忙扛器材，請喬治國王領路。他毫不猶豫地穿過樹林，在樹幹上刻出痕跡、凹彎樹苗做為路標，這樣回程就不會迷路了。我們深入林木高聳的熱帶雨林，身旁淨是兩百呎高的巨木，樹幹上蓋滿不靠土地生存、垂落長長氣根從潮濕空氣吸收養分的植物。偶爾會有一塊

---

3 審註：這是一類非常特別的鳥，親戚關係和鴕鳥、鷸鴕、食火雞等較接近，這一個類群的物種稱為古顎鳥類。

地面灑滿了黃色落花，在陰暗的叢林裡格外亮眼。我們仰頭尋找這片花毯的源頭，但每棵樹彷彿都深入雲霄，若不是有這些落花，我們永遠猜不到它們曾經開過花。

樹幹間長滿小樹苗和爬藤類，我們得用刀砍出一條路。這裡沒看到大型動物，但我們很清楚身旁存在著數不盡的小小生物，空氣中充滿鳥叫蛙鳴，以及各種昆蟲的鳴叫。

艱苦跋涉了兩個小時，查爾斯和我都累壞了，天氣悶熱，我們渾身是汗，口渴得不得了。離開河邊後，我們還沒看到哪裡有水能喝。

突然間，我們遇上苦苦尋找的那片岩壁。它拔地而起，幾百呎高的挺拔身段穿破樹冠，陰影令我們宛如身處炎熱的暮色中。岩石和枝枒互不接觸，陽光從其間的縫隙射下，斜斜打在白色石英岩壁，照亮布滿整片岩壁的紅色黑色顏料。這幅景象無比壯觀，我們驚喜得忘卻所有疲憊，興奮地衝向岩壁基部。

壁畫從四、五十碼高處開始，約有三、四十呎高，圖案相當粗糙，不過其中幾個顯然是動物。有幾群鳥類（大概是肯尼斯昨晚獵給我們的麻安鳥），還有許多看不出端倪的四足動物。其中一隻看似犰狳，但是若將頭尾倒置，要說是食蟻獸也行。另一隻動物四肢朝天，原以為是死掉的野獸，但定睛一看，發現牠前腳各有兩根爪子，後腳則是各三根爪子，符合二趾樹懶的外表特徵。牠的上方畫了一條厚重的紅線，顯然是樹懶攀附的樹枝，驗證了我們的猜測。或許那位不知名的畫家遇上瓶頸，才把兩者分開繪製，認為這樣看起來比較清楚。其中也有大量抽象圖案：方塊、鋸齒線條、一連串的菱形，怎麼看都看不出半點頭緒。

最令人震撼的部分是，動物和圖案間的數百個掌印。岩壁高處的掌印以六或八個為一單位，越接近底部就越密集，甚至相互重疊，紅色顏料幾乎沒有空隙。我用自己的手覆上其中幾個掌印，發現都比我的手小。喬治國王應了我的要求，做了同樣的比對；掌印跟他的手一樣大。

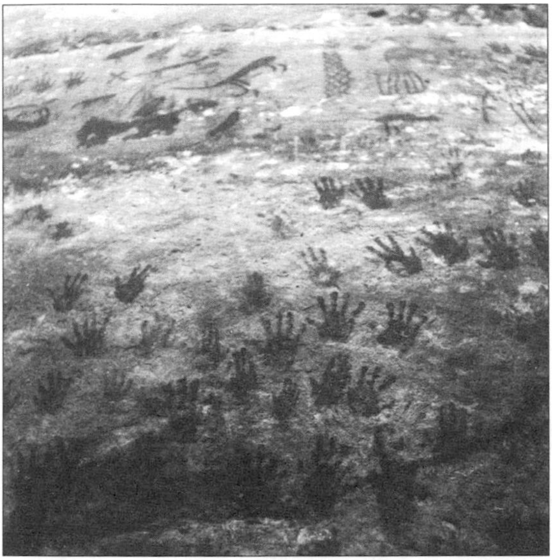

岩壁上的手印。（上圖）

動物圖案，可能是樹懶跟大食蟻獸。（下圖）

我問他是否能說明這些壁畫的意義，儘管他大膽地猜測我們指的每隻動物，但他的答案顯然和我們一樣不敢篤定。若是我們提供不同的答案，他也會笑著認同，承認他根本不知道。不過，我們在其中一個圖案上獲得了共識。「那是什麼？」我指向一個直立人類、明顯是男性的圖案。喬治國王狂笑不止。

「他在運動。」他咧著嘴回答。

喬治國王強調他不懂壁畫的意涵，也不清楚它的歷史來源。「很久很久以前畫的。不過不是阿卡瓦伊人畫的。」這片壁畫確實歷史悠久，堅硬的岩壁表面處處斑駁、圖案剝落，裸露出的岩石已在空氣中暴露多年、風化許久，顏色和整片岩壁差不多，這樣的變化肯定要花費不少時間。

岩壁底部的泉水。

無論繪製者的目的為何，背後一定有非常重要的使命——要在高處畫出這些圖案，那些人得大費周章，搭建高高的梯子。說不定壁畫是狩獵相關儀式的一環，獵人畫下想要獵捕的動物，以自己的手印當成簽名。然而其中只有一隻鳥兒是以死亡的型態呈現，其他動物看起來都沒有受傷，和法國的舊石器時代洞窟壁畫類似。查爾斯和我花了一個小時拍照，拿樹苗搭建克難的梯子，搆到高處的壁畫。

最後一趟爬下梯子時，我渴到頭昏眼花，發現水滴從高懸的岩壁頂端灑落，打在一塊覆蓋厚厚苔蘚的巨岩上。我匆忙走過去，擠壓浸濕的青苔，用夾雜沙土的深棕色水滴潤喉。看到我的舉動，喬治國王消失在左側岩壁間，然後在五分鐘內回來，說他找到水源了。我跟著他翻越岩壁底部的幾塊巨岩，在一百碼外的岩壁上有道裂痕，延伸至地面，擴大成一個小洞窟，地面積起一潭池水，深深幽幽。石窟後方是一道水量充沛的泉水，源源不絕地將池子灌滿。看不出池子的出水口在哪裡，我看得瞠目結舌——從岩壁間湧出的泉水灌入無底的水池，永遠裝不滿——瞬間忘了渴意。在前人的心目中，這樣的水池能賦予這片岩壁神祕的力量。我想到古希臘的石窟，他們在洞裡擺放祭品，想取悅眾神。我往池水裡伸手，希望能撈到一把石斧之類的工具，卻只摸到清淺池底的碎石子。我拿木棍探測水深，發現最深處超過五呎。

解渴後，我回到原處，向查爾斯說起自己的發現。我們坐下來猜測壁畫的意涵，討論石窟是否與圖畫有任何關聯。這時太陽越過岩壁頂端，壁畫失去了戲劇性的照明。若想在入夜前返回營地，現在就得動身。

第四章 樹懶與蛇

我們極有可能在叢林裡浪費大把時間瞎晃，卻得不到太多成果，因此決定拓展有限的知識與經驗，僱用兩名工作站的阿卡瓦伊人當我們的短期地陪。他們的眼睛銳利，能在林間找到小動物，也更熟悉整體環境，有辦法找到正開著花、吸引蜂鳥前來，或是結了果、有大群鸚鵡和猴子造訪的樹木。

不過呢，最先帶來重大勝利的功臣是傑克。當時我們正穿過機場附近的叢林，在長滿刺的爬藤類間找路，爾後停在一棵樹下，那是目前為止我們看到最大的一棵樹，藤蔓掛在高高的枝椏上，纏得難分你我。若是能把藤蔓數年的動靜濃縮在幾分鐘的影片裡，或許就能看出它們是如何纏繞糾結，勒住彼此與其懸掛的樹木。傑克仰望那團死結。

「上面是不是有什麼東西？還是我的錯覺？」他輕聲詢問。

我什麼都沒看到。傑克仔細說明要往哪裡看，我終於看到他注目的對象——一團倒吊在藤蔓上的灰色物體。是樹懶。

樹懶無法快速移動，不用怕牠在幾秒鐘內消失無蹤。我們可以慢慢討論是否要讓查爾斯拍攝這隻動物。傑克幾天前從樹上摔下來，肋骨還在痛，不能太過勉強，所以就輪到我爬上去，把這隻神祕的生物給帶下來。

爬上去不難，爬藤類隨處都是，伸手就能抓住。樹懶看到我逼近，以極度緩慢的動作沿著牠的藤蔓一步一步往上爬。牠的動作慢到我輕鬆超車，在離地四十呎處追到牠。

這隻樹懶的尺寸和大型牧羊犬差不多，倒掛在樹上，毛茸茸的臉上流露出難以形容的哀傷表情。牠緩緩張嘴，露出沒有琺瑯質的黑色牙齒，盡了最大的努力，發出最大的聲音想嚇阻我——一陣咻咻氣音。看我伸出手，牠慢慢揮舞前肢。我縮了回來，牠愣愣眨眼，似乎是很意外爪子沒有勾到我。

發現兩招抵抗全都失效，牠努力攀緊藤蔓。要哄牠鬆手可不容易，而我自己所處的位置

查爾斯．拉格斯在叢林裡錄影。

也不太安穩，因此只能一手握著藤蔓，一手忙著對付樹懶。每當我撬開一邊爪子，準備向另一隻爪子下手時，牠又靈巧地重新抓穩，像是刻意要惹人發火似的。我努力了五分鐘，傑克和查爾斯對我大叫，提出各種建議，全都沒用。我總不能單手搏鬥一整天。

這時我有了個靈感：旁邊垂著一條皺巴巴的細藤，阿卡瓦伊人叫它「老奶奶的背脊」。我高聲指示傑克從地面那端將它切斷。我把藤蔓拉起，甩到樹懶身旁，同時鬆開牠的爪子。不管手邊有什麼，牠都會一把抓住，我就這樣一隻腳一隻腳的，把牠轉移到另一根藤蔓上。之後，我把這根藤蔓緩緩垂向地面，把乖乖抱住藤蔓的樹懶送進傑克懷裡，然後我跟著爬下。

「不錯吧？」我說，「這隻跟我在動物園看的那隻好像不同種。」

「對。」傑克不怎麼興奮。「倫敦那隻是二趾樹懶，已經住了好幾年了，吃蘋果、萵苣、紅蘿蔔就能過得很開心。這隻是三趾樹懶。你不可能在倫敦看到牠，原因很簡單，因為牠只吃號角樹的樹葉[4]。這邊的叢林裡多的是號角樹，而倫敦可弄不到牠的食物。」

所以我們得把牠放回原處，不過在此之前，我們決定養牠幾天，好好觀察牠，錄下牠的影片。我們把牠放在屋子附近的芒果樹旁，少了能夠攀附的枝枒，樹懶幾乎無法動彈，癱著四條長腿，好不容易才拖著身子橫越牠與芒果樹之間的草地。不過呢，一碰到樹幹，牠立刻

---

4 審註：過去認為三趾樹懶是只食用號角樹屬的專食者，但近年來已經發現，不同地區的三趾樹懶族群，是可以取食其他如香豆樹、山欖科、夾竹桃科、桑科等樹種的葉子。

就以優雅的姿態爬了上去，心滿意足地掛上樹梢。

牠全身上下的機能、外型都是順應著奇特的習性而變化。亂七八糟的灰毛不像一般動物那樣，從背脊長向肚子，而是反過來，從肚皮往背後生長。牠的腳掌完全長成了掛勾的型態，喪失獸掌的一切特徵，彎曲的爪子直接從毛茸茸的掌緣冒出。

三趾樹懶和牠的寶寶。

掛在樹上時，樹懶需要廣大的視野，牠的脖子很長，腦袋幾乎可以轉上一圈。生物學家對樹懶的頸椎充滿興趣：幾乎所有的哺乳類動物，從老鼠到長頸鹿，都只有七節頸椎，但三趾樹懶卻有九節頸椎。學者自然很想把這點歸因為過著上下顛倒生活的必要調整，可惜身為對照組的二趾樹懶（生態習性一模一樣），脖子的旋轉幅度也一樣廣，卻只有六節頸椎，比大部分的哺乳類還要少。

第三天，我們發覺抓來的樹懶往前伸長脖子，似乎是想舔舐自己屁股上的什麼東西。我們好奇近看，沒想到牠舔的竟然是一個小寶寶，身體還濕答答的，肯定剛生沒多久。

許多微生植物生長在樹懶的毛皮間，讓牠全身帶了點棕綠色，我們認為這是一種保護色。然而剛出生的樹懶寶寶做不到這點，牠們還來不及培育出自己的毛皮庭院，可是我們眼前的小樹懶毛色跟母親並無差異，待牠的身體乾透，就更難分辨母子之間的界線了。牠窩在母親蓬亂的毛皮上，不時爬過她的身體，往她腋下的乳頭吸奶。

我們觀察這對母子兩天，樹懶媽媽溫柔地舔舐她的寶寶，偶爾會從枝椏上移開一條腿，托住幼小的孩子。生產似乎耗盡了她的食慾，她不再緩慢地咀嚼我們綁在芒果樹上的號角樹樹葉。生怕她就這樣絕食，我們扛著這對母子回到叢林裡，讓她鉤上藤蔓，她慢慢往上爬，寶寶從她的肩頭偷看我們。

過了一個小時，我們回到原處想確認母子平安無事，發現牠們已經消失得無影無蹤。

放走樹懶後不久，賽格夫婦得要離開我們，他們的獨木舟上堆滿補給品。因拜馬代的機場跑道旁還堆了如山一樣高的貨物，肯尼斯隔天還得駕駛獨木舟回來再運一批貨。傑克決定要在基地多待幾天，專心在鄰近一帶收集動物。我們的攝影行程包括拍攝美洲原住民村莊的日常生活，比爾提議為了節省引擎燃油，查爾斯和我應該搭肯尼斯的船往上游走，然後找個村子落腳，待上一陣子。

「我建議你們先去維拉梅普（Wailamepu）村。」比爾說，「沿著馬札魯尼河的支流卡喀河（Kako River），一下就到了。裡面有個聰明的小伙子叫克萊倫斯，過去曾幫我做過事，英語練得很好。」

「克萊倫斯？」我問，「對阿卡瓦伊人來說，這名字真是不尋常。」

「這些印第安人以前信仰『哈雷路亞教』，那是一種基督教的變體，十九世紀初期從蓋亞那南部崛起。不過，基督復臨安息日會的傳教士讓維拉梅普村民改宗，同時也替他們重新取了歐風的教名。

「當然了，他們彼此之間還是用原本的名字互稱，但我想應該沒有多少印第安人會願意透露他們的阿卡瓦伊名字。」他笑了幾聲。「他們似乎能依照自己的方便，結合以前的信仰和傳教士帶來的新教義，在兩者間自由切換。

「比如說傳教士教導他們不該吃兔子。這裡沒有兔子，但有一種叫做駝鼠（labba，又名無尾刺豚鼠）的大型囓齒類動物，跟兔子差不多大。駝鼠肉一直都是印第安人鍾愛的食材，若要禁用的話，他們會深受打擊。據說有個傳教士撞見他的印第安信徒生火烤駝鼠，斥責這是多麼罪惡深重的行為。

「『可是這不是駝鼠。』那名印第安人說，『是魚。』『哪有魚長得出這樣的大門牙！你在胡說八道！』傳教士火大了。『不是的！先生，你知道的，你第一次到這個村子，說我的印第安字不好，往我頭上灑水，說我現在叫約翰。先生，今天我走進林子，看到駝鼠，射死牠。在牠死掉前，我在他身上灑水，說「駝鼠這個名字不好，你現在叫魚」。先生，所以現在我吃的是魚。』」

隔天一早，我們跟著肯尼斯和喬治國王動身前往維拉梅普村，舷外引擎很賣力，不到兩小時，我們就來到卡喀河的河口。沿著卡喀河往上游航行了十五分鐘，看見一條小徑從河岸延伸至森林裡，岸邊是一片泥濘的停泊處，已經停了幾艘獨木舟。我們關掉引擎，下船，沿著小徑前往比爾口中的村落。

在一片沙地周圍蓋了八棟長方形小屋，搭在短支架上，與地面隔出一點距離。牆面和地板的材質都是樹皮，往兩端傾斜的屋頂覆蓋著棕櫚葉。幾名婦人站在門邊打量我們，有人套著破舊的棉質罩衫，有人只在腰間綁上串珠裙。瘦巴巴的雞隻和渾身皮膚病的小狗在屋裡屋外晃盪，小蜥蜴隨著我們的腳步四散亂竄。

肯尼斯帶我們來到一名坐在門口階梯曬太陽的和藹老翁面前，他什麼也沒穿，只套了件用卡其褲改的短褲，上頭滿是補釘。

「他是村長。」肯尼斯為我們介紹。村長不會說英語，但他透過肯尼斯表達歡迎之意，建議我們住進村子角落的閒置破屋，那是傳教士來到這個區域時的臨時教堂。與此同時，喬治國王招募了幾個男孩來幫忙，把我們的行李運下船，堆在教堂旁邊。

我們跟肯尼斯和喬治國王走回河邊。肯尼斯與引擎搏鬥半晌後，終於發動，獨木舟衝向河中央。「我一個禮拜後回來！」肯尼斯扯著嗓門壓過引擎的嘶吼，身影消失在下游遠處。

隨後，我們花了大半天整理設備，在屋外搭了個簡易廚房，接著到村裡各處走走，努力克制不要太早暴露好奇心，到陌生人家門口偷看、拍照，顯然不太有禮貌。我們很快就找到克萊倫斯，這個二十出頭的開朗小伙坐在他的吊床上，忙著編織複雜的網子。他誠摯地歡迎我們，但也明說他現在很忙，只能跟我們聊上幾句。

傍晚，我們回到教堂，思考要煮些什麼。

克萊倫斯出現在門外。

「晚安。」他露出坦率的微笑。

「晚安。」我們應道。先前比爾已經提醒過，這是非常普通的晚間招呼語。

「我幫你們帶了這些東西。」他放下三個大鳳梨，倚著門柱舒舒服服地坐下來。

「你們從很遠的地方來？」我們說沒錯。

「為什麼要來這裡？」

「我們的同胞，在海洋對面，很遠很遠的地方，對馬札魯尼的阿卡瓦伊人一無所知。我們帶了這些機器來拍照、錄音，這樣就能讓我們的同胞知道你們是如何做木薯薄餅和獨木舟之類的。」

克萊倫斯一臉匪夷所思。

「你們覺得那些人想知道這些事情？」

「當然了。」

「好吧，你們真的想看的話，這裡的人會做給你們看。」克萊倫斯還是有些半信半疑。「不過呢，請先讓我看看你們帶來的東西。」

查爾斯取出攝影機，克萊倫斯興奮地瞇眼看著觀景窗。我按下錄音機的開關，他更加激動了。

「這些東西都很棒啊。」克萊倫斯眼中燃起熱情。

「我們還有一個目的。」我說，「我們想找到各種動物：鳥、蛇，什麼都要。」

「啊哈！」克萊倫斯大笑，「喬治國王說你們有個夥伴待在卡瑪蘭（kamarang），說他有辦法抓蛇，一點都不怕。是真的嗎？」

「對。我朋友什麼都抓得到。」

「你也會抓蛇嗎？」克萊倫斯問。

「呃，會。」我佯裝謙虛，又不想錯過這個虛張聲勢的機會。

克萊倫斯步步進逼。

「就算是很凶很會咬人的蛇？」

「呃——對。」我有些坐立不安，希望他別繼續深究這個話題。老實說無論蛇在什麼時候冒出來，一向都由身為爬蟲館館長的傑克抓住牠們。我的成就僅限於某次在非洲抓到一條很小、很溫馴的無毒蟒蛇。

教堂裡沉默半晌。

「好啦，晚安。」克萊倫斯開朗地道別。

查爾斯和我準備好罐頭沙丁魚，搭配克萊倫斯送來的一顆鳳梨，大快朵頤。夜幕低垂，我們爬上吊床，準備入睡。

這時，我們被響亮的「晚安」吵醒。我抬起頭，看到克萊倫斯帶著整村的人圍在教堂門外。

「你們跟這些人說剛才跟我說的話。」克萊倫斯要求道。

我們爬下床，重複方才的說詞，用攝影機觀景窗拍攝煤油燈的火光，操作錄音機。

「現在我們一起唱歌。」克萊倫斯指揮村民排好，他們意興闌珊地吟唱了一大段悲壯曲調，我聽出「哈雷路亞」這幾個音，想到比爾的介紹。

「為什麼要唱哈雷路亞？這座村子不是信仰安息日會嗎？」

「我們都是教徒。」克萊倫斯隨興地解釋道，「有時我們會唱安息日會的歌。可是當我們真的很高興的時候，我們會唱哈雷路亞。」他湊向我，像是在透露什麼陰謀詭計似的。「現在我們唱安息日會的歌，因為你想聽嘛。」

我錄下他們的歌聲，等眾人唱完，就拿小型喇叭放給他們聽。他們都被迷住了。克萊倫斯要求每個村民獨唱一段，有人唱出渾厚的輓歌，一名男子掏出用野鹿小腿骨做的笛子，吹奏簡單的曲調。這場漫長的演唱會令我們略感尷尬，因為手邊的錄音帶有限，輕巧的電池型錄音機沒有重錄功能。若是全部錄下，會把寶貴的錄音帶浪費在相對無趣的通俗曲子上，之後就算聽見真正有意思的表演也無法錄製。因此我努力錄下每段表演的一小部分，讓他們相信我沒有辜負任何一個人。

過了一個半小時，音樂會接近尾聲，村民隨地坐下，以阿卡瓦伊語閒聊，對我們的器材和服裝指指點點、說說笑笑。我們無法加入對話，克萊倫斯和另一名男子在屋外展開激辯。我們茫然坐著，不知道什麼樣的反應才稱得上得體，認定今晚別想睡了。

克萊倫斯往屋裡探頭。

「晚安。」他笑得燦爛。

「晚安。」我們回應，二十名客人沒多說半句話就紛紛起身，快步踏入夜色。

村中婦女的主要工作是做木薯薄餅，她們會把木薯團晾在屋頂的特殊架子上，藉由太陽烤乾。她們在村子與河邊種植木薯（cassava）。我們拍攝婦女

從磨碎的木薯榨出毒液。

挖起高高的作物，切下塊根，剝皮後用粗糙尖銳的石板磨碎。木薯的汁液含有劇毒——氫氰酸——為了去掉毒性，婦女將木薯泥裝進蘆葦編成的六呎長管子，上下各打一個繩圈。等到管子裝滿，將其掛在屋梁上，拿一根棒子穿過底部的繩圈，棒子一端用繩子繫在柱子上。最後壓住棒子的另一端，塞滿的管子不斷拉緊伸長，擠壓裡頭的木薯，有毒的汁液便從底部滴出。

曬乾的木薯粉過篩後揉成薄餅烘烤。有人用石板，也有人用鑄鐵圓盤，跟威爾斯和蘇格蘭做鐵鍋烘餅的工具一模一樣。圓形的木薯餅兩面烤過，放到屋外晾曬。

就在我們看村中婦女烤餅時，克萊倫斯衝進小屋。

「大衛！快！快來！」他大聲嚷嚷，揮舞手臂。「我找到東西讓你抓了！」

我跟著他跑到他家附近的一片灌木叢，一截樹幹橫躺在上頭，旁邊有一條小黑蛇，大約十八吋長，正慢慢吞下一條蜥蜴。

「快點！快抓住牠。」克萊倫斯激動大喊。

「這個……呃，我們應該要先錄影。」我努力拖延。「查爾斯，快過來！」

那條蛇對周遭的騷動一無所覺，繼續吃牠的大餐。蜥蜴的頭和肩膀已經消失了，我們只看得到牠的前腳掌緊貼著身軀，從蛇的嘴角冒出。黑蛇的直徑大概只有蜥蜴的三分之一，為了容納這頓巨大餐點，牠讓自己的下顎脫臼，即便如此，牠小小的黑眼睛還是差點從眼窩裡爆出。

「噁！」克萊倫斯的嗓音響遍雲霄。「大衛，一定要抓到這條壞蛇！」

「這條蛇很壞嗎？」我緊張極了。

「不知道。」他一副等著看好戲的模樣。「只是我覺得牠超壞的。」

在我們交談的同時，查爾斯已經開拍。他抬起頭，故作惋惜地說道：「我很想幫忙，只是我得要錄下這個奇特的景象。」

現在蛇已經吞到蜥蜴的後腳。看來牠的習性並不是纏住獵物再吃掉，因為蜥蜴一直維持著同一個動作，乖乖讓黑蛇從頭吞到尾。牠把自己的身體扭成之字形再伸直，將蜥蜴往深處吞，類似我們替褲頭穿鬆緊帶的方式。

大半村民興致勃勃地圍成一圈，等到蜥蜴的尾巴尖隱沒在蛇嘴裡。牠膨脹成誇張的尺寸，移動沉重的身軀離開。

我扯不出更多藉口拖延，取來一根分叉枝條，橫跨黑蛇的後頸，把它固定在地上。

「查爾斯，快！拿採集袋過來，不然我什麼都做不了。」

「來了。」查爾斯愉快地回應，從口袋裡抽出一個小布袋，拉開袋口。我忍住作嘔的衝動，用大拇指跟食指夾住蛇頸，拎起牠，將扭動掙扎的黑蛇丟進袋子。我呼出一大口氣，努力裝出毫不在意的模樣走回我們的小屋。

克萊倫斯和圍觀的村民緊跟在後。

「說不定我們會找到很大、很大的蝮蛇，到時再讓我們看看你要怎麼抓到牠。」他熱切地說個不停。

過了一個禮拜，我才讓傑克看到我的收穫。

「沒有毒。」他沒有半句廢話，漫不經心地把玩黑蛇。「不介意我把牠放走吧？」他補上一句「這東西普通得很」。他把蛇放到林子裡，讓牠當著我的面一溜煙地竄進草叢。

某天晚間，一名阿卡瓦伊少年走進村裡，他肩扛吹箭、手提布袋。

「大衛——你要這個嗎？」他羞怯地探問。

我拉開袋口，小心翼翼地查看。裡頭裝的動物令我又驚又喜——幾隻小小的蜂鳥一動也不動地躺著。我馬上握住袋口，興奮地跑進小屋。我們有一個充當籠子的木板箱，我把這些小鳥一一放進籠裡，幸好牠們馬上就飛起來，在半空中迅速飛竄、盤旋又高速後退，站上我們設置的棲木。

我轉向跟在我背後的少年。

「你怎麼抓到的？」

「吹箭——還有這個。」他遞上一根箭頭，尖端套上一小團蜂蠟。

我繼續端詳那些蜂鳥。顯然鈍頭吹箭的衝擊只讓其暫時昏迷，牠們在籠子裡忙碌地來回飛舞。

其中一隻的羽毛特別美，身體不超過兩吋長。我認得牠——在我們離開倫敦前，我去了趟自然史博物館，被最精緻華麗的蜂鳥標本擄獲了，上頭標示著纓冠蜂鳥（*Lophornis ornatus*）。就算只是一具剝製標本，那身纖麗色彩依舊美得令人屏息。牠精巧的頭頂上豎著一簇橙紅色羽毛，縫衣針般的鳥喙下，綠色喉嚨隨著光線角度變幻色澤，兩頰各有一團鮮黃色羽毛，中間夾雜一點一點翠綠。

我又是著迷又是沮喪。儘管這是我夢寐以求的目標，我們已經說好了讓傑克專心在卡瑪蘭捕捉蜂鳥，所以我們沒有帶上任何必備的餵食器材。

蜂鳥基本上靠著森林裡的花蜜過活，要是被人抓住了，牠們也願意改吃加入奶粉的蜂蜜水。牠們只能在飛行狀態下進食，必須要使用特殊的軟木塞瓶子，底下裝設噴口，讓牠們吸食花蜜的替代品。這些東西我們半個都沒有。

現在天黑了，無論我們端出什麼，這些小鳥就是不吃。我們蹲在地上泡了糖水，希望能維持牠們的體力。我們大費周章，製作克難的餵食瓶，在竹節底部鑽孔，插入細細的草莖，成品相當粗糙。然後，我們無精打采地上床睡覺。

睡到半夜，被一陣狂風暴雨吵醒。教堂屋頂有不少漏洞，我們連忙跳下吊床，把器材和蜂鳥的籠子移到乾燥處。那一夜，我睡得斷斷續續，雨水在四周滴滴答答，地上積起水窪。我僅有的毯子越來越濕。腦海中依稀聽見比爾說今年的氣候很怪，雨季可能提早開始，一下就是好幾天，從不間斷。

到了早上，雨水仍舊狠狠敲打屋頂和地板，我們使盡渾身解數，想哄蜂鳥吸食瓶子裡的糖水，可惜沒有半點成果。臨時製作的器材太過粗糙，鳥兒還來不及吸食，糖水就全部漏光了。我們知道牠們每天要吃好幾餐，沒有穩定的供應，很快就會衰弱而死，就像是沒有水的花朵。

歷經一番天人交戰，我們決定放走牠們。看著這些脆弱的小東西飛出小屋，直直鑽進森林，儘管不捨，卻也同時放下心頭重擔。

我坐在門口生悶氣，查爾斯忙著整理補給品和設備。層層雨幕把我和村莊隔開，在陰鬱的天空下彷彿遺世獨立。假如這真的是雨季的開場，我們在馬札魯尼盆地所有的拍攝計畫等於全部泡湯，為了來到此地付出的開銷付諸流水。我悲慘地想著要是能讓傑克看到我們剛才放走的纓冠蜂鳥和其他蜂鳥，他會有多雀躍啊。我們竟是如此的愚蠢又短視，沒有帶上半個餵食瓶。

查爾斯來到我身旁。「我有一些發現，或許你會覺得好笑。」他說，「第一，你剛才把最後一包砂糖加進紅茶裡。第二，我找不到開罐器。第三，空氣太潮濕，我有一個鏡頭發霉了。第四，我沒辦法換掉那個鏡頭，因為卡榫卡住了。」

他望著暴雨陷入沉思。「假如霉菌能長在玻璃鏡片上，已經曝光的膠捲肯定無法倖免。這還是小事。」他可憐兮兮地補上最後一句，「反正它們大概早就在高溫中融掉了。」

除了等雨停，我們什麼都沒辦法做。我回到吊床上，心如死灰，掏出我們帶來的其中一本書——《黃金寶藏詩選》（*The Golden Treasury*）。

我看了幾分鐘。

「查爾斯，你覺得一八〇〇年過世的詩人威廉・古柏（William Cowper）曾給過你任何啟示？」

查爾斯粗俗的回應中透出濃濃不悅。

「錯了。你聽好了。」我說。

噢孤獨！魅力何在
使智者端詳你面容？
寧可長居警惕之中
勝過淪落此番慘境

第五章　夜晚的神靈

我們待在維拉梅普村的最後三天，雨斷斷續續下個不停。儘管偶爾會看到水融融的陽光，但要好好拍片是沒辦法的。於是我們找克萊倫斯聊天、到微溫的河水裡游泳、欣賞村民的日常生活來打發時間。這種日子過不膩，但我們不時想到寶貴的時間正慢慢流逝，還有許多有趣的村莊生活點滴仍未拍攝。

在村裡住到第七天，我們打包行李，準備等獨木舟回頭接人。克萊倫斯幫我們在裝備上覆蓋防潮布，抵擋從屋頂漏下的雨水，接著，他直起腰，以閒話家常的語氣說：「肯尼斯再半個小時就會到。」

我完全想不透，他怎麼能說得如此篤定。問他為何會這麼講。

「我聽到引擎聲。」他似乎也很訝異，我怎麼會問這個蠢問題。我朝屋外探頭，豎起耳朵，只聽見雨水沖刷叢林的沙沙聲。

過了十五分鐘，查爾斯和我終於隱約聽見馬達的運轉聲，然後在半個小時後，一如克萊倫斯的預測，獨木舟繞過河彎，肯尼斯掌舵，沒拿任何東西擋雨。

我們滿心惋惜地向維拉梅普村的朋友道別，心底隱約期盼起在卡瑪蘭等待我們的乾衣服。與傑克會合時，我們發現他本週的成果要比我們豐碩許多，他收集了一大批五花八門的動物。數不盡的鸚鵡、幾條蛇、一隻年幼的水獺和幾十隻蜂鳥，牠們開開心心的從餵食瓶裡吸食蜂蜜水，就是缺了這些設備，害我們得要放掉纓冠蜂鳥。

距離飛機回因拜馬代接我們，還有一週的空檔，我們討論該安排什麼行程，說定讓傑克繼續待在卡瑪蘭，查爾斯和我再次搭上獨木舟，看在這段時間內能造訪多少座村子。我們問比爾有什麼提議。

「要不要往庫庫伊河（Kukui）的上游走走？」他建議道，「那裡人口密集，大部分的村子未被傳教改宗，你們應該可以聽到一些哈雷路亞頌歌。這艘較小的獨木舟借你們用，到時候無需回到這邊，直接沿馬札魯尼河到因拜馬代，我們用大獨木舟載所有的動物過去，在那裡跟你們會合。」

我們隔天出發，打算先在庫庫伊河口的庫庫伊金村過夜。喬治國王和另一名原住民阿貝爾跟來幫忙。小船載滿了食物、吊床、新膠捲、幾個空籠子（無論抓到什麼動物都能應付）、一大批做為交換動物籌碼的藍色、白色玻璃珠。我們在比爾的店裡採購時，他說顏色很重要。卡瑪蘭上游的原住民偏好用紅色、粉紅色、藍色編織他們的串珠裙、製作各種飾品。庫庫伊金則是保守一些，他們只願意收購藍色和白色玻璃珠。

我們在接近傍晚時抵達庫庫伊金，這座村子和維拉梅普雷同，也是在林間空地用木頭和葉片搭建小屋，村民沉著臉，默默站在岸邊看我們停靠。我以最開朗的語氣說明來此的目的，詢問是否有人願意用手邊飼養的動物跟我們換珠子。他們不情願地送上一、兩隻裝在骯髒籃子裡的乾瘦小鳥，村民的眼神依舊充滿狐疑。在維拉梅普村歷經過熱情誠摯的招待後，我們沒料到會遇上這樣的狀況。

「這些人不高興嗎？」我問。

「他們的村長病得很重。」喬治國王答道，「他已經在吊床上躺了好幾個禮拜，村裡的巫醫要在今晚施展法術治好他。所以他們不喜歡你們來這裡。」

「他要怎麼施法？」

「喔，他會在半夜召喚天上的神靈，讓村長好起來。」

「可以請你問問巫醫，是否能跟我

阿貝爾站在獨木舟船頭。

們談談嗎？」

喬治國王鑽進人群，帶來一名三十出頭的福態男子。村民大多穿著破舊的歐式衣褲或兜檔布搭配藍色串珠裙，巫醫則是穿了一套相對整潔的卡其短褲加襯衫。

他擺出臭臉看著我們。

我解釋我們是來村裡拍照錄影，想把這些影像帶回去給同胞看，又問今晚是否可以參觀他的降靈會。

他咕噥幾聲，點點頭。

「我們可以點一小盞燈來拍照嗎？」我問。他抬起頭，語氣嚴峻，「神靈進入屋裡時，不管是誰，只要帶來半點光線就會死掉！」

我迅速跳過這個話題，拎起錄音機，接上麥克風，打開電源。

「那我可以帶這個嗎？」我問。

「這是啥？」他一臉不屑。

「你聽。」我按下倒帶鍵。

「這是啥？」錄音機的小喇叭放出帶著金屬質感的聲音。巫醫臉上的狐疑瞬間化為笑容。

「真是個好東西。」他對著錄音機說道。

「你願意讓我今天晚上帶這個參加儀式，用它錄下神靈的歌聲嗎？」我繼續追問。

「好，我同意。」巫醫換上和氣的表情，轉身離開。

人群散去，喬治國王帶我們穿過村子，來到空地邊緣的空屋安置裝備。我們掛好吊床，放下器材。等到太陽下山，我練習在閉眼的狀態下拆卸操作錄音機，並不如我想的那麼簡單，帶子不斷纏上機器的旋鈕和拉桿。最後我終於有了點自信，能在一片漆黑中更換錄音帶，但為了保險起見，我打算在降靈會現場抽菸，這樣至少一開始能用菸頭的光點解決預料之外的難題。

當天深夜，查爾斯和我在寂靜黑暗的村子裡找路，只看得到尖尖的屋頂輪廓刺向布滿雲層的天空。我們進入最大的屋子，裡頭已經擠滿了人，地板中央生起小小的火堆，照亮蹲踞四周的男女臉龐和身軀。火光之外，我們只看得出幾張吊床的白色底部，其中一張上面躺著重病的村長。喬治國王坐在地上，離我們不遠。他身旁是那名巫醫，跪坐在地，裸著上身，手握兩大把枝葉，旁邊有個小葫蘆，稍後我們得知裡頭裝滿了加鹽的菸草汁。

我們貼著他坐下，我照計畫，手中拎著點燃的菸，但一眼就被巫醫識破。「這個不好！」他惡狠狠地斥責，我只能乖乖按熄菸頭。

巫醫用阿卡瓦伊語下了一段指示：有人踩熄火堆，往門上掛起毯子。坐在我身旁的朦朧人影頓時消失在黑暗中。這裡沒有半點光，我抓住放在前方的錄音機，找到開關，降靈會一開始就能錄音。我聽到巫醫清清喉嚨，用菸草汁漱口。接著是葉片摩挲拍打的詭異聲響，像擊鼓般越來越大聲，直到催眠似的節奏填滿整幢屋子。巫醫呻吟般的吟唱壓過了樹葉敲打聲。

坐在我背後的喬治國王在我耳邊悄聲說：「他在呼喚神靈卡拉瓦里（karawari）降臨。祂長得像繩子，其他的神靈會沿著祂的身體爬下來。」過了十分鐘，召喚咒語告一段落。寂靜的小屋裡只聽得到附近某人的沉重呼吸聲。

屋頂傳來一陣騷動，聲響慢慢往下降，越來越響亮，啪地一聲，落在地板上頓止。稍微停頓——巫醫漱口——一陣嘎嘎聲。有人捏緊嗓子，用假音唱起歌。或許就是卡拉瓦里吧！這首歌延續了幾分鐘，伸手不見五指的屋裡突然亮起火光，剛才的餘燼復燃。在短暫的照明中，我看到巫醫緊閉雙眼、五官扭曲，額頭冒出一顆顆汗珠。火幾乎在瞬間熄滅，但它破壞了屋裡的張力，所有的吟唱與敲打聲驟然停止。我左手邊的兩個男孩不安地低語。

葉片的摩擦聲再次響起。「火光嚇到卡拉瓦里了。」喬治國王輕聲解釋。「祂不會再來了。巫醫現在要叫來神靈卡沙瑪拉（kasa-mara）。祂長得像人，帶著一條繩梯。」

唱頌聲持續不斷，又是一陣騷動從屋頂上降落。再一次漱口聲，接著是阿卡瓦伊語的響亮宣告，我們右手邊的一個小女孩酸溜溜地回應。

「他們說什麼？」我對著黑暗中的喬治國王提問。

「卡沙瑪拉說祂很辛苦。村長一定要好好報答祂。那個女生說『你要讓他好起來，他才會報答你』。」

現在巫醫瘋狂揮舞葉片，聽起來他移動到村長的吊床附近。幾名村民很快加入神靈的歌聲，還有人隨著節拍踩踏地板，直到歌聲平息，騷動聲往上消失在屋頂上。

又來了一個神靈——更多漱口聲——更多歌聲。我被黑暗小屋中的酷熱與汗味悶得幾乎窒息。每隔幾分鐘就要換一次錄音帶，可是有許多神靈的歌曲聽來一模一樣，我沒有全部錄下。大約過了一個半小時，原本的敬畏逐漸消磨殆盡。查爾斯在我耳邊小聲說：「如果你倒帶，把第一個神靈放出來，不知道會有什麼發展！」

我沒膽當場實驗。

降靈會又持續了一個小時——一個個神靈從屋頂降落，在村長的吊床上唱歌後離開。祂們的歌聲大多是腹語術似的假音，最後終於有一個不一樣的神靈發出類似嘔吐與吞嚥的怪聲，聽得我心裡發毛。喬治國王輕聲說：「這是布希戴戴（bush dai-dai）。祂是很強大的神靈，是山頂吊死鬼的化身。」

氣氛變得凝重，充滿壓迫感和激情。離我僅幾呎之遙的巫醫在黑暗中陷入狂熱，我幾乎能從他身上散發的熱氣感測到他的姿勢。發狂似的唱誦持續了幾分鐘後戛然而止。緊繃的沉默籠罩室內，我在黑暗中懸著一顆心，等待接下來的發展。降靈會顯然來到高潮，他們會不會來個獻祭呢？

一隻熱呼呼的汗濕手掌握住我的手臂。我嚇得猛然轉身，卻什麼都看不到。一名男子的頭髮擦過我的臉，我確定對方是巫醫，突然想到離我最近的同胞救兵，是四十哩外的比爾和傑克。

巫醫在我耳邊啞聲說道：「都結束了。我去裝水！」

隔天早上，巫醫領著幾名村民代表上門拜訪，他再次露出討喜的笑容。他踏上我們墊高十二吋的小屋，坐在地板上。

「我來聽我的神靈。」他說。

村民跟在他背後擠進小屋，圍著錄音機坐成一圈。屋內容納不下所有想來聆聽神蹟的村民，進不了門的聽眾在門外圍了半圈。

我把錄音機接上喇叭，播放一捲捲錄音帶。巫醫興高采烈，當降靈會的樂聲飄向陽光普照的村子，眾人倒抽一口氣，驚喜地互相推搡，要旁邊的人安靜，不時發出緊張的笑聲。每播完一位神靈的歌，我會按下暫停鍵，記錄巫醫告訴我的神靈名字、外表、來源、能力。有的神靈擁有令人畏懼的力量，有的只會治療小病。「天啊！」聽到其中一首歌，巫醫可謂是喜出望外。「這個很厲害——治咳嗽很有用！」

我總共錄下九首神靈之歌，等最後幾吋帶子跑完，我切掉機器。

「剩下的呢？」巫醫急躁追問。

「不好意思，這台機器在黑暗中不太聽話，沒辦法記住所有的歌曲。」

「可是你沒有最厲害的幾首。」巫醫氣呼呼地看著我，「你沒有阿瓦烏伊（awa-ui）或瓦塔巴拉（warabiara），祂們都是很棒的神靈。」

我再次致歉。巫醫似乎稍微冷靜下來。

「你想看看神靈嗎？」他問。

「當然想。只是我以為人類看不見祂們，祂們只會在夜裡降臨。」

巫醫露出得意的笑容。

「在白天，祂們的形態不同，我把祂們埋在我的屋子裡。等等。我去拿。」

他捧著一團紙捲回來，坐在樹皮地板上，小心翼翼地攤開那張紙。裡頭是好幾顆打磨過的小石子。他一一遞給我，介紹每一顆石子的身分。一小片石英石、棒狀的結核、四角突出的奇特石子（他說那是神靈的手腳）。

「我把祂們藏在我家，要是讓別的巫醫拿到這些強大的神靈，他就能利用牠們殺了我。」他以萬分嚴肅的語氣補充道，「這一個呢，非常非常的壞。」

他遞給我一顆平凡無奇的卵石。我滿懷敬意，仔細研究後遞給查爾斯。不知怎地，我們一時手滑，石子掉到地上，消失在地板縫隙間。

「祂是我最強的神靈！」巫醫怒吼。

「別擔心，我們會找回來的。」我連忙跳起，繞過驚駭不已的村民，鑽進小屋地板下的空間。地面散滿砂石，在我看來，地上全都是跟剛才那位神靈一模一樣的卵石。

查爾斯跪在我上方的地板上，將一根樹枝穿過寶貝石子落下的縫隙。我焦急地盯著縫隙下方的地面，不知道該選哪個，最後隨意挑了一顆，塞過縫隙遞給查爾斯，讓他轉交給巫醫。

「不對！」巫醫冷冷怒吼，不屑地丟到一旁。

「別擔心。」我從地板下大叫，「我會找到祂的。」說完，我又遞上兩顆石子，它們步上前一顆同伴的後塵。接下來的十分鐘，我們呈上數十顆卵石，巫醫終於收下其中一顆，咕噥應道，「這是我的神靈。」

我爬回陽光下，蓬頭垢面，全身上下沾滿塵土。看到我終於找回神靈，村民看起來跟我一樣鬆了一大口氣。我坐在地上，思考我們是不是真的撿回了那顆石子，還是說巫醫勉強接受普通的石子，以免被村民懷疑他失去了最厲害的武器，名聲受到影響。

巫醫小心地把卵石包回紙捲裡，走回自己家，重新埋藏神靈。

當天下午，我們離開村子，繼續往庫庫伊上游走。直到現在，我們還是不知道村長有沒有恢復健康。

幾個禮拜前，剛認識喬治國王時，被他橫眉豎目的表情騙了，誤以為他脾氣不好，總是板著臉，跟我們討禮物的壞習慣更是難以恭維。只要查爾斯掏出菸盒，喬治國王就會伸手，理所當然地說：「謝謝你的菸。」禮物對他而言不是恩惠，而是權益。於是我們總要在他身上消耗大量的香菸，到了旅程後期自然就嚴重缺貨了，畢竟我們為了節省行李，購買補給品時總是斤斤計較。不過呢，過了幾天我們才意識到，美洲原住民認為大部分的財產都是公有物：要是某人擁有他同伴缺少的東西，那就該與旁人分享。如果食物不足，那我們就該與獨木舟上的每一個人共享醃牛肉罐頭，同樣的，若是我們願意，他們也會分我們一些木薯餅來交換。

越是了解喬治國王，我們就越認定他是個友善又迷人的夥伴。他對於這些河流無所不知，對他來說這是極為熟悉的領域。最初偶會出現難以溝通的狀況，因喬治國王懂的英語有限，其使用的字彙往往和我們所知的意義不同。在喬治國王心目中，「一個小時」只是一段抽象的時間，每次我們問他從河岸走到某座偏遠村落要花多少時間，他總會說：「喔，老兄！大概一個小時！」這個時間單位從未增減過，有時候「一個小時」是十分鐘，有時候又延長為兩個半小時。當然了，用「多少時間」來發問完全是我們的問題，我們使用的時間單位對喬治國王來說沒有多少意義。

問他「有多遠」，會得到有用一點的答案：從「不太遠」（大概要走上一個小時）到「老兄，非——常遠」（可能無法在今天內抵達）。我們很快就學到估測距離最精確的方式是用「點」。喬治國王對於一個「點」的定義是河流轉了一個彎。但是想把「九點」翻譯成時間，那就需要一點地理知識了，下游河口附近可能要好幾哩才會看到一個河彎，上游處則是每隔幾分鐘就會劇烈扭轉。

喬治國王全心投入我們交付的任務，不過他的熱心有時會招致不太妙的結果。「你想我們今晚能抵達那座村子嗎？」某次我以語氣傳達強烈的願望。

「這個嘛，老兄，我想我們一定能在今晚到那邊。」他露出胸有成竹的笑容。

太陽下山時，我們還在陌生的河道上航行。

「喬治國王。」我沉著臉問道，「村子在哪裡？」

「啊！非——常遠！」

「你不是說今晚能到嗎！」

「喔，老兄，我們努力過了啊。」他的語氣有些受傷。

沿著庫庫伊河逆流而上的途中，不時會遇到傾倒的樹幹擋住河道，有的還繞得過去，有的像是橋梁般橫跨整條河，得要從下方鑽過。有時候太過粗壯的樹幹幾乎泡進水裡，我們實在是無法避開，這時喬治國王會操縱獨木舟直直衝上前，在撞擊的前一秒關掉引擎，將螺槳高高翹出水面，免得卡進異物，硬把獨木舟前半截跨上障礙物，然後我們爬上滑溜的樹幹，一面抵擋水流，一邊把船身拖過去。

我們每隔幾哩就會停船到附近的村裡問問，有沒有什麼動物。每個地方都找得到溫馴的鸚鵡，在屋簷上跳來跳去，或是在村子周圍焦躁地蹣跚走動，翅膀固定在背後。原住民和我們一樣，也看上了牠們鮮豔的羽毛及模仿人說話的才能。那些鳥兒看到我們，通常會用阿卡瓦伊語尖聲臭罵我們一頓。

成年的鸚鵡難以捕捉，也不容易馴服，因此阿卡瓦伊人會從叢林的鳥巢裡抓來幼鳥，親手將其養大。在某個村子，一名婦女給了我們她剛抓到的雛鳥，這隻可愛的小東西睜著圓滾滾的棕色眼睛，鳥喙大得不成比例，光禿禿的身上只長了幾根亂糟糟的羽毛。我狠不下心拒絕，但如果真要留下這隻迷人的幼鳥，我就得學習怎麼餵牠吃東西。婦人開心地教我該怎麼做。

首先，我得把木薯餅嚼爛。一看到我的動作，雛鳥無比興奮，拍打還沒長毛的小翅膀，腦袋點個不停，激動地準備迎接大餐。接下來，我把臉湊向牠，牠毫不遲疑，張開的鳥喙塞進我嘴裡，讓我用舌頭將木薯餅糊推進牠喉中。

無論是餵食什麼動物，感覺這都是既噁心又不衛生的招數，但是那名婦人再三保證，想成功養大鸚鵡幼鳥別無他法。幸好我們收下的這隻鳥已經長得夠大，一個禮拜後就能自己吃香蕉泥，不需要在每三個小時就咬爛幾口木薯餅。

等到接近上游的皮皮力派村（Pipilipai）時，我們已經用玻璃珠換來金剛鸚鵡、唐納雀、猴子、陸龜，還有

鸚鵡幼鳥。

幾隻罕見的鮮豔鸚鵡。這趟採購之旅最意外的收穫，是一頭半大不小的西貒，南美的一種模樣就像野豬的動物。牠原本的飼主只收了少量的藍色、白色玻璃珠就欣然轉手，一開始我們還摸不著頭腦，但很快就找到原因了。

我們沒料到會收下體型這麼大的動物，沒準備能容納牠的籠子，但牠相當溫馴，我們天真地以為拿條繩子把牠拴在獨木舟船頭的橫桿上就好。沒想到實際情況沒這麼簡單，這頭西貒從肩膀到鼻尖呈現錐形，一般的繩圈根本無法固定在牠的脖子上。於是我們改用繩子環繞牠的肩膀和前腿，心想這樣就能阻止牠踩過獨木舟上的其他東西。天不從人願，胡帝尼（我們很快就替牠取了這個名字）先後抬起兩條前腿，輕輕鬆鬆就溜出繩圈，在獨木舟上逛大街，大啖我們晚餐要吃的鳳梨。我們不得不停下來，想別的方法制伏牠，因為喬治國王表示引擎「很不聽話」，當晚必須抵達皮皮力派。所以接下來的一個小時內，我拚盡全力以溫柔的懷抱摟住充滿好奇心的胡帝尼。

我們終於來到皮皮力派村，村子離河邊要走上十分鐘，是我們目前見識過最原始的聚落。所有的男人都穿著兜襠布，女性只圍著串珠裙。寥寥可數的圓形草屋看起來搖搖欲墜，不禁讓人捏了把冷汗。有的少了外牆，屋子全都直接搭建在乾燥的沙地上，不像庫庫伊金村的小屋還有地板。跟其他村子一樣，喬治國王在這邊也有幾個親戚，我們獲得真誠的接待。這裡也養了鸚鵡，不過先別提這個，我們還看到了一頭黑鳳冠雉（crested curassow）在草屋間昂首闊步。這種體型龐大的黑色鳥類形似火雞，頭頂上捲捲的羽毛形成漂亮的頂髻，鮮黃色的鳥喙相當醒目。我們得知牠本該成為鍋中佳餚，但村民難以抗拒藍色玻璃珠的誘惑，用六把珠子的代價把牠賣給我們。

這座村子沒有空屋，因此喬治國王和阿貝爾幫我們把吊床掛上某個十口之家的柱子。查爾斯張羅晚餐的當頭，我陪胡帝尼玩了一會兒，費了番工夫打了個複雜的繩結，套上牠的肩膀，把牠拴在村子中央的柱子上，並在牠腳邊放了一顆鳳梨和幾片木薯餅，哄牠趴下來睡覺。

當晚不太平靜。喬治國王遇到久違的親戚，入夜後繼續和他們閒聊、交換八卦。大概到了半夜，有個小孩突然尖聲哭號，怎麼哄都沒用。某個男人爬下吊床，翻動草屋中央的火堆。等到我終於有辦法入睡，感覺才剛閉上眼睛，就被人抓著肩膀用力搖晃。喬治國王在我耳邊說：「那頭豬！牠跑了！」

「等天亮再去抓。」我喃喃回應，翻身繼續睡。那個孩子又鬧了起來，不

溫馴的黑鳳冠雉。

容質疑的豬臭味填滿我的鼻腔。我睜開眼睛，看到胡帝尼靠著草屋的柱子摩背。如果不把牠栓回原處，看來大家都別想睡了，我只好疲憊地爬下床，輕聲叫醒查爾斯，要他來幫忙抓豬。

接下來的半個小時，胡帝尼在屋裡鑽進鑽出、繞來繞去，查爾斯跟我光著腳、裸著上身，追著牠跑。費了好一番工夫，我們終於拿繩子套住牠，把牠綁回柱子上。胡帝尼達成吵醒全村人的目的後，嘴巴開開合合，心滿意足地趴在地上，用前腳夾著鳳梨。我們爬回吊床上，努力在天亮前睡上幾個小時。

順流而下的航程沒有波折。我們拿撕成長條的樹皮綁住幾根樹苗，替西貒做了個大籠子，卡在船頭上。前半個小時，胡帝尼乖得很；鳳冠雉腳踝綁著繩子，安安靜靜地棲息在覆蓋器材的防水布上；陸龜在船底爬來爬去；鸚鵡和金剛鸚鵡在我們耳邊柔聲鳴叫，捲尾猴一起坐在木頭籠子裡，親熱地互相理毛。查爾斯和我躺在太陽下，仰望無雲的藍天，看著青翠的枝葉從身旁掠過。

但平靜的時光很快就結束，我們很快就碰上另一截攔路的倒木。我們爬出船外，垂頭將獨木舟拖過沉在水中的樹幹。胡帝尼等的就是這一刻。牠趁我們不注意時破壞了籠子下方的兩根樹苗，一眨眼就跳下獨木舟。我追著牠跳進水裡，差點撞翻整艘船，游了幾碼才抓住牠的後頸。牠瘋狂踢水，以最高的音量嚎叫，但終究還是被我拖回半毀的籠子裡。我脫掉滴水的衣服，晾在防水布上。查爾斯忙著修補籠子。沒想到胡帝尼嘗到甜頭，打算再下水涼快一番，於是我們得輪流看守牠的籠子，只要牠解開哪個環節就要重新綁好。

當晚，我們抵達喬治國王治理的賈瓦拉村（Jawala），離下游的庫庫伊金村僅半哩遠。我們在此過夜，拿特製的長繩圈拴好胡帝尼，把其餘的動物安置在空屋裡。

隔天，是回因拜馬代前的最後一天。大部分的村民上禮拜出門打獵了，不過喬治國王說他們這天會回來，唱感恩節的哈雷路亞頌歌。

關於南美洲這個區域的獨特信仰，我們已經聽了不少傳言，從名稱可以判斷它是基督教的分支。上個世紀末，一名莽原的馬庫希人拜訪基督教傳教士，回到自己的部落後，宣稱自己看到幻象，見到在天上的偉大神靈「爸爸」。爸爸說祂靠著祈禱與布道獲得崇拜，要那名馬庫希人回去跟他的同胞傳播這個名為「哈雷路亞」的新宗教。鄰近的部落也吸收了這個信仰，在這個世紀初，哈雷路亞教傳遍了巴塔莫納（Patamona）、阿勒庫納、阿卡瓦伊——全都是說加勒比語的部落，習性也很相近。後來的傳教士並未察覺這個信仰的基督教基礎，他們譴責原住民，認為那是異教徒的玩意兒，徹徹底底地抗拒哈雷路亞教。不時傳出哈雷路亞教的新預言，說爸爸早就預測到白人即將到來，拿著書本傳教，提供完全相反的信仰，難怪他們的抗拒會越發劇烈。根據傳教士強烈的敵意來判斷，我們認為哈雷路亞教肯定包含了大量原住民過往的異教徒信仰，不知道村裡的獵人回來後會上演什麼戲碼——究竟是稍微變形的基督教崇拜，或是野蠻的儀式。

我們問喬治國王儀式過程中是否能錄影。他同意了，我們架設好器材等待。

午餐後，我們看到遠方一艘獨木舟順流而下。應該是第一批回村的獵人吧，我們連忙到渡船頭迎接。

獨木舟停到岸邊，我們愣愣地看著走上前的身影，難以置信。聽了那麼多傳聞，我們以為會看到身穿傳統服裝的勁瘦原住民登場。沒想到出現的是一名老先生，穿著鮮豔的藍色亞麻短褲、縮水的運動衫上印著五顏六色的千里達金屬打擊樂團圖案，頭戴奧地利編織帽，上插有幾根白色羽毛。這名與周遭環境格格不入的仁兄露出缺牙的燦笑，雙手插進褲腰。

「有人說你們想看哈雷路亞舞。在我跳舞前，你們要付多少錢？」

我還來不及回話，跟在一旁的喬治國王馬上以阿卡瓦伊語忿忿不平地咆哮，誇張地比手畫腳。我們從沒看過他這麼激動的模樣。

準備錄製哈雷路亞合唱。

老人摘下帽子，緊張地捏成一團。喬治國王步步進逼、火冒三丈，直到老人退回船上，匆忙往下游逃走。

喬治國王回到我們身旁，依舊喘個不停。「天啊！」他真情流露。「我跟那個沒用的傢伙說，在這個村子裡，我們唱哈雷路亞是為了讚美上帝，如果他是為了賺錢，那就不是真正的哈雷路亞，我們不需要這種人。」

下午過了一半，打獵隊回到村裡，編織背袋裡裝滿煙燻河魚、去了毛的鳥類、燻成巧克力色的貘肉。其中一人肩上擔著槍，其他人則是裝備了吹箭和弓箭。他們一言不發，沒跟喬治國王或其他村民說半句話，默默走向最大的屋子，地板已經掃好，並灑上水，迎接他們的到來。他們把獵物扛進屋裡，堆在正中間的柱子周圍，然後沉默地離開屋子，沿著通往河邊的小徑走了五十碼，排成三行，齊聲吟詠。他們照著節奏，向前兩步、後退一步，緩緩朝小屋前進。排在最前面的三名青年領唱，每隔幾分鐘就轉身面向其餘舞者。他們走在小徑上，一會往前衝刺，一會用力踱步，配合歌聲打出簡單的節奏。等他們進入屋子，歌聲和韻律變了，他們手勾著手圍繞著那堆魚肉。一名婦人不時進屋跟在隊伍最後方。在規律的三拍子頌歌中，我聽出「哈雷路亞」、「爸爸」這些詞。喬治國王蹲下來，若有所思地拿木棍撥動沙土。歌聲結束得一點都不乾淨俐落，歌手茫然地凝視天花板或盯著地板。領頭的三名青年突然再次開唱，眾人重新排成一列，面對戰利品，右手搭在隔壁同伴肩上。過了十分鐘，歌手跪下，齊聲念出簡短而肅穆的禱詞。他們站起來，帶著槍的男子走向喬治國王，跟他握手，點了根菸。哈雷路亞儀式結束了，儘管形式古怪，仍舊讓我們感受到深刻真誠的力量。

當晚是我們在原住民聚落的最後一夜。我輾轉難眠。到了深夜，我爬下吊床，漫步在月光照耀的村莊裡。接近那幢圓形大屋時，交談聲和搖曳的光影從牆縫間飄出。我聽見喬治國王說：「大衛，你想進來的話非常歡迎。」

我進屋，裡頭唯一的照明是巨大的火堆，照亮被燻黑的屋梁及地上數十個成堆葫蘆的美麗線條。吊床在梁柱間交叉懸掛，男男女女躺在上頭；有人蹲坐在雕刻成陸龜造型的小木凳上。偶爾會有身上只圍了條串珠裙的女子起身，在屋裡優雅地走動，她身上閃著點點火光。喬治國王斜躺在他的吊床上，右手握著像是貽貝的小玩意兒，成對的貝殼在原本的接合處邊緣鑽了洞，穿繩綁起。他漫不經心地撫摸下巴，找到冒出來的鬍碴就拿貝殼緊緊夾住，輕巧地拔出來。

屋裡洋溢著低沉的阿卡瓦伊語交談聲。一名男子蹲在大葫蘆旁，拿長棍攪拌，把裡頭的粉紅色濃稠液體倒進較小的葫蘆碗，在屋裡傳遞。我知道這個飲料是木薯啤酒，在書上看過它的烹煮過程。主要成分是煮熟的木薯泥，再加入地瓜和村裡婦女咀嚼成泥的木薯餅。唾液應該是促進發酵的要素。

不久，小葫蘆傳到我身旁的人手上，隨即落入我手中。當場回絕肯定失禮至極，但我心底還是對它的製作過程感到抗拒。我把葫蘆碗放到嘴邊，一聞到類似嘔吐物的酸味，肚子頓時一陣翻攪。液體滑進我的喉嚨，我突然意識到若是細細品嘗它的滋味，我很可能會吐出來，因此拚了老命一口氣乾了整碗木薯啤酒。我把空碗遞了回去，勉強擠出笑容。

喬治國王從吊床上探頭，讚許似地勾起嘴角。

「喂！你！」他對負責攪拌的男子下令，「大衛喜歡木薯啤酒，他口很渴，再多給他一點。」

滿滿一碗木薯啤酒馬上塞進我手中。我用最快的速度把它灌進肚子裡。一回生，二回熟，我稍微能忍住那股令人反胃的氣味，雖然帶了點化不開的澱粉結塊，但它的苦甜滋味也不到無法接受的地步。

接著我聽他們聊天近一小時。那情景迷人極了，好想跑回自己的住處拿閃光燈相機。不知怎地，這個衝動令我一陣反感，感覺會糟蹋了喬治國王與他那些親朋好友慷慨付出的善意。就這樣，我心滿意足地坐在屋裡直到清晨。

第六章　馬札魯尼的船歌

從馬札魯尼回到喬治城，一切都顯得格外舒服宜人。光是想到不用直接吃罐頭食品，也不用自己烹煮，可以睡在鋪著乾淨床單的床鋪上，不用裹著綴巴巴的毯子蜷縮在吊床裡（毯子還是從有霉味的行李袋裡挖出來的），就開心的不得了。但我們也面臨著堆積如山的工作：添購存糧，計畫下一趟旅程；把曝光的底片分類，重新封裝，帶去城裡的低溫倉庫，放進冰櫃裡保存。動物要換進更大、更牢靠的籠子（提姆．文奈爾特別幫牠們打造的），有的則是帶去喬治城動物園。之前的食蟻獸已經交給他們暫時照顧，現在他們同意接受胡帝尼和黑鳳冠雉當臨時房客。

下一趟旅程的原訂目的地，是南方亞馬遜盆地邊緣的偏遠地帶。兩名傳教士住在那一帶，跟生活非常原始、有意思的原住民部落共處。除了穿過叢林（來回要六個禮拜），只能靠著水陸兩用飛機降落在河面上，事先透過無線電聯繫傳教士，讓他們派獨木舟和腳夫到降落處接我們，到五十哩外的村子。這是我們一開始的計畫，可惜過去三星期以來，一直無法從喬治城聯繫上傳教士。他們的無線電設備一定是壞了，如此就無法告知我們何時抵達。若是沒請他們事先準備，我們就得要在無人居住的叢林裡孤軍奮戰，沒有嚮導、腳夫，也沒有任何交通工具。

不過呢，替代方案已在我們腦中成形。一名採礦公司的經理留言，告知在蓋亞那北部的阿拉卡卡（Arakaka），他有個探勘基地，周遭的森林裡有大量的動物，他也願意把基地裡的幾隻馴服動物送給我們。

我們盯著地圖。阿拉卡卡位於巴里馬河（Barima River）上游，這條河與蓋亞那的北部邊界平行，接著轉彎流向西北方，與奧利諾科河匯流。地圖透露了另外兩件大事：第一，距阿拉卡卡下流五十哩處，印了一個紅色的飛機記號，名稱是「艾弗拉德山」（Mount Everard），也就是說至少可以靠著水陸兩用飛機抵達那一帶。第二，一片小紅點分布在巴里馬河南岸，代表現今還有許多小型金坑正在運作，也就是說該區有可觀的交通流量，要找到船隻把我們從艾弗拉德山送到阿拉卡卡不是難事。

經過進一步研究，航空公司表示接下來的兩個禮拜內，只有明天能調得到飛機，碼頭則說再過十二天，一艘客船會從巴里馬河出海口附近的摩拉萬納（Morawhanna）回到喬治城。如果要往那裡跑，我們得在明天動身。問題在於我們無法向礦坑經理傳達這個計畫，因為他與喬治城辦公室聯繫的唯一管道是無線電話，就算我們打電話到他辦公室，辦公室的人也聯絡不上他。因此我們留了言，說等到下回他打來，請告訴他，我們將在三、四天內抵達阿拉卡卡。我們訂了回程的船票（蒸氣船塔芬號），預約水陸兩用飛機的包機事宜。

隔天，我們搭上飛往艾弗拉德山的飛機，心想如此倉促的計畫是否真能順利往返阿拉卡卡和喬治城。經過一個小時的航程，機長轉頭大喊「你們看！」，他的叫嚷壓過引擎的嘶吼。「這一帶的『山』都是這副德性！」他指著在海岸平原的森林間佇立的五十呎小山丘。另一頭就是巴里馬河，山腳下看得到幾棟小屋。飛了七十哩，我們第一次看到人煙。

機長操縱飛機往下俯衝，準備降落在河面上。

「希望下面有人。」他大吼，「不然就找不到人固定飛機，也沒有獨木舟能送你們上岸，到時候我們得要重新起飛，照著原路回去。」

「你真會挑時機說話！」查爾斯低喃。

飛機撞上水面，機身一震，隔著被水花噴濕的窗戶，我們看到一群人站在碼頭上，鬆了一口氣。至少我們有辦法上岸了。機長關掉引擎，扯著嗓門叫那些人划船過來。我們卸下所有設備，搭獨木舟前往碼頭。飛機嘶吼起飛，機翼微微傾斜了下，向我們致意，然後消失在雲端。

艾弗拉德山腳下的聚落僅六棟屋子，圍繞碼頭上的鋸木廠而建。一大堆沾滿黑泥的樹幹堆在附近的滑道上，那是來自上游漂來的木材。碼頭滿地都是香氣宜人的粉色木屑。鋸木廠領班是個印度人，對於我們毫無預警的從空中降落，似乎一點都不訝異。他彬彬有禮地領我們到一幢空屋，讓我們在那裡過夜。我們感激萬分，問他手邊有沒有能在明天早上前往上游阿拉卡卡的船隻。他摘下棒球帽，抓抓頭髮。

「沒有。」他說，「這裡只有這艘豪華柏林號。」他指著一艘單桅木船，船帆收在碼頭旁。「明天要載木材去喬治城。不過這兩、三天說不定會有別的船經過。」

我們在空屋安頓下來，做好在這裡久留的心理準備。晚餐後，我們踏著暮色走向河邊。接近豪華柏林號時，被人高馬大的船長叫住，這位非裔老先生穿著沾滿油污的衣褲，背靠船桅躺在甲板上。應他的邀約，我們上了船，跟其他三名船員打招呼，他們都來自加勒比海地區，跟老先生一起享受涼爽的晚風。我們加入他們的行列，說明我們來到此地的原因；他們則是說起把鋸好的木板送到喬治城，再帶著補給品回到鋸木廠的河上生活。

他們說的不是蓋亞那通用的變種英語，滿口加勒比海土話，精確地套入許多比較少用的詞彙，令對話生動無比。結束獅子山的旅程後，我把大量的擊鼓吟唱錄音送給BBC電台的聲音博物館收藏，他們保存了世界各地的傳統音樂。我想或許在這裡有機會收集到充滿即興色彩的卡利普索民歌。

「你們會唱很多海上的歌嗎？」我問。

「船歌？當然了，老兄，我會唱的可多了。」船長說，「事實上，我唱歌時用的名字是路西法大王，就是半人半魔。因為我身體裡藏了那個靈魂，我成了自己的仇敵——惡魔般的人。還有大副，他會唱的歌比我還多，因為他在叢林裡走動的時間比我還長。他叫萬人迷。

你們想聽一些船歌嗎？」

我說我很想聽，也想把那些歌錄下來。路西法大王和萬人迷說了一陣悄悄話，轉頭面對我。

「沒問題，老大。」路西法大王說，「我們這就唱。可是啊，老大，我記不清楚有哪些好聽的歌，除非來一大批潤滑劑。你有錢嗎？」

我掏出兩張紙鈔。路西法大王很有禮貌地笑著接下，叫來一名手下船員。

「這個，」他鄭重地指示道，「拿去給鋸木廠的康大爺，說我們很看得起他，加上一點暗示。」他壓低嗓音，「說我們要一批蘭姆酒。」

他露出缺牙的燦笑。

「只要讓我身體裡的靈魂稍微興奮一點，我就是厲害的歌手。」

趁水手去張羅潤滑劑的空檔，我架設好錄音機。五分鐘後，他帶著壞消息

在豪華柏林號錄下船歌。

回來。

「康大爺沒有蘭姆酒了。」

路西法大王深深嘆息，翻了個白眼。

「只好改用別的燃料了。」他說，「要康大爺給我們總共兩塊錢的露比葡萄酒。」

跑腿的船員帶回一堆酒瓶，放到甲板上。

萬人迷拎起一瓶酒，一臉鄙夷。酒標中間印著鮮豔的檸檬、橘子、鳳梨，看起來與內容物毫無關聯。水果圖案上頭以紅色大寫字母印上「露比」，下面則是小小的黑字「波特酒」。

「不好意思，我們得要先攝取大量的酒精，才有好好唱歌的心情。」他滿懷歉意地說道。

他拔出瓶塞，把酒瓶遞給路西法大王，自己也拿了一瓶，以肅穆的神色、充滿男子漢氣概的姿勢執行潤滑聲帶的重大任務。

路西法大王用手背抹抹嘴巴，清清喉嚨。

我從小就
我從沒喜歡他們叫我上工
瞧我阿公怎麼死，去上工
瞧我阿嬤怎麼死，上完工
還有我舅舅，瞧他怎麼死，在卡車上工

所以我才不甩誰要叫我去上工

我們鼓掌。

「老大，我會唱更好聽的歌，只是現在還想不起來。」他很有風度地說道。他又開了一瓶酒，沒過多久，更好聽的歌來了。其中好幾首的曲調我曾在西印度民謠曲集中看過，收錄的歌詞不夠有力，缺乏連貫的主題。但路西法大王的版本大不相同，顯然是曲集收錄內容的源頭，猥褻低級的程度令人驚愕。當歌聲響遍河面，我忍不住對收集民謠的學者深感佩服，他們竟然有辦法將歌詞扭曲修整成上得了檯面的尺度。

夜幕低垂，周圍一片漆黑，船員和路西法大爺繼續高歌，搭配岸邊響亮的蛙鳴。水手再次奉命去搬露比葡萄酒。我們得知「蚊子娶了砂蠅的女兒」後發生了什麼事；也從一首歌清楚了解到泰尼．麥塔克他父親的偉大事蹟，開頭的歌詞是這樣的，「麥可．麥塔克在河上無往不利，他是偉大的叢林之主。」

露比葡萄酒源源不絕地送上，但看來已經不需要繼續補充潤滑劑了。路西法大王和萬人迷正同聲高歌。

瑪德蕾，妳讓我好噁，啊哈
只因為，妳沒有真心，啊哈

因為每當我上岸
都聽說妳，啊，跟白人佬打得火熱

我們起身告辭。

「晚安，老大。」路西法大王誠摯地道別。

我們搖搖晃晃地踏著木板下船，走向我們位於高處的小屋，其間路西法大王的歌聲沒有停過。

隔天早上，碼頭空蕩蕩的，豪華柏林號天一亮就載著大批苦楝木、鱈蘇木、紫心木前往喬治城。這個小聚落宛如遭人遺棄，鋸木廠一片寂靜，彌漫悶滯沉重的熱氣。我們手持網子爬上名為艾弗拉德山的小山丘，看能不能找到什麼動物。炙熱的太陽下，周圍沒有多少動靜。巨大的切葉蟻蟻窩布滿整片斜坡，行走通道縱橫交錯，但沒看到半隻螞蟻。我們的注意力偶爾被草叢間的騷動引去，轉頭只瞥見蜥蜴尾巴閃過。幾隻蝴蝶懶洋洋地飛舞，在我們面前閃開。再加上蟋蟀的沙沙鳴叫，此處沒有更多的生機。如果打算在艾弗拉德山混下去，我們得要往更遠處的森林移動，才有機會抓到動物。

接近傍晚時，遠處的引擎嘶吼聲打破了令人焦躁的寂靜。心想說不定是快艇，衝到碼頭看有沒有機會搭順風船逆流而上，前往阿拉卡卡。引擎聲越來越響亮，高速繞過河彎，一艘小小的獨木舟映入我們眼簾。船身誇張地迴轉，掃出壯觀的水花。等到獨木舟穩下來，船上的人關掉引擎，俐落地把船停進碼頭。兩名精瘦的印度青年爬下船，他們穿著背心和短褲，頭戴白色棉布漁夫帽。

我們報上名字。

「我，阿里。」其中一人應道，「他，萊爾。」

「我們想去阿拉卡卡。」傑克說，「你們能載我們嗎？」

負責發言的阿里口若懸河地說明他們要去上游砍樹，但沒打算到阿拉卡卡那麼遠的地方，多餘的負重不只讓船跑不快，也增加了在急流中翻船的危險；況且他們手邊的汽油不太夠，就算真的到了阿拉卡卡也回不來。看來是沒有希望了。

阿里匆忙補上，「可是，你們錢夠的話，說不定可以。」

傑克搖搖頭說船太小了，也沒有遮蔽物，要是下雨，我們沒辦法保護裝備，而且他仔細想想，我們其實也不是一定要去阿拉卡卡。

阿里和萊爾興致大發，我們一同坐在碼頭成堆的木屑上，好好享受討價還價的遊戲。最後，儘管阿里被我們狠狠殺了一筆，他還是答應明天早上以二十塊錢的流血價，帶我們去阿拉卡卡。

當晚下起暴雨，雨水狠狠敲打屋頂，從茅草的縫隙滴了滿地。橫豎都要被風雨聲吵得睡不著了，查爾斯熬夜保護設備，他決定拿塑膠袋包住每一件器材，就怕明天上了船又遇到同樣猛烈的雨勢。

到了早上，我們發現無法如願上路——阿里的獨木舟在夜裡被雨水灌滿，沉進河底，引擎被四呎高的河水淹沒。

不過呢，阿里和萊爾毫不喪氣，他們已經開始解決手邊的困境，費勁把獨木舟船頭拉上岸，萊爾負責清掉船裡的水，阿里把船尾的引擎撈起，水從各個零件湧出。

「沒事，很快就能動。」

兩人沒當一回事地將引擎解體。查爾斯對機械很有一手，對他們的樂觀不置可否。「你們沒發現點火線圈濕透了嗎？不把它完全弄乾的話，引擎根本動不了。」

「沒事。」阿里不為所動。「烤乾就好。」說著，他拆下還在滴水的線圈，拿到火堆旁，放在彎曲的金屬盤上。接著拔掉引擎上所有的塞子和所有的零件，沾了點汽油，點上火。每一個拆得下的零件都放在萊爾的背心上曬乾。查爾斯看得入迷，坐在一旁偶爾出手幫忙，在他眼中，這可是修理機械的嶄新領域。

不到兩個小時，引擎組合回原樣，阿里以花俏的手勢一扯點火線圈，我們驚嘆地看著引擎嘶吼發動。阿里關掉引擎。「準備好了。」他說。

我們對於獨木舟尺寸的質疑絕非無的放矢，當我們把全部家當堆上船，人也坐進去後，幾乎看不到半吋空著的船板，只要任何一個人稍微動一下，河水就會灌進來。那天的旅程不太舒服，我們行動受限，被迫維持僵硬的姿勢幾個小時，實在是痛苦極了。但我們還是很開心，因為我們已經踏上前往阿拉卡卡的旅程了。

坐在船上時，我們看到了多過馬札魯尼盆地的動物出沒跡象。閃蝶在此相當普遍，我們也兩度看到蛇在船邊游泳，卻只能稍稍歪頭看一眼，生怕會把小船擠翻。幾塊空地零星散布在岸邊森林間，三、四名裸著上身的非洲人或印度工人目送我們往上游遠去。他們腳下的河裡浮著幾根樹幹，那是他們伐木的成果，稍後會綁成木筏，漂往下游的鋸木廠。阿里和萊爾高聲打招呼，獨木舟發出震天噪音緩緩駛過。一艘破舊汽艇高速掠過，我們的獨木舟隨著它掀起的水波浮浮沉沉，眾人焦急地扶著船身，花了幾分鐘才穩了下來。

接近傍晚時，我們抵達一座小村子。景色看起來很順眼，村民生活相當富足。成堆的木薯和鳳梨擱在岸邊的茂密草叢間，高大的椰子樹生長在穩固的屋子之間。原住民在河邊列隊打量我們。他們背後的兩名非洲人身高把他們全部壓下去了。

船隻在此停靠，我們爬出船外。經過五個小時的航程，能夠伸展手腳、自由活動是美好不過的福利。

阿里卸下我們的裝備。

「這裡是可里波村（Koriabo）。」他說，「阿拉卡卡還要再往上開五個小時。不能再繼續載你們上去，因為我覺得船會沉。這裡的人有汽艇，他送你們去阿拉卡卡。來——二十塊錢。」沒想到他竟然掏出鈔票遞還給我們。「不行，你們送我們到半路——十塊錢你留著。」傑克說。

阿里的臉一亮。「謝謝，現在我們去砍樹了。」萊爾站在船頭，阿里把獨木舟推進河裡，小船擺脫了沉重的負荷，輕巧地飆過河面，轉了個彎，消失得無影無蹤。

比較高大的非洲人走向我們。

「我叫布林斯雷．麥里德（Brinsley Mcleod）。我有汽艇，付十塊錢就送你們去阿拉卡卡。今天早上船去下游的艾弗拉德山加油了——說不定你們有遇到——明天就會回來，到時候我送你們過去。」我們欣然接受他的提議，進駐安排給我們的屋子，心滿意足地想著明天就能搭上稍早與我們擦肩而過的寬敞船隻。

隔天吃早餐時，另一名非洲人上門拜訪。他比麥里德年長許多，臉上有幾道疤痕，皺紋很深，布滿血絲的眼白泛黃，看起來有些凶狠。

「布林斯雷不老實。」他沉聲警告。「船今天不會回來，明天、後天也不會回來。那些人留在艾弗拉德山喝蘭姆酒。你們去阿拉卡卡幹啥？」

我們說是為了收集動物。

「天啊。」他臉色一沉，「根本不需要為了這種小事跑去阿拉卡卡。我在叢林裡的礦區有一堆動物，有森蚺、凱門鱷、矛頭蝮、羚羊[5]、電擊魚。牠們對我沒有用，你們可以抓走，牠們煩死了。那些害蟲。」

「電擊魚？」傑克問，「你是說電鰻？」

「對，很多。」他熱切地說道，「小的、大的，有的比獨木舟還大。牠們很厲害又很壞，隔著船就可以電人，除非你穿橡膠靴。有次牠們電到我，我倒在船上，昏了三天才爬起來。」

我的礦區有這堆動物，你們想看的話我帶你們過去。」

我們匆忙吃完早餐，跟在他背後，搭上他的獨木舟。划槳往上游前進的途中，他向我們介紹了自己的身分。他叫席塔斯·金斯頓（Cetas Kingston），這輩子都在蓋亞那的叢林裡淘金、挖鑽石。有時能大賺一筆，但錢總是轉眼就消失，他還是窮得要命。現在要帶我們拜訪的礦區是他在幾年前找到的。他說那個礦區是真正的好地方，再過幾年他就會變成大富翁，不用在叢林裡打拚，可以到海岸區過好日子。

船駛進一條小支流，很快就看到一根柱子插在泥濘的河岸上，裁成長方形的錫板釘在上頭，漆著「地獄礦區，所有人C·金斯頓」的粗糙字樣，下面附上執照號碼和日期。我們爬下獨木舟，由席塔斯領路，沿著小徑走進叢林。過了十分鐘，我們從陰暗的密林踏入開闊明亮的區塊。這塊地上的林木被人砍倒，一幢尚未完工的大屋子佇立其上。

席塔斯轉身面向我們，雙眼閃閃發亮。「這一片土地。」他的手臂揮了一圈。「裡面都是黃金。不是那種沒用的金塊。找到一點東西，接下來五年什麼都沒有。才不是！往下挖四呎會看到紅色的金砂，比血還要紅。那是真正的黃金，我只要挖出來就行了。來，我挖給你們看。」

5　審註：南美洲沒有任何羚羊物種（分類上為牛科），低地會出現的有蹄動物主要是奇蹄目的貘和偶蹄目的西貒科、和鹿科動物。

他拎起隨身帶著的長柄鏟子，瘋狂地挖出一個小洞，一邊自言自語，一邊將鏟子尖端插進土裡。汗水從他疲憊的臉龐滴落，浸濕他的上衣。過了好一陣子，他丟下鏟子，徒手從洞裡抓出一把鐵鏽色的沙土。

「來，你們看。」他嗓子啞了。「比血還要紅。」他用食指撥動那把土，幾乎無視我們的存在。

「對，我是老了，不過我有兩個好兒子，他們一定會學我的榜樣。他們會來這裡挖金子。我們要在屋子旁種木薯和鳳梨，我們要請工人過來，挖起所有的土，把金子洗出來。」

他閉上嘴巴，將那把沙土扔回洞裡，站了起來。

「我們回可里波吧。」他垂頭喪氣地說著，沿著原路回到停船處。他似乎完全忘記帶我們這裡是要看動物，被突如其來的恐懼擊倒——這麼多黃金沉睡在腳下，他卻無法活到實現畢生夢想發家致富的那一天。

第七章　吸血蝙蝠和葛蒂

隔天早上，布林斯雷帶來壞消息：他的汽艇昨晚故障，引擎不太靈光，因此沒辦法送我們到阿拉卡卡。我們其實並未受到太大的打擊。可里波是個宜人的小村莊，居民善良熱心，周遭森林裡也充滿野生動物活動的蹤跡。

光是村子裡就到處可見馴化的動物。此地的寵物專家是一名老婦人，大家都親熱地叫她「嬤嬤」。她的屋子就像一座小型動物園。翠綠的亞馬遜鸚鵡（Amazon parrot）在屋頂上跳來跳去；屋簷掛著一個個細枝編成的籠子，藍色的唐納雀在裡頭鼓翅唱歌；兩隻髒兮兮的金剛鸚鵡幼鳥在柴薪燒燼的灰中扭打；一隻捲尾猴腰上拴著繩子，盤據在陰暗的屋內。

我們坐在小屋門口的台階上跟嬤嬤聊天，屋外雜草叢中竄出最奇特的尖銳咯咯叫聲，兩頭像豬的生物昂首闊步、搖頭晃腦地走了出來。牠們在我們面前一碼處一屁股坐下，高高在上地打量我們。對牠們的第一印象是牠們看起來沒有豬那種鼻子，鼻子很扁，側臉幾乎成了個長方形，以至於牠們的表情格外傲慢。如此高貴的面容卻搭配上突兀的叫聲。牠們是水豚，全世界最大的齧齒類動物。我向其中一隻伸手，想摸上一把，但牠猛然抬頭，要咬我手指。

「不會痛啦。」嬤嬤說，「牠只是想吸一下。」

有了她的保證，我小心翼翼地戳了戳牠的鼻子。牠發出口哨般的呼呼聲，露出亮橙色的門牙，含住我的手指。聽著牠響亮的吸吮聲，我感覺到指甲被牠嘴裡某種硬梆梆的粗糙物體磨平。嬤嬤以有限的變種英語加上生動的肢體語言，述說她在小時候抓到牠們，然後拿奶瓶將其養大。現在牠們接近成年，嘴邊有什麼東西就吸住的習慣還是改不掉。這兩隻水豚的腰臀部位畫了一大片紅色線條，嬤嬤說是她塗的，因為這樣就算牠們在林子裡亂跑，獵人也不會射殺她的寵物。

我們詢問是否能拍攝牠們，嬤嬤點了頭，查爾斯架好攝影機。水豚基本上是半水棲動物，在野生環境中，牠們會在河裡度過大半天，晚間再爬上岸覓食。因此我們很想錄下牠們游泳的模樣，於是由我引誘牠們下水。牠們咻咻嘎嘎叫個不停，卻執拗地拒絕接近河邊。利誘沒有效果，我換了一招，想把牠們趕進水中。我記得自然史書本上提到水豚「受到驚擾時會躲進水裡，沒有例外」。然而這兩個例外躲到嬤嬤屋子下的遮蔭處。我追著牠們滿村子跑，拍手叫嚷，體溫不斷上升。嬤嬤坐在門口台階上，一臉疑惑。

「沒有用。」我邊喘邊對查爾斯說，「這兩個混帳被養了太久，已經不會游泳了。」

嬤嬤漸漸意會過來。

「游泳？」她問。

「對，游泳。」

「啊，游泳！」她笑得燦爛，「哎咿！」

聽見她的尖叫，兩個在屋後玩土的裸身孩童走了過來。

「游泳！」她說。

小孩跳進河裡，水豚仰著下巴瞄了我們一眼，轉身加入孩子的行列。兩個小孩等水豚下水，跟牠們一起撲騰潑水，扭打成一團，開心得尖叫連連。

嬤嬤以充滿母性的驕傲神情看著他們。

「他們從小就跟在我身邊。」她說打從一開始這四個就一起洗澡，現在除非有孩子在，水豚是不會下水。

我們跟嬤嬤說，我們跟她一樣喜歡溫馴的動物，希望能多帶一些回我們的國家。嬤嬤望向水豚，說道：「對我來

戲水的水豚。

說，牠們太大了。你們想帶走牠們？我還可以再抓。」

傑克喜出望外，但他不確定該如何把這麼龐大的動物運回喬治城，最後我們跟嬤嬤談定，稍後會想辦法在阿拉卡卡做個籠子——前提是我們到得了——回程順流而下來接水豚。

其他養了寵物的村民有不少人不願割愛，這份心情我們很了解。一名婦人有隻乖巧的駝鼠，這個可愛的小東西伸著纖細的長腿，活像是縮小版的羚羊。牠和水豚一樣，也是囓齒類，跟天竺鼠算是親戚。乳白色斑點散落在牠深棕色的皮毛上，牠趴在飼主腿上，用水汪汪的黑眼睛盯著我們看。婦人說三年前她有個孩子還在襁褓就夭折，之後沒過多久，她丈夫進森林打獵時，找到帶著小孩的母駝鼠。他為了糧食射殺母駝鼠，把小駝鼠活捉回來送給她。她以自己的奶水哺育駝鼠，現在牠已經完全長大了。她慈愛地撫摸牠，只說了句「牠是我的寶寶」。

當晚，引擎的震動聲嚇了我們一跳。一艘大型汽艇劃破暮色，繞過河彎，停在村外。印度人船長說他要替採礦公司送信、補充物資，明天繼續往阿拉卡卡前進。他問我們要不要跟他一起走，我們一口答應：看來我們終於能踏上目的地了。

一大清早，我們扛著家當上船，跟嬤嬤說好四天後就回來接水豚，布林斯雷承諾會修好他的船，屆時可以送我們到摩拉萬納。採礦公司的汽艇塞滿了貨物，船上還有另一名乘客：

高大開朗的非裔婦女，她說她名叫葛蒂。空間對我們來說綽綽有餘，搭過狹窄的獨木舟、看過布林斯雷的小船後，這艘船真是太豪華了。我們三個躺在船頭，幽幽陷入夢鄉。

汽艇在下午四點抵達阿拉卡卡，從河上看過去，這裡似乎是個悠閒迷人的聚落，一排小房子棲息在高高的河岸上，高大的竹林在屋後隨風搖曳。不過，阿拉卡卡的魅力在我們上岸後隨即幻滅。三分之二的建築物都是結合酒吧的商店，後方泥濘不堪的破爛木屋才是村民住的。

五十年前，阿拉卡卡享受過繁榮的時光——數百人住在此地，因附近叢林裡藏著豐富的金礦，據說當年那些礦場經理會帶他們的妻子，乘坐馬車在大馬路上奔馳。現在金礦枯竭，路面長滿雜草，大部分的屋子早已傾頹，森林奪回它們的地盤。衰敗崩解的氣息彌漫整座小鎮，在熱氣下蒸騰萎縮。我們找到一間破屋，飽經風霜的木桌上覆滿爬藤，桌腳以水泥固定在磚砌平台上，被植物的根系扯裂。此地的居民告訴我們，「這裡以前是醫院。那是當時停屍間的檯子。」

儘管現在天還很亮，酒吧已經高朋滿座，老舊的留聲機奏出低啞的音樂。我們走進其中一間店鋪，高大結實的非裔小伙坐在高腳凳上，手握裝滿蘭姆酒的琺瑯杯。

「老兄，你們跑來這裡幹嘛？」他問。

我們說我們想找些動物。

「喔，這裡確實不少，我隨便就能抓到。」

「太棒了。」傑克應道，「不管你抓到什麼，我們都願意花錢買下，可是我們只能在這裡待幾天，你明天就能抓些什麼給我們嗎？」

青年認真地在傑克面前搖搖食指。

「明天可沒辦法。」他鄭重拒絕，「因為明天我會宿醉。」

汽艇上的同伴葛蒂大步走了進來。

她靠在櫃檯上，凝視中國人店主的雙眼。

「老闆。」她的語氣深情款款。「船上的小伙跟我說這裡有不少吸血蝙蝠，我該怎麼辦？我的吊床沒有蚊帳啊。」

「大姐，妳還怕蝙蝠啊？」端著琺瑯杯的青年答腔。

「當然啦。」她斷然道，「我的心理傾向可是高度緊張呢。」

青年用力眨了個眼。葛蒂的注意力回到店主身上。

「好啦，你手邊有什麼好東西能送我呢？」她擠出傻笑。

「我沒辦法送妳什麼，大姐。不過可以用兩塊錢賣一盞燈給妳，蝙蝠絕對不敢靠近。」

「老闆，說真的。」她不再客氣。「我的經濟經礎十分微薄，來一根兩分錢的蠟燭吧。」她笑了聲。

稍晚，我和葛蒂一樣，心理傾向也變得高度緊張，因為同一件事。我們住進那間酒吧附近的破舊旅店。傑克和查爾斯在蚊帳裡一會兒就睡熟了，但我打包時一個不注意，已經過了四天沒有蚊帳的日子。聽了葛蒂的警告，我在吊床床尾點了盞煤氣燈。當在床上躺了十分鐘試著入眠，一隻蝙蝠從敞開的窗戶悄悄飛進來，越過我的吊床上空，在房裡兜圈子，飛到走廊，然後又經過我的吊床下方飛出窗外。每兩分鐘牠就會飛進來重複同樣的飛行路徑，規律得令我毛骨悚然。

不抓到牠的話就無法斷定牠是不是吸血蝙蝠，不過在此情況下，就算沒有高深的動物學知識也沒差。

看起來牠的鼻子不像大部分無害蝙蝠般有著葉片形狀的構造，雖然看不到，我確信牠長了一對剃刀似的三角形門牙，用來割開無辜動物的皮膚，趴在細細的傷口旁，享用流出的血液。睡夢中的受害者毫無知覺，隔天早上他們只會看到染血的寢具。除此之外，可怕的麻痺型狂犬病還可能在三個禮拜後發作。

我難以相信店主的擔保：吸血蝙蝠

吸血蝠。

絕對不會到光亮處覓食。當牠在屋角落腳時，這份恐懼似乎也不是空穴來風。牠在地上爬來爬去，翅膀折在手臂後方，活像是噁心的四腳蜘蛛。我再也忍不住了，伸手從吊床下拎起一隻靴子，丟向那隻蝙蝠，牠立刻起飛，消失在窗外。

過了二十分鐘，我對那隻吸血蝙蝠的反感轉為感謝。牠趕走我的睡意，讓我有機會達成過去幾週的宿願：錄下南美叢林裡頭最詭異的聲響。

前往庫庫伊上游時，第一次聽到這個聲音。當時我們在河邊的森林裡紮營，吊床掛在幾棵樹之間。星光從樹葉間灑落，詭譎的灌木叢和爬藤在四周若隱若現。突然間，一陣帶著顫抖的泣涕嚎叫響遍整片林子，增強為令人膽寒的劇烈鼓動，又漸漸減弱，化為如同隔著電話線傳來的風聲。這場可怕的騷動是吼猴的傑作。

幾個禮拜以來，我一直想錄下吼猴的叫聲。駐紮在森林裡的每一個夜晚，我總會把麥克風裝設在集音盤上頭，插入新的錄音帶。連續好幾夜一無所獲，接著某天晚間，我們很晚才安頓下來，累得要命，我累到沒有力氣裝設器材。就在這樣的夜裡，我被嘶吼吶喊的猴群吵醒，旋即跳下吊床，手忙腳亂地摸索設備，等到一切就緒，按下開關，猴群的合唱早已停歇。在庫庫伊那段時間，有次我以為成功了。猴群離我們很近，吼叫聲震耳欲聾，錄音器材已經就位。我按下開關，錄下好幾分鐘最精采、最驚人的嘶吼。在兩聲吠叫後，整段表演劃下休止符，我得意洋洋地倒帶，叫醒查爾斯，讓他見識我的成果。整段帶子寂靜無聲，其中一個控制鍵在當天的跋涉途中壓壞了。

現在，多虧那隻吸血蝙蝠，我終於在合唱一開始就清醒過來。即便隔了半哩左右的距離，猴群的叫聲依舊響徹雲霄。我抱著器材衝出旅店，連接每一件設備，集音盤小心翼翼地對準音源方向。經過前一次的慘案，我直到隔天早上才重播那捲帶子，和查爾斯一起聽。錄音成果完美無比。

那天早上，礦場經理從森林裡的採礦基地開了十二哩的車來到阿拉卡卡。他透過無線電收到我們的留言了，但看到我們真的抵達此地，他顯得有些訝異。他說今天沒辦法送我們到他的基地，他的小吉普車已經堆滿汽艇運來的貨物。不過，明天我們可以一起吃頓午餐，他承諾會派車來接我們。

當天我們在小鎮附近的森林裡漫步。傑克想找些奇特的蜈蚣和蠍子，經過一棵類似棕櫚樹的矮樹旁時，他突然撕下樹幹上一層層乾燥的外皮。同時，我們聽見響亮的嘶嘶聲，一隻毛茸茸的金棕色動物從樹幹上方伸展四肢，然後沿著另一側爬下來。這隻和小狗差不多尺寸的動物，在我們接近前笨拙地逃跑，但牠跑不快，傑克跨了幾步就追上牠，握住幾乎沒有毛的尾巴根，把牠拎了起來。牠倒吊在半空中，小眼睛狠狠瞪著我們，彎曲修長的吻部冒出威嚇似的嘶嘶聲，口水滴個不停。傑克差點就要手舞足蹈了，能找到這隻小食蟻獸算他走運。

我們意氣風發地抓著牠回到旅店，趁傑克組裝籠子的空檔，我們把牠暫放到屋旁的大樹上。小食蟻獸以前腿抱住樹幹，迅速俐落地爬了上去。牠爬到二十呎高處時，稍稍停頓，轉頭瞪了我們一眼，這時牠發覺幾呎外掛著一大球蟻窩，馬上拋下一切不愉快，爬向獵物，尾巴捲住頭頂上的樹枝，把自己倒吊在樹上，接著前腿用力揮了幾下，撕開蟻窩。棕色螞蟻如同洪水般從裂縫湧出，爬滿小食蟻獸全身，而牠毫不介意，將管狀的吻部插進蟻窩，黑色的長舌頭捲起螞蟻。過了五分鐘，牠漫不經心地用後腿抓抓癢，不久又改成前腿，最後牠判斷就算繼續被螞蟻狂咬，也挖不出更多食物，便悠悠哉哉地撤退。牠厚重的毛皮顯然無法完全阻擋螞蟻的攻擊，每移動幾步，就得停下來抓抓身體。

小食蟻獸。

查爾斯和我錄下這段過程，卻驚覺要爬上去抓回小食蟻獸可不是輕鬆的差事。枝幹上到處都是憤怒的螞蟻，既然小食蟻獸都被咬得煩了，我們肯定無法倖免。幸好小食蟻獸替我們解決了這個問題，牠自己爬下樹，坐在地上，用後腿搔抓右耳。螞蟻咬得牠手忙腳亂，傑克乘機把牠撈進籠子裡，放牠安然窩在角落，準備抓掉左耳上的螞蟻。

當晚，我們拿著手電筒出外打獵。黑暗的森林詭異又神祕，在我們看不見的地方熱鬧無比。每個地方的聲音質感都大不相同。在河邊，金屬摩擦似的蛙鳴填滿周遭空氣；一旦深入林間，輪到清脆的蟲鳴占了上風。我們很快就習慣了永無止境的自然合唱，只是樹木突然傾倒的撞擊聲或無法辨識的淒厲尖叫，總會讓我的心臟差點從嘴裡跳出來。

說來真是有趣，黑暗中能找到許多我們白天絕對察覺不到的動物，因為動物的眼睛就像是反光板，手電筒的光束一照到盯著我們的動物，就會看到兩個小光點在黑暗中閃閃發亮。眼睛的大小、顏色、間距，都是推測動物身分的提示。

手電筒掃向河面時，我們看到四對炯炯有神的鮮紅光點——幾乎全身藏在水中的凱門鱷，只有眼珠子浮在水面上。高處枝椏間有隻猴子被我們的腳步聲吵醒，轉頭盯著我們。牠眨眨眼，光點隱沒又出現，隨著一陣碰撞聲消失無蹤——牠背對著我們，朝反方向逃走了。

我們儘可能放輕腳步接近一叢竹林。三十呎高的竹子在黑暗中搖曳呻吟。傑克的手電筒照進地面近處的糾結竹根。

「蛇最喜歡這種地方了。」他滿腔熱血，「你繞去另一邊，看能不能驚動什麼東西，讓牠往我這邊跑。」

我謹慎地在黑暗中找路，拿柴刀敲打竹身，這時，我的手電筒照亮了地上的一個小洞。

「傑克。」我輕聲呼喚，「這裡有個小洞。」

「這是當然的。」他有些不耐，「裡面有東西嗎？」

我小心翼翼地跪下來查看。洞穴深處有三顆小眼睛閃閃發亮。

「一定有。而且還是個三隻眼睛的動物呢！」

不到幾秒，傑克移到我身旁，跟我一起往洞裡張望。就著兩支手電筒的照明，我們看到洞底窩著一隻毛茸茸的黑色蜘蛛，跟我的手掌一樣大。我看到的只是牠可怕頭頂上八隻眼睛中的三隻。牠凶狠地舉起第一對步足，露出帶著偏光虹彩的藍色毛束，彎曲的毒牙一覽無遺。

「真美。」傑克低聲讚嘆，「別讓牠跳出來。」他放下手電筒，從口袋裡翻出一個可可粉罐子。我拿了根樹枝，輕輕地將牠從洞壁推下去。蜘蛛揮舞前足，撲向樹枝。

「小心點。」傑克說，「要是擦掉牠身上的半根毛，牠就活不了多久了。」

他把罐子遞給我。「你在洞口等著，我看能不能哄牠爬出來。」他伸長手臂，隨身的刀子插進地面，鬆動洞口後方的沙土。蜘蛛轉身面對另一波危機，後退幾步。傑克扭轉刀身，洞底坍塌了，蜘蛛一瞬間倒退著衝進罐子裡，我迅速合上蓋子。

傑克心滿意足地笑開了嘴，將罐子收回口袋。

隔天，是我們在阿拉卡卡的最後一天，回喬治城的船將在三天後從巴里馬河河口的摩拉萬納啟程，到那邊要兩天時間。採礦公司的吉普車預計中午到這裡來接我們到十二哩外的基地。我們邊等車邊興奮地猜測在基地能看到什麼動物。然而吉普車遲到了，臨近傍晚才等到經理趕來，嘴裡道歉個沒完，說吉普車壞了，他才剛修好。現在時間太晚，我們來不及去基地參觀。我們詢問要是有辦法到那裡，能夠獲得哪些動物。

「這個嘛，我們原本有一隻樹懶，可是牠死了。還有一隻猴子，但牠逃走了。我相信我們可以抓到幾隻鸚鵡。」

聽到這番話，可謂是百感交集。大老遠跑來這裡卻得不到多少收穫，同時也鬆了一口氣，至少不會在抵達基地後，到了最後一刻才戳破美好夢想。

經理爬回吉普車上，駛離阿拉卡卡。現在我們得面對要去哪找開往下游的船。我們造訪了每間酒吧，不少人手邊都有電動獨木舟，但他們都以絕佳的理由回絕了：引擎壞了、船太小、沒有油、真正懂引擎的人不在阿拉卡卡。最後我們找到一名印度人，名叫雅各，坐在一間酒吧外生悶氣。很難不注意到他，因為兩撮筆直的黑髮在他耳朵上方高高翹起，看起來活像是壞脾氣的尖耳妖精。雅各說他有船，可是沒辦法送我們一程。不過他跟其他人不同，想不出什麼藉口來搪塞，於是我們見縫插針，在煙霧彌漫的酒吧門口跟他討價還價，伴隨著留聲機刺耳的樂聲。大概到了十點半，雅各被我們磨到放棄堅持，臭著臉答應明天早上送我們到可里波。

我們六點起床，七點前打包完畢。沒看到雅各的人影。到了九點，他灰頭土臉地走進旅店，說他準備好船隻和引擎了，可是他弄不到半滴油。

葛蒂沒別的事好做，站在一旁興致勃勃地聽我們交談。她同情似地望著我，重重嘆息。「天啊，真是耽擱時間！真令人發急。」

到了中午，引擎終於獲得汽油灌溉，我們出發前往下游的可里波村。小食蟻獸蜷縮在籠子裡睡覺，半個蟻窩擱在牠身旁，讓牠在半路上墊墊胃。傑克在阿拉卡卡替水豚做的大籠子橫跨整個船頭，還往兩側各突出兩呎。

雅各的引擎可說是喜怒無常，重新發動的成功率無法預測，能趁著河水高漲的時機順流而下，我們真的是幸運極了。若是讓漂浮的木片卡住水冷式系統的出水孔，或是要這艘船全速奔馳，那就得耗費好一番工夫才能哄它開心。因應這樣的困境，雅各只有一百零一招：使盡全力迅速拉扯啟動繩。這組引擎內部的運作神聖不容侵犯，絕對不允許外力干涉。以結果來看，他的信念沒有問題，只是途中一度他得要連續拉啟動繩整整一個半小時。等到它終於重新發動，咬牙忍住怒氣的雅各毫無半點得意的神色，坐回舵旁，陷入與平時沒兩樣的愁雲慘霧。

我們在接近傍晚時抵達可里波，停在布林斯雷．麥里德的汽艇旁。若無必要，雅各不想關閉引擎，所以我們以最快的速度卸貨，不到十分鐘就清空整艘船。一邊維持引擎運作，完成如此壯舉，雅各看起來一點都不開心，迴轉船身，沉著臉啟程回阿拉卡卡。

得知布林斯雷的汽艇已經修好，我們鬆了一口氣。他本人目前在郊區的礦場工作，但村民說他隔天早上十點就會回來。

沒想到他真的準時回返。我們在籠子裡裝滿木薯餅和過熟的鳳梨，引誘水豚進籠，再把整個籠子運上船，度過最後一天的旅程。這趟航程花了不少時間，因為我們重新造訪了沿途的每一個聚落，看有沒有人在這幾天抓到什麼動物。幾個村民應了我們先前的要求，真的替我們抓了幾隻動物。當我們抵達艾弗拉德山時，除了小食蟻獸、水豚外，船上又多了一條蛇、三隻金剛鸚鵡、五隻鸚鵡、兩隻鸚哥、一隻捲尾猴。最棒的戰利品是一對長著紅色嘴喙的巨嘴鳥。跟村民議價拖了太久，等到夜幕低垂，我們離摩拉萬納還有十哩遠。在凌晨一點，汽艇終於與摩拉萬納港邊的塔芬號並肩停靠。我們踏著舷梯衝上船，跨過甲板上睡得橫七豎八的乘客，好不容易找到領班的艙房。他穿著

在可里波村引誘水豚進籠。

鮮豔的條紋睡衣應門。不過，當他發現我們是為了正式乘務而來，他隨即戴上制服的帽子，領著我們到兩間艙房（竟然替我們保留位置，堪稱是奇蹟）。我們往一間房裡塞滿動物。在凌晨兩點半，三個人筋疲力竭地爬上另一間艙房的鋪位。

等我再次睜開眼睛，太陽已經爬到船頂。蒸氣船出了海，喬治城就在眼前的地平線上。

第八章　金先生和美人魚

好幾個驚喜在喬治城等待我們。在我們前往巴里馬河期間，殖民地各處的朋友又把更多動物送到提姆．文奈爾掌管的車庫。那架水陸兩用飛機最近去了趟卡瑪蘭，機長帶回幾隻鸚哥和一隻溫馴的紅冠啄木鳥，是賽格夫婦送我們的禮物。泰尼．麥塔克送來一隻食蟹狐和裝了幾條蛇的布袋。似乎是嫌全職的動物保母還不夠忙，提姆請當地民眾找到什麼動物就帶過來。光是植物園就貢獻了不少心力。一名園丁抓到兩隻獴，我們曾看過牠們的家人在草坪上狂奔。儘管嚴格來說牠們不是南美洲動物，提姆依舊欣然接受。好幾年前，蔗農從印度引進獴這種動物，希望牠們能抑制對甘蔗影響甚大的鼠害。牠們迅速繁殖，現在成為海岸地區最常見的動物之一。負鼠[6]在植物園裡隨處可見，牠們就跟袋鼠一樣，把新生兒裝在袋子裡活

6 審註：有袋類動物可以分成美洲有袋類和澳洲有袋類兩大類群，美洲有袋類現存約有一百二十種，包含了各種負鼠和鼩負鼠。

動。我原本很想見識這種在澳洲外罕見的有袋類動物，但其真面目令我失望不已。提姆手邊的兩隻負鼠很像大老鼠，只是嘴巴尖了點、身上沒幾根毛、尖銳的牙齒、乾燥脫皮的醜陋尾巴。毋庸置疑，牠們是本次最不可愛的戰利品。提姆一臉賊笑，說他馬上就給牠們取名為大衛和查爾斯。

新來的動物中，讓人印象最深的當屬名叫派西的壞脾氣傢伙。派西是一隻捲尾豪豬，就跟豪豬科的成員一樣，牠的脾氣惡劣到了極點。只要有人想碰牠，就會氣得皺起小臉、抖動短短的刺、嘶嘶威脅、用力跺腳。牠非常樂意用牠的大門牙攻擊每個膽敢接近的人。牠靈活的尾巴是用來抓住樹枝攀爬的利器。許多以樹為家的動物都有類似的裝備，但大部分動物——猴子、穿山甲、負鼠、小食蟻獸——的尾巴都是往下捲曲，派西的尾巴則是往上豎起，只有新幾內亞的某種老鼠與牠共享此特徵。

捲尾豪豬派西。

雖說來了這麼多新朋友，我們又從巴里馬河那邊帶回一批動物，戰利品中仍舊缺了兩個重要元素。兩種非常有意思的蓋亞那動物尚未落入我們手中。第一種是麝雉。在科學家眼中，這種鳥類非常特殊，牠們的翅膀上竟然長了爪子。成鳥的爪子已經失去作用，深深埋在羽毛間。不過呢，對羽毛尚未長齊的雛鳥來說，爪子是不可或缺的工具，牠們把翅膀當作第二雙腳，靠著爪子能攀上巢外枝條。從化石可以判斷鳥類的祖先是爬蟲類。前肢長了爪子的麝雉是現存唯一保留這項特徵的鳥類，目前只能在南美這一帶的海岸區域找到牠們的蹤跡。

第二種我們夢寐以求的動物名叫海牛，身軀龐大，形似海豹，住在溪流中，與世無爭地吃水草過活。這種哺乳類動物據說能以仰泳的姿勢把一胎僅有一隻的寶寶抱在胸前，用前肢托著哺乳。而據說第一批航海繞行南美洲的水手看到哺乳中的海牛，造就了美人魚的傳說[7]。

聽說麝雉和海牛都是坎赫河（Canje River）流域常見的動物，從喬治城沿著海岸往南幾哩就能找到那個區域。我們得在一週內逮到牠們，因此從巴里馬河那兒回來後才過了兩天，再次出發，這回要搭乘火車前往坎赫河出海口的新阿姆斯特丹鎮。

蓋亞那在十九世紀初甫成為大英帝國的一部分。在那之前的幾百年間，它曾受到荷蘭統

7 審註：事實上，海牛不會用仰泳或托著小孩的方式哺乳，但很有趣的是，海牛的乳頭長在腋下，寶寶會含著媽媽前肢的基部來吸奶。

治，車程途中隨處可見宗主國的足跡。火車站全冠上附近大型糖廠的名稱：貝塔爾維吉亭（Beterverwagting）、維爾瓦茲（Weldaad）、翁維瓦訶（Onverwagt）。許多糖廠能夠建立，要歸功於我們左手邊遠處的海堤。當年荷蘭人搭建這道牆，把荒蕪的鹽沼變成沃土。新阿姆斯特丹鎮盤據在伯比斯河（Berbice River）長達一哩的出海口邊緣，新建的水泥建築與木板破屋間夾雜了幾棟雅致的白色屋子，保存了荷蘭殖民時期的榮光。

我們認為本地漁民最有機會幫得上忙，因此先往港邊找幫手。非裔和印度人坐在碼頭周圍的小木船裡補漁網，聊得沒完沒了。我們問是否有人能幫我們抓到「水媽媽」（當地人口中的海牛）。沒有人自告奮勇，不過大家似乎都認定名叫「金先生」的非裔男子有辦法。

聽了眾人的介紹，看來此人不簡單。他以打漁維生，但他力大無窮，全鎮的粗活都會請他幫忙，比如說打樁，除了他沒有人能做得好。我們聽說他會跟牛隻「角力」當作消遣。他也是厲害的獵人，對這一帶的野地瞭若指掌，無人能出其右。如果要找人抓海牛，金先生是不二人選。於是我們回鎮上找人。

最後在魚市場發現他坐在地上跟魚販爭執收購價格。光看外表就知道他名不虛傳。金先生壯碩無朋，穿著亮紅色上衣、黑色細條紋長褲，一頭亂髮上頂著小小的教父帽。我們問他能不能幫忙抓到海牛。「唔，老兄，這一帶是有不少水媽媽啦。」他撥弄連到鬢角的壯觀鬍鬚。「可是很難抓，牠們的脾氣最烈了。要是落入漁網裡，牠會到處衝撞，力氣大得很，連最堅固的網子都扯得破。」

「你有什麼對策嗎？」傑克問。

「只有一招行得通。」金先生嚴肅回應。「水媽媽一進網子，我們要輕輕撫摸網繩，讓震動傳入水裡。只要做得夠好，逗得牠開心，牠就會躺在原處，不會亂動！」金先生掛上無邪的微笑，發出激情與喜悅交織的呼聲。「我只知道一個人有這個本事。」他補充道。「就是我。」

金先生的專業知識令我們深深折服，我們當場就僱用了他。我們打算明天租一艘汽艇，金先生答應一大早就帶上兩名助手和漁網來抓海牛。

汽艇由非裔船長和印度輪機手操縱，我們很快就察覺這兩人沒有我們想像中的尊敬金先生。沿著坎赫河逆流而上開了半小時，我們看到高處樹上有一條鬣蜥。

「金先生，好啦，你要怎麼對付那傢伙？」輪機手蘭葛問道。

金先生以趾高氣揚的手勢指揮汽艇暫停一會兒。他壯碩的身軀跳上小船，一名助手鑽過蘆葦叢，來到樹下。那條鬣蜥長達四呎，一動不動地趴在出奇細瘦的樹枝上，綠色鱗片在陽光下閃閃發亮。金先生砍下一根長長的竹竿，往尖端打了個繩結，伸到十五呎高處，在鬣蜥面前晃盪。

「金先生，你要怎麼做呢？」船長弗拉瑟佯裝恭敬。「你想牠說不定會自己爬進你手中？」

鬣蜥不為所動，樹下的紛擾與牠毫無瓜葛。

「嘿，金先生，你是不是昨晚把自己養的鬣蜥綁在樹上，好在今天大顯身手？」蘭葛挖苦道。

金先生對這些愚蠢的嘲笑不屑一顧，指示助手爬上樹，將繩圈繞過鬣蜥的脖子。牠的反應是懶洋洋地爬到更高的枝枒上。

「我想啊，那傢伙想溜了。」弗拉瑟說。

金先生要助手爬得更高。鬣蜥勉強允許繩圈在自己面前晃了十分鐘，當繩圈接近牠的鼻尖，牠先是和善地舔了繩子一口，但無論金先生如何大喊誘哄，牠就是拒絕鑽進繩圈裡。最後，樹上的助手靠得太近，鬣蜥耐性耗盡，漠然避過繩子，優雅地躍入河中。最後我們只看到蘆葦叢深處的泥水掀起陣陣漣漪。

「我想啊，牠真的溜了呢。」弗拉瑟裝出客觀的語氣。

金先生回到船上。

「這種東西多的是。」他說，「我們可以抓個夠。」

巨大的河蕉芋排列在兩岸形成高牆。莖桿跟我的手臂一樣粗，質感像是海綿，柴刀隨手一揮就能砍斷。直挺挺的莖桿表面光溜溜的，大約在十五呎高處才能長出幾片箭頭狀的葉子，期間不時能看見尺寸形狀類似鳳梨的綠色果實。我們知道河蕉芋的葉子是麝雉最愛的食物，焦急地拿望遠鏡四處探看。

日正當中，陽光狠狠打在我們身上。汽艇甲板上的金屬零件燙到無法觸碰。沒有半點風，河蕉芋葉在窒悶的熱氣中一動也不動，河面閃著波光。四下沒有半點動靜。

大約在下午一點，我們看到第一隻麝雉。河蕉芋叢中悶悶的鳥叫聲引起傑克的注意。弗拉瑟停下引擎，透過傑克的望遠鏡，我們勉強看出有隻大鳥蹲踞在陰影中喘氣。船身漂近一些，第二隻、第三隻出現了，原來這片蘆葦叢中滿是躲避烈日的鳥兒。

接近下午四點，我們終於看清麝雉的全貌。太陽貼近地平線，熱氣也沒那咄咄逼人了。我們繞過河彎，看到六隻鳥兒在河蕉芋間覓食。牠們的大小和雞差不多，沉重的身軀配上細長的頸子，茶棕色的羽毛漂亮極了。牠們頭頂有一簇尖尖的羽毛，亮晶晶的紅眼珠四周露出藍色皮膚。察覺到我們的存在，牠們停止進食，直盯著我們，尾巴緊張地上下抽動，發出嘶啞刺耳的叫聲。最後牠們笨拙地退進幾呎外的河蕉芋叢裡，消失在深處，不過查爾斯已經用攝影機錄下牠們的身影。

能看到這些罕見的美麗鳥兒令我們興奮不已，但我們還是希望能看到雛鳥

巢裡的麝雉。

獨特的爬行姿勢。往上游緩慢航行途中，傑克持續拿望遠鏡在河蕉芋叢間尋找鳥巢。接近傍晚時，終於找到了一個。河蕉芋間的荊棘叢裡，鳥兒用小樹枝在離水面七呎處搭建起脆弱的檯面。我們紛紛跳下船，涉水接近。兩隻還沒長毛的雛鳥蹲在巢裡往外看，視線對著我們。我們靠近些，牠們的好奇轉變成恐懼，瘦巴巴的小東西離開鳥巢，搖搖晃晃地沿著荊棘往上爬，雙腳和翅膀上的爪子瘋狂抓握，這個驚人的舉動與我們印象中的鳥類有著巨大差距。等牠們爬到我們頭頂上搖晃的樹枝，我站起來，不帶威脅性地朝牠們伸手。表演了完美的攀爬技術後，牠們又使出只有雛鳥做得到的伎倆，突然躍向九呎高的半空中，俐落地潛進水中，幾乎沒有激起半點水花。牠們當著我們的面奮力踢水，遁入糾結的荊棘叢。

真是可惜，牠們逃得太快，我們來不及拍照，不過心想既然第一天就輕鬆找到麝雉雛鳥，在這一帶肯定能找到更多。待在坎赫河的期間，我們繃緊神經、瞪大眼睛，找到幾個有蛋的鳥巢，其中一處的地理位置非常適合攝影。看到我們逼近，成鳥笨拙地飛走，但很快又回到原處，慢慢坐進巢裡，鳥爪往內兜著尚未孵化的孩子。牠一動也不動，只是不安地孵著蛋，神色有些漫不經心。

接下來的幾天，我們重新造訪牠好幾次，希望看到雛鳥破殼的一瞬間，然而直到我們要回喬治城的那一天，鳥蛋還是毫無動靜。除了第一天外，我們再也沒有看到麝雉雛鳥。

搭船探索坎赫河的第一天傍晚，我們抵達一條小溪與主河道匯流的交叉點，金先生說這裡是抓海牛的絕佳地點。再過半小時，潮流將會改變，洶湧的溪水湧入坎赫河，帶來習慣在此處覓食的慵懶海牛。只要在匯流處架設漁網就能逮到牠。他把柱子插入小溪兩側泥濘的河床，張開網子掛在上頭，之後他坐在小船裡抽菸斗，黑色教父帽頂在頭上，找機會展現他卓越的誘捕技巧。

過了兩個小時，他放棄了。「沒有用。潮流不夠強，水流不下來。我知道有個更好的地方，今晚就能抓到。」

他收起漁網，小船繫在汽艇船尾，我們繼續往上游移動，在晚間抵達某間糖廠的碼頭。糖蜜令人反胃的黏膩甜香瀰漫整片河面。蘭葛從汽艇廚房端出熱呼呼的米飯和蝦子，吃完晚餐，金先生以悲壯的語氣跟我們說可以先去睡了，他要在夜裡抓住海牛，早上就能亮給我們看。我們自然是想見識他的手腕，問是否能請他在開工前叫醒我們。

「天啊，你們不會想跟我來的。」他說，「我要在半夜兩、三點動手。」

我們再三保證這個時間絕對沒問題，最後他才勉強答應。

河上蟲子的密集程度超乎我們想像，有沙蠅、喀波拉吸血蚋、蚊子，甚至還有碩大的胡蜂。牠們從艙口隙縫湧入，在燈火旁圍成濃密的黑雲。不得其門而入的蚊蟲則是聚集在舷窗外頭，像是污垢般完全蓋住玻璃。負責管理藥物的查爾斯摸出一大罐夜間專用的防蟲藥膏。我們掛起蚊帳，爬上鋪位，陷入夢鄉。

傑克在凌晨兩點搖醒我們，我們小心地換上長袖襯衫，把褲腳塞進襪子，往露出的手掌和臉塗滿藥膏，就怕蚊蟲拿我們當大餐。我們爬到船尾看金先生準備得如何，沒想到他還躺在吊床上，張著嘴大聲打呼。

傑克輕輕搖了他幾下。金先生睜開眼睛。

「老兄，你們要幹嘛？現在大半夜的，我睡得正熟呢。」他惡狠狠地質問。

「不是要去抓水媽媽嗎？」

「你們是沒長眼睛嗎？太暗了。今天沒有月亮，我最好能抓到水媽媽啦。」說完，他的眼睛又閉了起來。

既然都換好衣服了，我們決定不管金先生要不要來，先自行到外頭看看能逮到什麼。顯然河裡多的是凱門鱷，手電筒掃過黑漆漆的河面，就能看到好幾對眼睛反射燈光。我們放下小船，順著水流悄悄漂行。查爾斯和我划槳，儘可能壓低音量，傑克則是蹲在船頭，握著手電筒。我們緩緩滑向岸邊的蘆葦叢，耳中只聽到遠處的蛙鳴及蚊子尖銳的嗡嗡聲。傑克的手電筒光束慢慢掃過水面，他的手突然停住，讓燈光照進一叢蘆葦，示意我們停下船槳。

我們悄悄收起船槳，小船一點一點漂近蘆葦叢。不久，我們就著燈光看出凱門鱷的腦袋正對著船頭，鱗片閃著水光，幾乎全身泡在水裡。傑克直照著凱門鱷的眼睛，上身探出船頭，這時他的腳碰到船身的金屬外殼，輕微的鏗鏘聲響起，一絲水波劃過我們面前。傑克坐回原處，轉向我們。

「我想啊，這傢伙溜了。」

我們又搖起船槳，不到五分鐘，傑克又看到一隻凱門鱷。我們滑了過去，卻在離牠大約十碼處，傑克關掉手電筒。

「別管這一隻了。」他說，「看牠眼睛的間距，這一隻大概有七呎長，我可不想赤手空拳對付牠。」

沒過多久，我們遇上第三隻凱門鱷，再次接近，悄悄滑過漆黑河面，注意力集中在手電筒的光圈，以及其中的兩個紅色光點。

「過來抓住我的腳。」傑克輕聲吩咐。

查爾斯悄悄移過去，握住傑克的腳踝。小船慢慢地漂向被燈光照得眼花的凱門鱷，傑克探出上身，掛在船邊。我們靠得越來越近，直到凱門鱷的眼珠子被船頭遮住，消失在我的視線範圍內。突然一陣沙沙水聲，接著是傑克得意洋洋的「逮到牠了」。他丟下手電筒，掛在船緣上，雙手抓住那隻凱門鱷。

「拜託你再撐一下。」他對查爾斯大叫。查爾斯以全身力氣壓住傑克的腳踝，伸長脖子往船外看去。劇烈的水聲與使勁的呻吟聲之後，傑克終於坐回船裡，笑得合不攏嘴。他懷裡那隻四呎長的凱門鱷不斷掙扎，嘴巴狠狠開合。傑克右手揪住牠的後頸，將覆滿鱗片的長尾巴夾在腋下。凱門鱷兇狠地嘶嘶威嚇，張開可怕的嘴巴，露出致命的黃色尖牙。

「我想或許派得上用場，就把你的行李袋帶來了。」傑克向我匆忙說明。「可以傳過來嗎？」沒空與他爭辯，我遞出袋子，抖開袋口，讓傑克小心翼翼地收好凱門鱷，拉緊束帶。

「至少能給金先生看看我們的成果啦。」他說。

我們帶著金先生和他的手下在坎赫河上又巡了三天，尋找海牛的身影。不分日夜、無論晴雨布下漁網，漲潮和退潮都試過，每次金先生都保證當下狀況最適合捕捉海牛，但就是沒有半點成效。最後我們耗盡了補給，只能難過地回到新阿姆斯特丹。

「老兄，我想我們運氣真的不太好。」收下我們支付的酬勞時，金先生露出莫測高深的神情。

離開碼頭途中，一名印度漁夫追了上來。

「就是你們想抓水媽媽嗎？」他問，「我三天前抓到一隻。」

「你怎麼處理牠？」我們激動詢問。

「我把牠放到鎮外的湖裡，湖很小，你們想要的話我馬上就能抓回來。」

「當然好。」傑克說，「現在就去抓牠吧。」

印度漁夫跑回碼頭，把漁網放到手推車上，找了三個朋友來幫忙。

我們的捉捕團隊穿過擁擠的街道，我聽見眾人交頭接耳，興奮地叫嚷「水媽媽」。待我們走出鎮外，抵達湖邊的草坪時，背後已經跟了一大群大呼小叫的民眾。

那座湖廣闊泥濘，幸好沒有很深。大夥兒蹲在岸邊，屏息凝視水面，尋找美人魚的蹤跡。突然有人指著莫名晃動的蓮葉，那片葉子皺起、沒入水中，過了幾秒，一團棕色的吻部冒出水面，兩個圓圓的鼻孔用力噴氣後又潛了下去。

「那裡！在那裡！」眾人大聲嚷嚷。

漁夫納里安調派人力，跟三個幫手一起跳進湖中，四人展開漁網，經過他的指揮，排成一列，接近方才海牛現蹤的角落。水深及胸，他們緩緩逼近湖岸。察覺到他們的動靜，海牛再度浮起來換氣，暴露了行蹤。納里安大叫，要拉著漁網兩端的同伴趕快上岸，讓網子形成一道弧形。海牛脾氣上來了，浮到接近水面處，一個翻身，亮出牠巨大的深棕色側腹。

岸上觀眾一陣驚呼喝采。「好大！天啊！牠大的不得了！」

納里安在岸上的幫手興奮得昏了頭，由幾名熱心民眾協助，一把一把地瘋狂收網。納里安還泡在湖裡拚命大吼，想壓過岸上的喧鬧聲。

「別拉了！太快了！」

沒有半個人理會他。

「這網子要一百塊錢！」納里安尖叫。「你們再不停手，網子就要破了！」

可是海牛又亮出牠的側腹，眾人心中只剩下盡快抓牠上岸的衝動，不斷收網，海牛被逼到岸邊。牠的身軀確實相當龐大，但還來不及多看兩眼，牠已經拱起身體，拍打巨大的尾巴，泥水噴了眾人一身。網子破了，牠消失無蹤。納里安火冒三丈，爬上岸怒吼，要所有人付錢賠他補漁網的花費。看他們吵成一團，看來現在不適合提議找金先生來，在這隻脾氣火爆的美人魚下次落網時撫摸繩子安撫牠。他們吵個沒完沒了，大家似乎都忘記海牛的存在，除了傑克，他沿著湖岸漫步，藉由湖水漣漪追蹤其移動路徑。

等到騷動稍微平息，傑克叫來納里安，指出海牛最後換氣的位置。

納里安高聲咕噥，拿著一根長繩子走過來。

「那些瘋子。」他忿忿不平。「他們毀了我的網子，這可要一百塊錢啊。這次我下去用繩子綁住牠的尾巴，不讓牠亂跑。」

他再次下水，來回走動，用雙腳摸索海牛的下落，最後發現牠懶洋洋地趴在湖底。他握著繩子彎腰，下巴幾乎泡到水裡，這個姿勢維持了幾分鐘。等他直起腰，準備開口時，手中的繩子被一股力量扯緊，把他扯得撲進水中。他奮力站穩，吐出泥水，愉快地揮舞繩索末端。

「我抓住牠了。」他大喊。

海牛原本乖乖任由納里安往自己尾巴打結，突然意識到自己深陷危機，浮上水面撲騰衝撞。這回納里安做足準備，以巧妙的手腕拖牠回岸邊。他那些闖了禍的幫手再次拿漁網圍繞海牛，納里安爬上岸，手中的繩子沒有放鬆。幫手一邊收網，納里安一邊拉，美人魚就這樣被他們倒著拉到岸上。

牠實在是不怎麼美觀，腦袋像是一塊扁平的樹樁，富含脂肪的肥厚下唇冒出稀疏的鬍鬚，小眼睛深埋在臉頰皮肉間，若不是稍稍流出一些膿水，幾乎察覺不到它們的存在。除了那對大鼻孔，實在難以從牠的五官看出半點表情。從鼻尖到粗壯的尾巴，身長僅七呎多。牠擁有兩隻船槳形狀的前肢，沒有下肢，不知道牠把骨頭藏在什麼地方。少了湖水的浮力，牠像是溼透的沙袋般癱在草地上。

我們試探性地戳了幾下，牠似乎毫無知覺，任由我們把牠翻成仰躺的姿勢。牠一動也不動地躺著，前肢往外翻開，我擔心牠是不是在追捕過程中受了傷，問納里安牠的狀況。他哈哈大笑。「這東西死不了。」他往牠身上潑了點水，牠拱起背脊、尾巴拍地，又安靜下來。

新阿姆斯特丹的鎮議會幫我們解決了送牠回喬治城的難題，他們出借鎮上的灑水車。我們拿吊索套住牠的尾巴和前肢。納里安與三名幫手扛著牠，搖搖晃晃地橫越草坪，運到灑水車停靠處。

納里安和亞馬遜海牛。

牠掛在吊索間，前肢軟綿綿地垂落，口水沿著鬍鬚滴落，悠然自適，但怎麼看都看不出誘人魅力。「要是哪個水手把牠誤認成美人魚，那傢伙肯定是在海上待了太久。」查爾斯說。

第九章 回返

這趟遠征劃下了句點。傑克和提姆要走海路，帶整批動物回倫敦；查爾斯和我則是搭飛機即刻返回攝影棚，處理影片後製。動身前，傑克送上一個方形大包裹。「裡面是幾隻可愛的蜘蛛、蠍子、一兩條蛇。都封在金屬盒子裡了，牠們不會跑掉，我有鑽氣孔。搭飛機時放在身邊，別讓牠們著涼了。可以順便幫我帶這隻長鼻浣熊嗎？」說著，他抱來毛茸茸的小東西，睜著明亮的棕色眼眸，長長的尾巴上有一圈一圈的花色，尖尖的吻部。「牠還沒斷奶，回程路上每三到四小時就要拿奶瓶餵牠。」

查爾斯和我抱著包裹和裝了長鼻浣熊的動物外出籃登機。小傢伙隨即引來眾人目光。飛越加勒比海群島時，一名女士靠過來撫弄牠。她問這是什麼動物，怎麼會和我們一起搭飛機，最後我們只能透露此行是為了收集動物而來。她盯著我腳邊的包裹，微微一笑。「我猜那裡頭裝滿了毒蛇和各種可怕的蟲子對吧？」

「確實是如此。」我故作神祕地回應。如此荒謬的對答激起哄堂笑聲。

在第一段航程間，長鼻浣熊非常乖巧，可是等到飛機飛往北方，越來越接近歐洲時，牠開始拒絕喝奶。我怕牠會感冒，把牠塞進襯衫裡，讓牠窩在手臂下睡得香甜。在里斯本和蘇黎世，我試著哄牠進食，但無論我們熱了牛奶，或是在碟子裡放了香蕉泥和奶油引誘牠，牠還是什麼都不吃。凌晨一點，我們抵達阿姆斯特丹，前往倫敦的飛機六點起飛。查爾斯和我在機場大廳的長沙發上安頓下來。牠已經三十六個小時沒吃東西了，我們越來越擔憂。然後苦苦思考，努力回想長鼻浣熊最愛吃什麼，但只記得自然史書本上寫牠們是「雜食動物」。

查爾斯像是被雷打到似地開口，「要不要弄點蟲子？說不定他看到活生生的蟲子，胃口就來了。」我贊同他的提議，可是我們都不知道在清晨四點的阿姆斯特丹要去哪裡抓蟲。這時靈光一閃，想到花卉是荷蘭引以為傲的特產，機場四周全是美麗的花圃，現在開得正盛。我把長鼻浣熊留給查爾斯抱著，走出候機室，在炫目的停機坪照明燈下，偷偷摸摸地踏進花圃。我蹲下來挖開柔軟的泥土，機場地勤從幾呎外走過，完全沒注意到我的舉動。過了五分鐘，我挖出十多條蠕動的粉紅色蟲子，得意洋洋地帶回位置上，長鼻浣熊馬上張嘴大快朵頤，讓我們鬆了一大口氣。等牠吃完，牠舔舔嘴巴，顯然還想再吃。就這樣前前後後跑了四趟，從鬱金香花圃中收集更多蟲子，牠才心滿意足。六個小時後，我們把活力充沛、四條腿不斷踢踏的長鼻浣熊交由倫敦動物園照顧。

此時，為了讓動物度過回英國的漫長航程，在喬治城還有堆積如山的雜事等著處理。傑克的健康狀況不斷惡化，使得旅程的最後幾星期蒙上陰影。事態逐漸明朗化，他染上某種極度嚴重的痲痺性疾病。我們回國沒幾天，喬治城的醫生建議他必須盡快飛回倫敦，接受專科醫生的治療。動物園鳥園區主任約翰．耶蘭（John Yelland）飛去喬治城跟傑克交接，協助提姆．文奈爾搭船帶領整批動物回英國。

這個任務艱鉅繁雜：為了給海牛舒適的旅程，他們用帆布搭建泳池，架在甲板上；為了滿足各種食性的動物，他們運了大量的補給品上船，包括三千磅萵苣、一百磅高麗菜、四百磅香蕉、一百六十磅青草、四十八顆鳳梨。為了確保動物在十九天的航程間不會餓肚子、居住環境整潔，提姆和約翰從早到晚沒有半刻清閒。

過了幾個禮拜，我才有辦法去動物園拜訪那些動物。海牛慵懶地在水族館特地為牠打造的清澈水池裡游來游去。牠現在溫馴極了。我把一片高麗菜探進

長鼻浣熊的幼獸。

水裡，牠游過來從我手中接過。在庫庫伊村收編的小鸚鵡已經長齊羽毛，判若兩鳥。但我深信牠還記得我，當我跟牠說話，牠的腦袋上下抽動，幾個月前我嚼碎木薯餅餵牠吃時，反應亦是如此。美麗的蜂鳥在特殊溫室裡的熱帶植物間彈飛盤旋。捲尾豪豬派西蜷縮在枝枒間沉睡，那張臭臉我絕對不會認錯。

我找到即將離開的水豚，牠們要被送去惠普斯奈德的分園，動物園在那裡擁有大片土地。牠們嘴裡咻咻咯咯叫著，熱烈地吸吮我的手指，正如在巴里馬那時。食蟻獸靠著生絞肉和牛奶長得肥肥壯壯。我們在阿拉卡卡逮到的蜘蛛住進昆蟲館，牠抵達沒幾天就產下數百隻小蜘蛛，牠們正飛快生長。

我費了一番工夫尋找胡帝尼，這傢伙對我個人造成的麻煩沒有任何一隻動物比得上。終於找到牠時，牠一頭栽在飼料盆裡，吃得稀哩呼嚕。我倚著籠舍牆，叫了牠好幾次，那傢伙完全無視於我的存在。

第二部

抓龍特攻隊

ZOO QUEST FOR A DRAGON

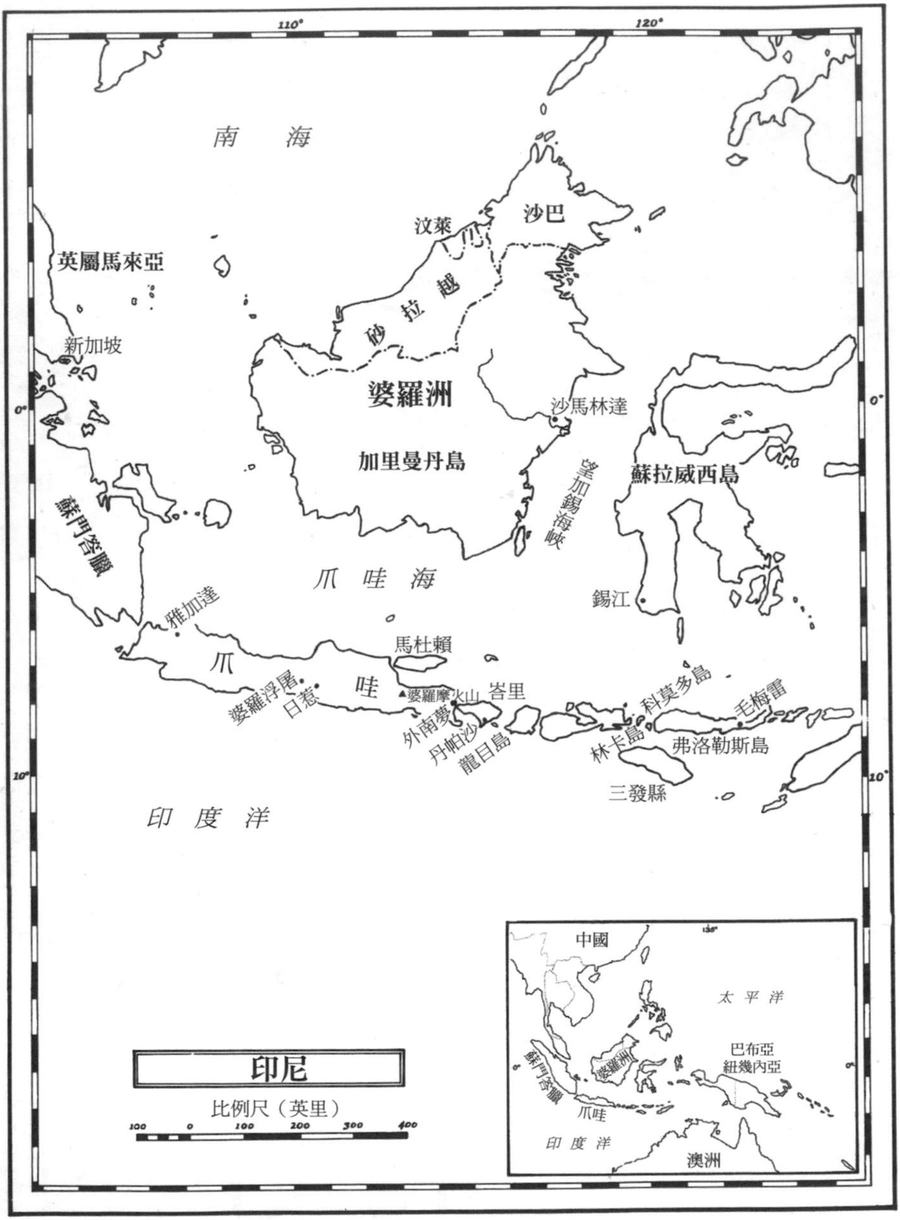

110°
120°
0°
10°
南海
汶萊
沙巴
英屬馬來亞
砂拉越
新加坡
婆羅洲
沙馬林達
加里曼丹島
望加錫海峽
蘇拉威西島
蘇門答臘
爪哇海
錫江
雅加達
馬杜賴
爪
哇
婆羅浮屠
日惹
婆羅摩火山
峇里
外南夢
丹帕沙
龍目島
科莫多島
毛梅雷
林卡島
弗洛勒斯島
三發縣
印度洋
印尼
比例尺（英里）
100
0
100
200
300
400
中國
太平洋
巴布亞
紐幾內亞
蘇門答臘
婆羅洲
爪哇
印度洋
澳洲

第十章　前往印尼

要成就名為遠征的事業，肯定需要好幾個月的詳細推敲。應當要有進度表、許可文件；名單、簽證、行程表；仔細掛上分類標籤的行李和裝備堆積如山，安排了緊密的運輸鏈，大至貨艙，小至一隊赤腳挑夫。但我們的印尼之旅沒這麼多準備。當查爾斯．拉格斯和我口袋裡塞著前往雅加達的機票，在倫敦登機時，我承認自己很後悔沒有好好計畫。

我們都沒去過遠東，既不會說馬來語，在印尼也沒有半點人脈。還不只如此——幾週前，我們決定捨棄大量的補給品，反正兩個人總有辦法填飽肚子，換成是十人的遠征隊伍就完蛋了。基於類似的考量，我們並未事先安排接下來四個月的住宿地點。實情是這樣的，我們拜訪過倫敦的印尼大使館，受到駐英人員的殷勤接待，也承諾寫信給印尼當地的相關局處，告知我們的企劃，請對方提供協助。然而在出發前一天，我們再次造訪大使館，卻發現他們搞錯日期，那些信還沒寄出。一名承辦人員表示最簡單的解決之道是我們自己帶著信，抵達印尼時寄出。

印尼橫跨在赤道上，西至蘇門答臘，東至新幾內亞，綿延三千哩，由爪哇島、峇里島、蘇拉威西島、大半個婆羅洲，以及數百個小島組成。國土橫向長度堪比美國。我們計畫在這些島嶼間長距離移動，不只拍攝動物，也記錄當地住民的日常生活。最終目標是抵達一座長二十二哩、寬十二哩的小島，它幾乎就在整片群島的中央，名為科莫多（Komodo）。我們要去那裡尋找現存動物中最特殊的一種：全世界體型最大的蜥蜴。

這種巨獸在正式獲得科學認證前，科莫多島上住著像龍一般的驚人動物謠言甚囂塵上。據說牠擁有長長的利爪、可怕的牙齒、身披厚重鎧甲、黃澄澄的舌頭，令人心驚肉跳。當地漁夫和採珍珠的潛水夫帶回各種傳說，只有他們在危險的礁岩間航行，抵達當時無人居住的小島（那是印尼群島中最晚開拓的區域）。一九一〇年，荷蘭殖民政府的步兵軍官到科莫多島探險，發現傳說全數屬實。為了證明此事，他射殺了兩隻大蜥蜴，將牠們的皮帶回到爪哇，展示給荷蘭動物學家彼德·歐文斯（Peter Ouwens）。歐文斯率先發表敘述這種駭人生物的論文，將之命名為 *Varanus komodoensis*。世人隨即給了牠科莫多龍這個響亮名號。

隨後的幾趟探險，證實了牠是肉食性動物，靠著島上大量的野豬和野鹿過活。牠吃的是腐肉，但是相當熱中於狩獵，揮舞強健的大尾巴殺害獵物。除了科莫多島，隔壁的林卡島（Rintja）和附近的弗洛勒斯島（Flores）西側也看得到牠的身影。但這是科莫多龍唯一分布的區域。如此狹窄的分布狀態令人費解。幾乎可以確定這種大型蜥蜴的祖先是史前時代更巨大的蜥蜴，在澳洲已發現牠們的化石，其中最古老的能回溯至六千萬年前。問題來了，科莫多島是相對年輕的火山島，這些蜥蜴為何只存在於此、牠們以何種方式抵達此地——至今我們還無法解釋。查爾斯和我坐在往東方航行的飛機上時，要如何抵達科莫多島，感覺是個同樣難解的疑問。在倫敦，沒有人能給我們答案，只希望能在印尼首都雅加達找到出路。

爪哇島上的雅加達毫無東方氣息。一排排整齊的白色瓦片木頭屋舍、鋼筋混凝土建造的飯店、形似大氣球的花俏戲院、從荷蘭殖民時代存留至今的古典露台洋房散見其中——呈現出與世界各地現代化熱帶城市相同的氛圍。不過，雅加達的居民似乎不像城裡建築那樣西化，許多男性身穿長至腳踝的傳統長裙「紗籠」；大部分的人戴著黑色無邊絨布帽，這原本屬於穆斯林穿著的一部分，現在不分族裔或宗教，剛成立的共和國刻意以此當成國家團結的象徵。

放眼望去，街上大多是窮人。沿著水溝行走的小販，肩上擔著有彈性的長棍，兩端掛上巨大的行囊——一捆捆布料、一架架陶器，通常還加上一個正在燃燒的炭爐，攤主隨時都能替客人烤串沙嗲——串在竹籤上、用調味料醃過的烤肉。車廂在前的人力三輪車（betjak）於催動刺耳油門聲的美國車和吵吵鬧鬧的路面電車間蛇行，或是排在路邊攬客。每一輛都漆上鮮活的風景、可怕的怪物，車廂座位下用兩根釘子固定著一段彈力繩，當車子飛馳，就會被風吹出響亮的咻咻聲。荷蘭人似乎熱衷於在其殖民的每一塊土地上挖運河，許多幹道與運河平行，婦人坐在岸邊洗水果、洗衣服、洗身體，有些人在水裡游泳，也有人厚著臉皮把運河當廁所用。

簡單來說，雅加達又吵又擠又髒，到處都熱得要命。我們巴望能早日離開此地。

不過呢，我們得在城裡多待幾天，拜訪政府機關，取得拍攝所需的正式許可。從倫敦大使館的信件內容來看，我們認為這段流程不會有太多問題，就算碰上最糟糕的發展，也不會在雅加達逗留超過一個禮拜。回想起來，我覺得當時遇到的困難都是意料中事，新建立的共和國正面臨蠢蠢欲動的全國性革命，不到九個月後，衝突越演越烈，延燒成公然暴動。我們身為外國人，外表和六年前喪失印尼殖民宗主國地位的荷蘭人極為相似，當時雙方大動干戈，對彼此毫不留情。我們要申請許可攜帶攝影機和錄音器材到共和國的偏遠地區，那些地名連雅加達的政府職員都沒聽說過。此外——這大概是我們最大的過錯——我們很急。日復一日的到政府局處間打轉，為了替我們的器材清關，其中一人得要連續一週、每天早上到保稅倉庫報告。我們必須提供財務證明、軍方許可、警方通行證、農林局的推薦函；我們要請資訊部、內政部、外交部、國防部核可拍攝計畫。接待我們的辦事人員全都和善又熱情到極點，只是沒有人能核可我們的表格，除非獲得另一個局處某位人士的許可，替他的決定背書。

幸好我們有個充滿魅力又善良的盟友，一位在資訊部任職的女士，她情緒豐富，說得一口流利的英語。與麻煩的程序搏鬥了近一週，我們才認識她，是另一個部門叫我們去找她在某張許可書上蓋章。我們在她的位置前排了一小時的隊，她好奇地瞥了我們的文件一眼，蓋好章，又仔細看了一遍，疲憊地摘下眼鏡，對我們微笑。

「你們為什麼要取得這份許可？」

「我們從英國來這裡拍片，想走遍爪哇、峇里、婆羅洲，最後到科莫多島拍照、採集動物。」

聽到「拍片」，她的笑意擴散至整張臉，當我提到「走遍」，她稍稍收起笑容，在「動物」兩個字時板起臉。

「唉。」她語帶感傷。「我不認為你們的計畫行得通。可是呢——」她以開朗的語氣補充道，「——我會替你們安排好所有的事情。你們先去婆羅浮屠廟。」她指著貼在自己腦袋後方牆面的觀光海報，上頭印著爪哇中部的宏偉佛塔。

「娘惹（Njonja）。」我說出印尼語中對已婚女性的敬稱。「這個地方很美，但我們來印尼是為了拍攝動物，不是寺廟。」

她一臉震驚，以嚴峻的音調說：「每個人都會到婆羅浮屠廟拍片。」

「或許是吧。可是我們要拍動物。」

她拿起剛才蓋好章的文件，神情哀戚地撕成兩半。

「我想，你們還是重新跑流程吧。過一個禮拜再來。」

「我們明天就可以來，我們沒辦法在雅加達待太久。」

「明天是重要的穆斯林節日開齋節，國定假日從明天開始放。」

「要放一整個禮拜嗎？」查爾斯幾乎藏不住滿心不耐。

「沒有，可是開齋節結束後的隔天是聖靈降臨節，也是假日。」

「這裡是穆斯林國家，不是基督教國家吧？」我說，「你們總不能每個宗教的所有節日都要放假。」

在我們好幾禮拜的斡旋期間，她只發了這一次火。

「為什麼不行？」她狠狠反問。「我們贏得自由的時候，跟總統說我們要放所有的假，他答應了。」

又過了一個禮拜，我們解決了一部分的問題，卻又冒出更多更棘手的阻礙，我得要飛到爪哇東部的泗水申請更多的許可，留查爾斯在雅加達孤軍奮戰。回到雅加達時，我發現我們在資訊部的朋友確實掌握了問題的核心。查爾斯取得了至今最完整的許可文件，每一份都貼上他讓人拍攝的全身和大頭照，印上兩隻手的指紋，加上幾個重要性的用印。查爾斯花了三天排隊才完成這項任務，我完全能理解他有多得意。我有點難過。

「娘惹，我是不是也該有同樣的文件？」

「不用啦，其實這也不是必要的東西，只是要打發時間罷了。反正你離開的期間，拉格斯先生也沒事做啊。」

在雅加達耗掉三個禮拜的寶貴時間後，我們還是無法取得理論上應該拿到的完整官方許可，我決定孤注一擲。

「明天，我們非走不可。」我向盟友開誠布公。「不能繼續在各個部門浪費時間，沒辦法繼續等下去了。」

「很好。」她說，「你說得對。我替你們安排好去婆羅浮屠廟的事情。」

「娘惹。拜託，我就說最後一次，我們是動物學家，要來這裡找動物。我們不去婆羅浮屠廟。」

面對著婆羅浮屠廟，我們很慶幸自己最後屈服於娘惹的死纏爛打。瞧她堅持的模樣，最後我們為了逃離雅加達這令人頭昏眼花的官僚體系，接受她的建議。她提到那裡即將舉辦盛大的祭典，慶祝佛陀的兩千五百歲生日，我們這才放下抗拒。反正那座佛寺坐落在我們前往東邊的科莫多島途中，到時候要是需要取得更多許可，說不定可以在地方城市辦理。不過，此時此刻，腦海中的一切計畫都被眼前雄偉的景象震撼得消失無蹤。佛壇、佛龕、窣堵波峨然矗立，層層相疊，構成壯觀的金字塔，頂端是龐大的鐘型窣堵波，比其下的任何一座窣堵波大了好幾倍，尖端指向天空。它的下方和後方可以看見遠處的爪哇平原，青翠的稻田和棕櫚園。繼續往後，地平線上是藍色的錐狀火山，往藍綠色天幕噴出白煙。

寺廟四面基座各有一個出入口。我們爬上東側的階梯，穿過拱頂人面石雕有著凶惡雙眼的拱門，這才發現這座佛塔從遠處看像是石砌的實心金字塔，但它其實涵蓋了一連串高牆包圍的廊道，環繞每一層的邊緣，上方看得到天空，外側則是高聳的欄杆。這些廊道左右牆上布滿精緻浮雕，圍繞著花朵、樹木、寶瓶、彩帶等意象。上層的佛龕擺著好幾尊佛陀的盤腿坐像，擺出具有象徵性的手勢，垂眼冥思。廊道壁身高到我們彷彿被大規模的石雕從四面八方包圍，為它們的氣勢折服。

我們緩緩繞行每一層，越爬越高，涼鞋鞋底在飽經風霜的石板上敲出回音。金字塔的每一面都立上姿態各異的佛陀坐像。東側的佛像雙手觸碰土地；南側的佛像舉起雙手祈禱；西側的佛像陷入冥想；北側的佛像則是左手放在膝上，舉起的右手擺出安詳的手勢。最底層的牆上浮雕描繪出佛陀早年的生涯。他與國王、臣子、戰士、美女為伍。許多圖像的背景和角落添上美妙的動物——孔雀、鸚鵡、猴子、松鼠、鹿、大象——讓畫面更加豐富。上層的雕刻越來越簡樸，充滿俗世景象，越來越多佛陀說法祈禱的宗教性畫面。

我們爬到最高的第五層，上頭是三層圓形平台。此處的氣氛完全不同。沒有浮雕，四四方方的廊道化為沒有邊際的光滑圓環。我們離開光線偏暗的幽深走廊，迎向開闊的空間。七十二石鐘窣堵波環繞中央的巨型窣堵波圍了好幾圈。石鐘窣堵波都是中空的，側面鏤空，每座塔內都封著半遮半掩的佛陀說法禪像。只有一處的鐘形塔身不見了，佛像暴露在外。在最高的圓形平台中央，最後一座窣堵波聳向天際，塔身巨大平滑平凡無奇，此處是整座寺廟的核心與頂點。

婆羅浮屠廟或許是最具代表性的佛教建築，它在八世紀中建造，其結構裡的每一個細部石雕都體現出佛教的宇宙觀。我們沒有看到埋在土裡的最底層，有人說建築寺廟的工人不得不將這層掩蓋起來，就怕它被上方極度沉重的結構壓垮、往外崩毀。不過隨著近年的挖掘，底下的石雕一點一點出土，大家才發現裡頭都是充滿苦難刑罰的地獄景象，認為這層是刻意掩在地底下，也是整座佛塔象徵性的構造之一。因此，在佛教徒進入佛塔前，他必須埋葬自身世俗的激情與欲望。沿著長廊往上爬的過程，代表他重歷了佛陀的一生，讓自己的靈魂擺脫世俗物質，登向另一個世界。等他爬上最高層，他的精神就越加純淨，與那座巨型窣堵波合而為一。

婆羅浮屠廟落成後沒多久，國教就從佛教改為印度教。六百年後，印度教徒又被逐出爪哇，到峇里島避難，至今仍舊在該地活動。印尼變成穆斯林國

婆羅浮屠廟頂層暴露在外的佛像。

家，但佛教還是繼續存在。今天，這座巨大的佛塔盤踞在岩石山丘上，遭到信徒遺棄，坐落在陌生的土地上。儘管爪哇的佛教信仰幾乎滅絕，婆羅浮屠廟仍舊散發出力量，存在感無與倫比，漫步在長廊中的遊客肯定都有所感應。住在附近的鄉野人民仍舊對它十分敬畏，上層唯一暴露在外的佛像依然受到敬拜，前面擺了個篩子讓人擺放供品，祂手上永遠堆滿花瓣。

佛陀的慶生祭典在晚間舉辦。天色漸暗，喧鬧的群眾往佛塔最高層移動，圍繞那尊不受窣堵波保護的佛像。不久，兩名身披黃袍的光頭僧人登場，站在佛像旁，展開一場激辯。旁人跟我們說，年紀較長的僧人為了主持祭典，特意從泰國來到此地，現在跟另外一人爭執祭典的詳細流程要怎麼走。最後，一隊僧人口中喃喃念經，率領意興闌珊的群眾沿著平台繞圈後離開。人們掏出水瓶，排在佛像腳邊。人們毫無敬意地四處走動、坐在窣堵波上、攀著塔尖，說說笑笑。一名印尼攝影師不耐地大聲嚷嚷，想趕走擋在鏡頭前的路人，讓他拍攝佛像全貌。閃光燈此起彼落。其中一名僧人氣得大吼大叫，要人們起身離開神聖的窣堵波，可惜沒有半點效果。一群虔誠信徒圍在佛像腳邊念經。另一名僧人盤腿冥想，起身慷慨激昂地發表長篇大論。我問旁邊的人他在說什麼。

「最初他向我們介紹佛陀的生平。」他應道，「現在他問誰有車能送他回市區。」

信徒預計要在此地徹夜冥想。我們跟嘈雜的觀眾待到接近深夜。在煤氣燈蒼白的光圈下，孤單的佛像抽離塵世，腳邊擺滿燒燼的香和廉價礦泉水瓶。群眾你推我擠、嬉笑聊天。我們離開了這場吵鬧的冥想。

第十一章　忠誠的吉普車

造訪婆羅浮屠廟是為了逃離雅加達宛如枷鎖迷陣的官僚體制，現在我們感到無比自在，打算在爪哇四處尋找動物。首先得弄到一輛車，為了租車，我們搭火車前往爪哇東部最大的城市泗水。到了目的地，發現要弄到車輛，基本上是天方夜譚，本以為又要經歷數禮拜的挫折，這時天大的好運竟降臨在我們頭上。我們在一家中國菜餐廳認識了丹恩·修布瑞希特和佩姬·修布瑞希特夫婦。一邊吃著燕窩湯和炸蟹腳，一邊聊了開來。丹恩的荷蘭語、英語、馬來語都相當流利，他父母是荷蘭人，在英國生下他，而他現在擁有兩間位於泗水市郊數哩處的糖廠，熱愛海上航行、磨刀、東方音樂，以及像我們一樣的遠征。聽到我們的計畫，他馬上要我們退掉旅館，搬進他家，他表示從今天起那裡就是我們的基地。他的太太佩姬同樣熱情地支持這個計畫。隔天，她一點也不在意家裡多了兩個人吃飯，更不在意攝影機、錄音器材、成堆的底片和髒衣服到處亂放。

那天晚上，丹恩攤開地圖，掏出船班時刻表，幫我們規劃詳細的行程。他說爪哇東側人口相對稀少，有好幾片密林，應當能在那一帶找到理想的動物。此外，有一班渡輪定期往返於外南夢（Banjuwangi，爪哇最偏遠的小鎮）和兩哩外的魔幻之島峇里島之間。他又查了手邊的時刻表，再過五星期，一班貨船將從泗水航向婆羅洲。若我們能在那之前完成爪哇和峇里島之旅，他可以幫我們預約舖位，前往婆羅洲，展開下一個階段的探險。只剩一個問題——要去哪找車——不過丹恩說他有辦法替我們打點好這件事。

「工廠那邊有一輛破爛吉普車。我看能不能讓它起死回生。」

才過了兩天，那輛吉普車就來到修布瑞希特家門外，上好潤滑油，經過天翻地覆的整修。隔天早上，我們五點起床，將所有的裝備塞進後方車斗，向修布瑞希特夫婦鄭重道謝，開往未知的東方。

吉普車的表現可圈可點，簡直是機械界的奇蹟，身上融合了來自各式車輛、廠牌的零件。儀表板上幾個儀表不知去向，同時又添上幾個原本不是這個功能的玩意兒。比如說電壓表上刻的文字和刻度，顯示它本該是空調機件的一部分。工廠的人把方向機柱刷洗乾淨，接上一小條花線，用它的裸露線尖來摩擦出喇叭聲。儘管改裝的結果運作起來相當有效率，還是有一些小問題，每次按喇叭都會被稍微電到。四顆湊來的輪胎尺寸略有出入，但有一個共通之處——看不到胎紋的蹤跡，表面平滑無比，只有一、兩處貼上白色補丁。即便如此，這是一輛熱情有力的車子，我們愉快地開著她上路，扯著嗓門唱歌。

那是個晴朗的早晨，右邊地平線上成排火山是這座島嶼的部分脊柱。路旁頭戴巨大斗笠的農民站在泥水及膝的梯田裡插秧，白鷺在他們四周啄食。遠處一整片田地裡有成排稀疏相間的秧苗，棕色田水倒映著雲朵、火山和藍天。

筆直的道路顛簸不平，兩旁種上金合歡樹。我們不時與木頭牛車擦肩而過，搖搖晃晃的車上坐著戴頭巾的農民。有幾次我們得要緊急兜個半圈，閃過當地人晾在路中間、堆成方陣的穀粒。我們駛經幾個小村莊，好奇地打量與其他地方大異其趣的路標。要是路況壅塞，看不懂路標可能會讓我們擔心，不過通常路上只有我們這輛車，我們沒有太過不安。

安穩地開了五個小時的車，我們進了一座村子，突然一名腰間掛著一大把左輪手槍的矮小警察跳到路中間，對我們揮舞手臂，瘋狂吹哨。我們停車，他的腦袋擠進敞開的車窗，以急促的印尼語對我們喝斥。

「巡警先生，非常抱歉。」查爾斯以英語回應，「我們不會說印尼話。我們是英國人。我們犯了什麼法嗎？」

警察繼續吼叫。我們掏出護照，此舉似乎助長了他的怒氣。

「去警察。警察！警察！」他大吼。

我們猜想他是要我們跟他去警局。

我們被送進一間沒多少擺設的屋子。整面牆刷上一片白漆，裡頭有八名身穿卡其制服的員警，沉著臉坐在一張松木大桌四周，文件和橡皮章在桌上堆成小山。正中央坐了個高階警官，他佩戴看起來更驚人的手槍，肩章繡上兩條銀線。我們再次為了無法說印尼話致歉，掏出手邊所有的信件、許可書、通行證、簽證。警官皺起眉，翻閱這些文件，只瞄了我們的護照一眼，無視查爾斯蓋下的一堆指印，最後挑出一封信，仔細看了起來。那是倫敦動物學會會長的推薦函，向新加坡的相關局處介紹我們，信件最後寫道「若台端能協助持有此函者照護動物，敝會將銘感五內」。警官眉頭深鎖，仔細研究簽名和用漂亮書寫體寫成的信頭。查爾斯和我向一旁坐在長凳上的巡警送上香菸，笑得有些侷促。

警官把我們的文件整齊堆成一疊，若有所思地捻弄叼在唇間的菸，點燃，靠上椅背，朝天花板吹出一團煙霧。他突然下定決心，起身，生硬地說了些我們聽不懂的話。逮捕我們的巡警帶我們走向門外。

「我猜我們要去坐牢了吧。」查爾斯說，「真想知道我們做錯了什麼！」

「我個人懷疑我們在單行道上逆向行駛了好一段路。」我們跟巡警走到停吉普車的地方。他要我們上車。

「Selamat djalan。」他說，「旅途平安。」

查爾斯熱情地跟他握手。

「巡警，你真的是個大好人。」

這絕對不是什麼場面話。

當天晚間，我們駛進外南夢。身為爪哇與峇里島間渡輪的必經之處，這座小城市在戰前曾經繁榮一時，空中運輸的發展降低了它的重要性，但往日光環依舊不滅，加油站、劇院、商家林立。城裡唯一一間旅館雖然地點極佳，位於中央廣場旁，裡頭卻是破舊髒亂。我們住進牢房般的水泥斗室，潮濕的霉味撲鼻而來，牆面油漆不斷掉屑。兩張床上架著金屬與木頭外框的蚊帳，看起來像是巨大的菜櫥，狹小又封閉，若是蚊帳外有足夠的空間，我寧可放棄它的保護。

響應當地法規和我們在雅加達的承諾，隔天就向當地警局、農林局、資訊局報到。得知我們打算在周邊郊區四處晃盪、尋找動物，資訊局的官員有些戒備。他無法說服我們放棄，只能溫和地堅持派一名職員隨行，擔任我們的嚮導和口譯，我們別無選擇。

嚮導是一名高高瘦瘦、鬱鬱寡歡的青年，名叫喬瑟夫。想到要花上一個禮拜在海岸地區的鄉野村莊探險，他看起來極度不情願。不過呢，隔天早上他到旅館跟我們會合，穿上白衣白褲，扛著巨大的行李箱，以悲壯的語氣說他準備好踏進他心目中的「叢林」。就這樣，查爾斯開車，喬瑟夫坐副駕駛座，我擠在兩人中間，膝蓋抵著排檔桿。一行三人離開外南夢，前往丹恩所說應該有一片不錯的森林之地。我們在沿途的每一座村莊暫停，靠著字典和喬瑟夫向村民打聽，附近野生動物的個體數。日頭漸漸偏西，路況越來越糟，村子間的距離越拉越長，人煙越發稀少，車子駛進山區。傍晚時，我們駛上一處險峻隘口的頂端。車身掛在山頂，我們驚喜不已，三百呎高的蒼翠山脈下方是一大片海灣，邊緣長滿棕櫚樹，乳白色的浪花不斷拍打陸地，在潔白的珊瑚沙灘上衝撞出巨響。我們面對著印度洋，山腳下一座小村子的黃色燈火在暮色中朝我們眨眼。

接下來幾天，我們耗費大半時間在村子後方的森林裡遊蕩。陽光最盛的時段，森林毫無生氣，只聽得見蚊蟲尖銳的嗡嗡聲。熱氣與濕度壓得人喘不過氣，生著棘刺的爬藤植物糾結成團，偶爾看到蘭花懸在半空中。在這個時段穿梭於森林中是相當詭譎的體驗，簡直就像是在死寂的夜裡走過城鎮，街道沒有半個人影，垃圾丟了滿地，以微不足道的線索暗示人類的存在。因此在正午的森林裡，我們能找到一些羽毛、足跡、洞口的幾根獸毛、咬了一半在地上腐爛的水果，發覺肯定有許多動物躲在近處熟睡。

從沼地挖出吉普車。

清晨的森林則是生機蓬勃。許多夜行性動物尚未收班，日行性動物則已經清醒過來四處覓食。活動期僅兩、三個小時，等太陽爬到天頂，氣溫上升，飽餐一頓的日行性動物昏昏欲睡，夜行性動物早就鑽回巢穴和樹洞裡了。

喬瑟夫沒跟我們進森林探險。他說「住在叢林裡」讓他很不快樂。過了一個禮拜，一名要去外南夢的中國橡膠樹商人開車經過村子，喬瑟夫很想搭便車回去。我們表達了遺憾之意，但一點都不難過，於是喬瑟夫順水推舟，一會兒就打包好行李，搭上商人的吉普車，把我們丟在村子裡。

表明我們對動物的興致之後，我擔心村民會很失望我們沒掏出來福槍獵老虎。發現我們花了好幾天觀察平凡無趣的動物（比如說螞蟻、小蜥蜴等），他們肯定摸不著腦袋。可是呢，有個老先生每天都來看我們。有時候他會帶上小蜥蜴或蜈蚣。有次他拿出一盆河豚，每隻都氣沖沖地把自己充成乳白色的氣球。再過兩天就要離開村子了，他手舞足蹈地帶了一小群人拜訪我們的小屋。

「Selamat pagi。」我說，「早安。」

他把一個滿口馬來語的男孩子推到面前。我們費了一番工夫問出這孩子昨天在森林裡砍藤條時，看到一條巨蛇。

「Besar。」男孩說，「大。大。」

為了表達那條怪物的尺寸，他用腳趾頭在地上的沙土間劃了一條線，往旁邊走了六大步，再劃上一條線。「Besar。」他重複說著，指了指兩條線。

確實是如此。

爪哇只有兩種體型如此巨大的蛇，都是蟒蛇。緬甸蟒（Indian python）能長到二十五呎，網紋蟒（Reticulate python）甚至在牠之上，有個極端的例子是三十二呎長，可謂是全世界絕無僅有的巨無霸。假如男孩看到的蛇真有十八呎長，那牠可是個棘手的對手，若是被牠纏住，就算是大男人也只能等死。我想起曾經答應倫敦動物園一件事：要是能抓到「夠大的蟒蛇」，請不要客氣。

捕捉這樣的怪物方法很簡單，可謂是萬無一失。至少要三個人，正規作法建議蛇有幾碼長就需要幾個人。這群興致勃勃的獵人跟蛇保持一段距離，讓帶頭的老大分配職務。一定要有一個人負責蛇頭，另一個抓蛇尾，其他人均分中間的身體。一聲令下，眾人撲向目標，抓住負責的部位。為了取得全面勝利，負責頭尾的兩個人應當要同時出手——要是哪一端沒被制住，牠就有辦法纏住對付另一端的人，用力扭絞。因此整個流程的關鍵在於所有成員都要很有默契。

看著眼前纏著頭巾的幾名壯丁，心裡有些疑慮。並不是要否定他們的勇氣，但我不太確定是否能確實傳達命令，讓他們徹底理解整個計畫。

我說得口沫橫飛，在地上畫圖。大概過了十五分鐘，等我說明完計畫，說服其中五個人不需煩勞他們出手，現場只剩下那個老人跟男孩。查爾斯得要錄影，沒辦法幫忙。我請老人負責尾巴，男孩抓住身體，頭就交給我。或許這是最危險的任務，但我其實是非常樂意的。雖然我要冒著被咬的危險，但蟒蛇的牙齒沒有毒，所以頂多就是比較嚴重的劃傷。反過來看，負責蛇尾的人可不好受——遭到捕捉的蛇幾乎都會從肛門噴出大量的惡臭糞便。

我費盡全力解釋，老人和男孩都聽懂我的計畫，答應幫忙，於是我們拿好設備，朝森林邁進。男孩帶頭拿他的帕朗刀（印尼的傳統彎刀）在茂密的野草間砍出一條路。我背著大布袋和繩索跟在他背後。老人幫忙查爾斯扛一些攝影器材，查爾斯抱著裝好底片的攝影機走在最後頭。說我一點都不緊張那是在撒謊。我對毒蛇不太在行，只要一個失手就可能要痛苦好幾個禮拜，甚至危及性命，不過無毒的蟒蛇和蚺蛇倒是深得我心。只是我從沒抓過四呎以上的蛇，也沒有百分之百的信心，相信這兩個幫手真的吸收了半點方才的說明，知道我希望他們在任務開始後，聽到我大喊「Mendjakankan」時乖乖動手（我從字典裡翻出這個字，意思是「上啊／執行」，希望我沒有選錯字）。

不久，地勢越來越陡，我們攀越一片片竹林，擠過吱嘎作響的竹枝，黑色塵土和脆脆的落葉碎片灑了我們一身，被汗水黏住。經過一片空地時，我往下方斜坡看了一眼，隔著樹稍瞥見海灣，村子遠在一哩外。男孩停下腳步，指著地面。生鏽的鐵絲和破損的水泥塊尖角從爬了滿地的藤蔓下參差刺出。我們跨了過去，發現幾乎被植被覆蓋的水泥坑，旁邊則是一道爬上山丘的溝渠。我想起照片裡中美洲和中南半島的古代紀念碑，它們也是遭到世人遺忘，被森林淹沒。

男孩開口了。

「砰！砰！Besar。Orang Djepang。」他說。原來我們踩上了十三年前日軍攻占整座爪哇島時留下的砲台遺跡。

我們繼續往前走，爬向丘頂，男孩終於站定。他說他就是在這附近看到那條蛇。我們放下裝備，分頭鑽進樹叢尋找目標。這個任務實在是太過艱困，我仰望纏繞樹木的糾結藤蔓，就算蛇就在我眼前，我想我也分不出牠的身影。老人興奮的叫嚷聲突然響起，我以最快的速度衝了過去。他站在空地旁的一顆小樹下，跟我會合時，他指著上方的枝枒。我看到大蛇閃閃發亮的側腹纏繞在一根樹枝上，除此之外，一切都陷入令人眼花的光影、葉片、藤蔓間，看不出頭尾。這下麻煩了：我的抓蛇計畫可沒提到要如何對付樹上的蛇。不過，我相信這條蛇爬樹的功力遠在我之上，因此從未打算在樹上跟牠一決勝負。唯一的解法就是把牠弄到地上，好讓我們執行抓蛇大計。我手握帕朗刀，盪到樹上。那條蛇垂掛在三十呎高處，接近一看，我鬆了一口氣，因為牠的位置至少離主幹有十呎遠。扁平的三角形蛇頭靠在捲成幾圈的身體上，鈕釦似的黃色眼珠子直盯著我。這條美麗的生物平滑發亮的身軀布滿黑色、棕色、黃色的斑紋，難以判斷牠的長度，不過我視線範圍內最大的一圈直徑少說有一呎。我背靠樹幹，迅速揮舞帕朗刀，開始劈砍那截樹枝。

蟒蛇眼睛一眨也不眨，直勾勾地凝視我。刀刃下的樹枝一晃，牠抬頭嘶嘶威嚇，吐出長長的黑舌頭。其中一圈身軀流暢滑過樹枝，我加倍使勁。樹枝裂開，緩緩往下歪斜。再砍兩刀，樹枝完全脫離樹幹，帶著蟒蛇砰地落在男孩和老人腳邊不遠處。

「Mendjakankan！」我大吼，「上啊！」

他們愣愣地望著我。

我看到蛇的腦袋從枝葉間探出，準備往外溜向空地另一側的竹林。要是牠成功抵達，纏住粗壯的竹枝，那我們就永遠抓不到牠了。

我以最快的速度往下爬。「Mendjakankan！」我對我的團隊怒吼，他們就站在查爾斯跟攝影機旁邊，茫然無措。

我跳下樹，拎起布袋衝向那條蛇，牠離竹林已經不到三碼遠。若真想抓到牠，我得要自力救濟了。幸好牠一心只想逃進竹林，龐大的身軀以驚人的速度移動，完全不顧我的存在。

牠的腦袋剛碰到竹林邊緣時，我終於追上牠，揪住牠的尾巴往後扯。遭受如此冒犯，牠朝我轉頭，張開嘴巴，腦袋往後仰，擺出攻擊的姿勢，黑色舌頭吞吞吐吐。我右手抓住布袋，像漁夫拋網似地丟出，精準蓋在牠頭上。

「好準頭！」查爾斯在鏡頭後喝采。

我跳向布袋，在布料縐褶間摸到蛇的頸子，一把握住。想起抓蛇步驟，連忙伸出另一手抓住牠的尾巴，得意洋洋地挺起身。巨蛇翻騰掙扎，把自己捲成好幾圈。我猜牠至少有十二呎長，身軀笨重極了，雖然我把蛇頭蛇尾高舉過頭，牠的身體中段還垂在地上。

就在我舉起那條蛇時，男孩終於肯來幫忙了。他來得正好，身上的紗籠迎上噴射而來的惡臭液體。老人坐倒在地，笑到眼淚都流出來了。

雖然大部分時間都在村子附近打轉，我們偶爾也會沿著海岸造訪遠處的村子，從不同的角度探索森林。為此，我們必須駕駛吉普車，輾過崎嶇不平的岩石，橫渡水深沒過車輪轂的灘地，穿梭在遍地軟泥的沼澤，有好幾次車輪沉入泥地，不斷旋轉，直到引擎曲軸和車軸陷入沼澤。

有些人會替他們駕駛的每輛車取名，甚至加上性別。我總認為對機械抱持這種態度不免太過感情用事，然而，這幾趟旅程改變了我的觀點。毋庸置疑，咱們的吉普車絕對擁有強烈又獨特的性格。她既任性又倔強，同時忠誠無比。清晨要出門時，屋外往往只有我們，她就會拒絕發動，得要花上好一番工夫啟動。但若是有一群村民圍觀，或是前往拜會地方官員，需要體面地離開時，只要一碰啟動器，她就會精神抖擻地運作。一旦上了路，她總能發揮無所畏懼的勇氣，面對各種障礙從未退縮。

她稱不上年輕力壯，從某些角度來說，她不太硬朗。某次，引擎中把液壓油輸送到煞車鼓的管子破洞，緩緩漏水。我們幾乎沒用過煞車，因為左右的平衡太差了，一踩下去車身就會在路上瘋狂擺動，令人膽戰心驚。不過呢，要是失去無法替換的液壓油，完全喪失煞車功能也不是辦法，因此我們決定修好。當下只能以最粗暴的手段，拆下出問題的管線，用兩塊石頭把它搥回原樣。沒想到經過這場手術，煞車的平衡度竟然突飛猛進。

有次，她以更加激進的方式向我們效忠：協助我們對抗錄音機這個定期來襲的大敵。這傢伙脾氣糟透了，明明功能多的是，卻斷然拒絕某些特定指令。有好幾次確認其運作無誤後，我們裝上麥克風，坐了好幾個小時等待某種鳥叫聲。那隻鳥一開嗓，隨即按下開關，卻發現轉軸罷工了，就算它們乖乖轉動，裡頭的電路板也會出問題。鬧了一陣脾氣——鳥兒都飛走了——機器又會奇蹟似地好轉，一整天風平浪靜。若它死不悔改，我們也有兩招可以對付它。第一招是狠狠拍打，通常能奏效，要是失敗了，我們只能使出更極端的手段。先把它解體，所有的閥門和零件整齊排在香蕉葉上（或是其他方能取得的光滑物體）。基本上找不到任何不對勁的地方，但這不重要。只要照著原樣組裝起來，錄音機就會乖得像頭小羊。

吉普車幫上忙的那一次，錄音機內部的零件真的故障了（就這麼一次！）。當時真的是尷尬到極點，全村的人齊聚一堂，要唱歌給我們聽。我以花俏的手勢按下錄音機開關，可是麥克風完全無動於衷。敲打幾次都沒用，我拿刀尖當螺絲起子拆解機器，孰料裡頭有一根電線不明原因斷了。更慘的是，這條電線太短，沒辦法把斷掉的兩端接起來，手邊也沒有備用電線。我抬起頭，正要向村長道歉、取消合唱表演時，視線掃過停在一旁的吉普車。她的前軸下垂著某個我從未看過的物體：一條長長的黃色電線。我走過去打量，看不出是從哪裡延伸出來的，但其中一端沒有接上任何零件。我拿帕朗刀割下六吋長的電線，費了點工夫裝進錄音機，重新組裝起來，發現它的表現完美無缺。不知道錄音機是不是被吉普車自我犧牲的精神感動得不敢造次。

這幾件事讓我們對這輛車充滿信心，當我們向村民道別，離開村子時，深信她能將我們和裝備一起平安送回外南夢，前往峇里島。但才行駛不到一小時，她開始顛簸震動，左前輪晃到令人髮指。我們停下來，查爾斯爬到車底下檢查，沾了一身油污，帶著壞消息鑽出來。連接方向機舵桿和前輪的四顆螺栓在惡劣的路況折磨下終於不幹了，裂成兩半以示抗議。

情勢相當嚴峻。我們無法開著她轉過下一個彎。最近的村莊在十哩外，就我們所知，最近的修車廠在外南夢。此時，這輛優秀的吉普車再次展現她的才幹。查爾斯捧著油膩膩的螺栓碎片時，他注意到車架底部有一排口徑差不多的螺栓。他旋下其中四顆。就我們所見，它們沒有任何特殊功用，少了這四顆，吉普車看來也是不痛不癢。他爬到前軸下，哼哼唧唧地搥打，笑著爬出來。它們尺寸剛好。我們重新發車上路，小心翼翼地繞過下一個彎，越來越有信心，最後在當天深夜全速衝進外南夢。眼下還有峇里島要走，與過去幾天同樣的崎嶇長路。然而承受了這麼多折騰，咱們這輛美好的吉普車老太太就只抱怨了這麼一次。

第十二章　峇里島

想知道峇里島為何與鄰近島嶼大相逕庭，得先探究其歷史。一千年前，印度國王統治爪哇、蘇門答臘、馬來亞、中印半島。首都位於爪哇，勢力消長不定，因此峇里島有時是爪哇的附庸、有時又是獨立的領土。到了十五世紀，這些島嶼受到滿者伯夷王國（Majapahit）統治，帝國末期，伊斯蘭教徒在爪哇散播新的信仰。不久，當地顯貴改信伊斯蘭教，宣布他們脫離滿者伯夷王國獨立。內戰席捲群島，有個說法是祭司對最後一任國王說王朝將於四十天後結束。第四十天，國王命令擁護他的人將其活活燒死。年幼的王子害怕信仰穆斯林人民的瘋狂行為，帶著整個朝廷逃往最後的領地峇里島。爪哇最優秀的音樂家、舞者、畫家、雕刻家一起跟著遷入此地，對這座島嶼的風氣形成深遠的影響。或許就是如此，今日的峇里島居民格外具有藝術天分。與印尼其他地區不同，印度教信仰滲入了峇里島生活的每一個層面，從村落的設計到穿著、日常舉止，全都受到印度教形塑。此外，峇里島上的印度教信仰，因為有這道伊斯蘭教的屏障，與身為本家的印度區隔開來，演變成獨樹一幟的版本，因此峇里島可謂是這個獨特宗教的保留區。

我們開車穿梭在迷人的村莊和豐饒的農田間，與棕櫚園、香蕉園擦身而過，如同每一個造訪峇里島的遊客，感覺來到了天堂之島。此處體現了眾人心目中理想的熱帶島嶼，島上遍布美好又和氣的居民，土地豐饒到果樹下的雜草蓬勃生長，太陽總是燦爛耀眼，人類在此終於能與富足舒適的自然環境和諧共處。

幸好我們是走這條路線踏上峇里島。許多遊客只能採取空中航路抵達峇里島的最大城市丹帕沙（Denpasar）。我們是在深夜開車進城，發現它完全沒有天堂之島的模樣。電影院、車輛、大飯店、土產店占據大半空間，最大的飯店外設置了水泥舞台，讓遊客舒舒服服地坐在藤椅上，手邊擺著威士忌和氣泡水，觀賞特別安排的舞蹈表演。

撇開那些娛樂，所有的行政機關也位於丹帕沙，我們得打照面的局處幾乎一個不漏。不過，我們在丹帕沙的運氣不錯，得到馬斯・蘇普拉多（Mas Soeprapto）這位電台主管相助。我們抵達雅加達後不久與他結識，他不是土生土長的峇里島人，但是相當了解這座島嶼的音樂和舞蹈，旗下有一群峇里島舞者，最近剛完成世界巡迴演出。因此他慧眼獨具，重視東西之間的文化差異，也是少數能理解我們在官僚體系中碰壁那種痛苦的印尼人。得知他自願擔任我們在峇里島的嚮導，真是開心極了，現在來到丹帕沙，深知有他在是多麼幸運的事情。

原以為馬斯會直接帶我們離開屬於文明世界的丹帕沙，回到峇里島鄉間。沒想到第一天晚上，他領著我們穿過鬧區的霓虹燈，來到安靜的城郊，造訪一位權貴人士。他帶我們參觀這戶人家是如何準備明天的宴會，庭院裡的幾個亭子人聲鼎沸。婦女用棕櫚葉靈巧地做成美麗的鏤空裝飾，拿細竹條固定流蘇。堆成金字塔的米糕，白色與粉紅色相間，在橄欖綠的香蕉葉上排成一列。花圈懸在簷角，色彩飽和的祭典用布料披垂在神龕上。在亭子間擺了六隻活生生的烏龜，前足被人殘酷地穿了洞，綁在藤條上，乾巴巴的腦袋垂到地上。有說有笑的人們圍繞在四周，牠們緩緩眨眼，疲憊的眼珠子直掉淚。今晚牠們將成為祭品。

隔天，馬斯帶我們重訪此處。庭院裡的人口密度比昨晚還高，大家都穿上最好的衣服，男性穿著紗籠、寬鬆的上衣、頭巾，女性則是穿著合身罩衫搭配長裙。身為主人的王子盤腿坐在小平台上，與幾名貴賓聊天，拿小杯子喝咖啡，吃串在竹籤上的龜肉。他面前有個少年彈奏銅片琴（類似德希瑪琴的樂器），拿槌子敲打五個黃銅琴鍵，製造出沒有抑揚頓挫的叮咚聲。

馬斯說這場宴會的目的是慶祝磨牙儀式。峇里島人認為參差突起的牙齒是野獸和惡魔的象徵，因此，等孩子長到某個年紀無論性別，他們都要讓人把牙齒磨得光滑筆直，去除不好看的外觀。這個儀式現在比較少見，不過要是沒磨過牙的人過世了，他的親戚會在火葬前替屍體磨牙，以防他滿口野獸般的尖牙進不了神靈的世界。

接近正午，一支小小的隊伍從家族席間走出，最前方是身為儀式主角的少女。她身上緊緊包著紅色布料，上面畫滿金色花樣；肩頭披著一條同樣材質的布，精緻華貴的頭冠上滿是金葉子和梔緬花。幾名打扮較樸素的年長婦女陪著她，口中不斷念誦。她們走過熱鬧的走道，來到掛著蠟染布料的亭子前。一名穿得一身白的祭司在台階上迎接她。少女停在他面前，伸出雙手。他拿起一片竹篩，從上方淋水，讓水滴灑在她指尖。儀式間他的嘴唇動個不停，但銅片琴的樂聲和婦人的吟詠聲淹沒了他的聲音。祭司放下篩子，帶少女走進亭子，讓她躺上一張長椅，長條枕頭的外罩織入蘊含強大魔力的圖案。祭司對手邊的器械施法，彎腰對她施行磨牙儀式。陪同的婦人唱得更大聲了，其中一人按住少女的腳，另外兩人抓著她攤向兩旁的手臂。就算少女在儀式間痛叫，也被周遭的嘈雜聲壓下了。每過十分鐘，祭司就會稍作暫停，拿鏡子給她看看磨牙的進度。半小時後，大功告成。少女起身走出亭子，停在台階上，讓大家看清她的模樣。她雙眼泛淚，豪華的頭飾東倒西歪，護送她的婦人從上頭拔

磨牙儀式。

下幾片金葉子，插在自己髮間。她手中捧著裝飾得漂漂亮亮的小椰子殼，裡頭是她吐出的牙齒碎屑，然後循著原路穿過幾個亭子，要把她的牙齒碎屑埋在供奉祖先的家廟後頭。

隔天，我們離開丹帕沙，意外發現儘管城裡和機場國際交流往來頻繁，西方的影響幾乎沒有擴散至城外。只要拋下吉普車，走過稻田間蜿蜒的小徑，就能找到完全沒接觸過現代世界的村落。有馬斯帶路，我們每日每夜在島嶼各處漫遊，不時巧遇某戶人家或寺廟正在舉辦某種娛樂或儀式。

峇里島人對音樂和舞蹈抱持著近乎執著的熱愛。上至王侯，下至貧困的農民，人人都極想在村裡的樂隊或舞團一展身手。欠缺才能的人也樂於盡自己所能，捐錢幫忙購買舞衣或精良樂器。就連最窮、最小的村子也擁有一支甘美朗（gamelan）。這是峇里島的傳統樂隊，大多使用金屬樂器——大型銅鑼、掛在架子上的幾排小鑼、鈸、幾種樣式不同的銅片琴（先前曾在丹帕沙的儀式看過）。除此之外，兩面鼓是不可或缺的元素，也有機會見識到類似阿拉伯雷貝琴的二弦琴、竹笛。

大部分的樂器都相當昂貴。峇里島的工匠能鑄造出銅片琴的琴鍵，但是要讓銅鑼發出最乾淨、最有韻味的聲響，只有爪哇南部一座小鎮的工匠知道箇中奧祕，因此，一面好鑼稱得上是值錢的寶貝。

甘美朗的樂曲令人如癡如醉，富含精緻的打擊旋律、往四面八方擴散的樂音、天衣無縫的和弦。本以為它對我來說太過陌生、太有異國風情，難以從中獲得樂趣。但事實並非如此。樂手滿懷熱情、全心投入，他們的音樂有時令人熱血激昂、有時又柔情款款，聽得我們心花怒放。

完整的甘美朗需要二、三十人參與，精準確實的技巧能與任何一支歐洲交響樂團媲美。那些複雜的曲調全都沒有紙本紀錄，樂手必須熟記所有的曲子。此外，每個樂團的曲目變化

甘美朗樂隊。（上圖）

甘美朗樂隊裡最年少的成員。（下圖）

繁複，能夠演奏好數小時都不會重複。

極度專業的技術源自孜孜不倦的練習。每天夜幕低垂後，村裡的樂手會聚集在亭子裡排練。鏗鏘悠揚的樂曲傳遍整座村落，我們透過馬斯的引介，找到練習的會場，坐下來旁聽。甘美朗樂隊由鼓手主導，透過鼓聲控制整個樂團的節奏。他多半也精通其他樂器，常會暫停練習，走到某個銅片琴樂手旁示範該如何演奏這段樂曲。

排練期間，我們首次見到表演雷貢舞（legong）的女孩舞者，那是峇里島舞蹈中最美、最優雅的舞步。三名舞者肯定都不到六歲大。甘美朗的樂器圍繞方形廣場的三邊，女孩就在中央學舞。她們的師父是一名灰髮老婦，年幼時曾是知名的雷貢舞舞者。她的教學手法相當犀利，接近粗暴，比如說用力拉扯學生的頭、手、腳，矯正她們的舞姿。樂聲持續了好幾個小時，三個女孩在師父嚴厲的眼神中用力蹬地旋轉，指尖顫抖，視線宛如電光。接近深夜，樂音終於停歇，舞蹈課結束了，一瞬間，舞者卸下超脫世俗的神靈形象，回歸為打打鬧鬧的調皮小孩，在回家的路上咯咯笑個不停。

第十三章　峇里島的動物

參考資料告訴我們，峇里島的動物除了一、兩種鳥類，並無特殊之處。這裡看得到的動物在爪哇數量更多。但書上沒提到受人圈養的動物。峇里島行程的最後兩個禮拜，我們總算在某個村子安頓下來，這才發現那些家禽家畜就和峇里島的音樂舞蹈一樣獨特。

每日清早，雪白的鴨群搖搖晃晃地走出村外。與我們過往看過的鴨子不同，牠們後腦杓翹起捲捲的羽毛，使得牠們走起路來婀娜多姿，充滿歡樂氣息，彷彿是故事書裡打扮好要去嘉年華玩耍的動物角色。每群鴨子後頭會跟著一名男子或男孩，拿著細長竹竿，水平舉在自己負責的鴨群頭頂上，竹竿尖端黏了一團白色羽毛，在領頭的鴨子面前上下跳動。這裡的鴨子從小就學會跟著那團羽毛走，昂首闊步地擠進狹窄的小徑，來到最近收割過或剛犁過的稻田。趕鴨子的人把竹竿斜插在泥地裡，那團羽毛在鴨群的視線範圍內隨風飄動。牠們會在同一塊田裡待上一整天，開開心心地啄食泥地裡的食物，永遠不會遠離牽住牠們心神的羽毛球。到了傍晚，趕鴨的人回來拔起竹竿，快樂叫的隊伍便追著上下彈跳的羽毛沿著土堤回村。

牛隻的花色也相當繽紛。牠們的毛皮黑中帶紅，四腳穿著白色及膝襪，背上一塊塊白色斑點。牠們的祖先是爪哇野牛（至今在東南亞森林裡還找得到），經過馴化後成為家畜。峇里島的牛種非常純正，外表與分布在爪哇的野生版本難以區別（當地的打獵愛好者常耗費大把時間追捕牠們）。

不過呢，我們實在是猜不出村裡豬隻的血統源頭，牠們長得太過獨特，無論是野豬還是家豬都找不到類似的樣貌。我對這種豬的第一印象是畸形得厲害。肩膀骨頭突出，腰椎往下凹陷，感覺像是被沉重的肚子扯落。牠的肚皮像沙袋般垂下，走動時會沾上滿地沙土。如此醜陋的外觀並非偶然的變種，我們很快就發現全峇里島的豬都長得這副模樣。

村莊裡到處都看得到狗，牠們唯一的特殊之處是噁心到了極點。牠們全都飢腸轆轆，大多染上可怕的疾病，肋骨和脊椎骨輪廓清晰到不忍卒睹，皮膚滿是潰瘍爛瘡。牠們靠著垃圾維生，在垃圾堆裡掠奪，加上峇里島民每天在寺廟、柵門、亭子外供奉敬神的少量米飯。撲殺這些可悲的畜生算是善事一樁吧，但村民任由牠們毫無限制地繁殖，不只在白天容忍牠們的存在，也歡迎牠們在夜裡嚎叫，因為他們相信這能嚇跑趁夜肆虐的邪靈與惡魔，不讓它們入侵住居，附身在熟睡的人類身上。

一隻特別吵鬧的大狗逕自駐守在我們屋前的亭子外。入住第一天，凌晨三點鐘，我再也無法忍受牠的叫聲。經過一番權衡，我寧可冒著遇上惡魔的風險，也不要整夜與這個可怕的守衛共處，因此我拿石頭朝那條畜生的方向丟去，希望能說服牠到別處值勤，沒想到下場卻是牠可憐兮兮的哀叫轉為怒吼，吵醒了村裡所有的狗，引發震耳欲聾、持續到天亮的大合唱。

在我們眼中，峇里島人不怎麼在意動物福利。他們不只放任這些病懨懨的皮包骨到處遊蕩，也相當投入鬥蟋蟀和鬥雞。

鬥蟋蟀相對來說比較小眾。這些蟲子養在小竹籠裡，開賽前，人們在地上挖出兩個平底小圓坑，以一條坑道相連。一個坑裡放一隻蟋蟀，其主人坐在旁邊，拿羽毛桿挑撥自己的選手。其中一隻被逼得爬過坑道，被羽毛桿惹得火大了，不分青紅皂白地攻擊另一隻蟋蟀。兩隻蟋蟀瘋狂打鬥，咬住彼此的腳，在坑裡翻來翻去。看哪隻先扯斷對手的肢體，牠就是贏家。重傷的蟋蟀隨意棄置，勝利的一方唧唧叫著，被關回籠子裡，等待下一場比試。

鬥雞則是非同小可的盛事，會在特定的節慶舉辦，峇里島的神明每隔一段時間就需要看到生物為牠們流血。同時也常為了賭博鬥雞，眾人投入大筆賭資。聽說曾經有人對自己的鬥雞深具信心，押上他的屋子和所有財產（大約價值幾百鎊），賭他的雞會贏。不過他下注太高，沒人敢與之對賭。

村裡的主要幹道旁擺了一排鐘型竹籠，裡頭關著一隻隻公雞。許多老人家整天蹲在旁邊逗弄自己的雞，捧著輕輕拋擲，揉揉頸部的羽毛，估測牠們有多兇殘。雞隻身上的一切特徵都是打分數的項目——羽毛色澤、雞冠大小、眼睛明亮——根據這些分數，飼主判斷他們要找什麼樣的對手。

某天早上，市集熱鬧滾滾。沙嗲攤販設好攤子，婦女發送棕櫚酒及峇里島人熱愛的詭異粉紅色飲料。一切都是為了盛大的鬥雞慶典而準備。會場設置在平日舉辦公共聚會的大型稻草棚下，插在地上的細竹枝圍成擂台。周圍用棕櫚樹葉編成一呎高的柵欄，觀眾就坐在外頭。

慶典當天，來自幾哩外村落的男子背著他們的鬥雞抵達此地，棕櫚葉編織的簍子後方開了一條縫，讓長長的尾羽伸出來。喧鬧的觀眾圍在擂台四周。裁判是一名老先生，盤腿坐在簾子旁，他的左邊擱著一碗水，半片椰子殼浮在水面上，底下戳了個小洞。這是他測量每場賽事時間的工具，只要流進椰子殼的水多到足以壓沉，比賽就告一段落。左手拿了個小鑼，鑼聲就是比賽開始與結束的信號。

十多名男子抱著他們的鬥雞鑽過簾子。經過一陣撲騰，羽毛滿天飛，終於決定好分組對手和上場順序。清場後，鬥雞被帶到一旁去，主人把牠們的武器，好幾根六吋長的利刃綁在其中一隻腳上，代替早就被修剪掉的爪子。第一組參戰對手整裝完畢，回到場上，飼主讓兩隻鬥雞面對面，激發牠們的情緒，豎起頸部的羽毛，咯咯叫著展現鬥志。打鬥前的亮相是給觀眾判斷哪一邊的贏面較大，賭徒隔空吆喝下注。計時人員敲了一聲鑼，宣告打鬥開始。兩隻鬥雞緊盯著對方，兜著圈子，羽毛蓬起。牠們凶狠地啼叫，跳到半空中，以鋼鐵刃爪襲擊對手，刀刃閃閃發亮。其中一隻鬥雞沒有戰意，不斷跑出圈外，惹得觀眾迅速散開，因為鬥雞腳上的刀刃不但傷得了對手，也能在人類身上割出深深創口。主人一次又一次靈巧地抓牠回擂台裡。牠翅膀下總算冒出深色血漬，代表牠受了重傷。牠依舊不斷逃離，又被抓回去面對凶殘的對手。但牠就是不願意對戰，在其中一方喪命前，鬥雞是無法結束的。計時人員敲鑼，高聲指示。有人搬來一個鐘型籠子，兩隻雞一起關了進去。受傷的可憐鬥雞無處可逃，

鬥蟋蟀。（上圖）峇里島鬥雞人。（下圖）

終於慘死刀下。

第二場更加刺激，雙方都興致勃勃，大戰好幾回合，撕扯對手的肉垂和頸部羽毛，刀刃不斷出擊，直到雙方都血流如注。在回合之間，雙方的主人使盡全力激發鬥雞的體力，含住牠的鳥喙，把空氣吹進肺裡。其中一人用手指沾了一點血，讓鬥雞嘗嘗味道。不久，其中一隻鬥雞因失血過多，腳步踉蹌，承受了致命的一擊，倒在地上不斷喘氣。勝者繼續猛啄瀕死對手的肉垂，想把已經呆滯無神的眼珠子啄出來，最後是牠的主人將其拉開。

那天，許多鬥雞在激鬥中喪命，大筆金錢易手。好幾戶人家當晚分到雞肉下飯。我想神明應該開心得很。

在峇里島的最後一夜，我們得要在丹帕沙度過，隔天必須趕往西側的碼頭，坐船回爪哇。我們在城裡相對安靜的區域的一間旅館訂了房間，晚間丟下行李後，我們拜訪曾經給予協助的政府人員，向他們道別，接近深夜才回房。旅館老闆在前廳等待我們，雙手焦慮地扭成一團。原來是一名卡車司機從某個村子捎口信給我們，顯然是緊急要事，但可惜我們一個字都聽不懂。旅館老闆急壞了，眉頭緊鎖，熱烈地反覆念著「Klesih、klesih、klesih」。我們摸不著腦袋，可是他堅持到我們覺得自己得開上三十哩路，回去解決那個問題。要是今晚擱下此事，一早離開峇里島後，就永遠不知道那座村子發生了什麼事。

於是我們在凌晨一點抵達村子，吵醒了幾個村民後，總算找到遞口信的人。他是艾里特，之前借宿過的人家孩子。幸好他會說一點英語。

「隔壁村子有一隻klesih。」他結結巴巴地說道。

我問他什麼是klesih，艾里特使盡渾身解數說明那是一種動物，但從他的描述完全聽不出是什麼玩意兒。只能親自到現場看看了。艾里特跑去拿了一根棕櫚葉火把，帶著我們穿過田野。

走了一個小時，依稀看到眼前村莊的輪廓。

「拜託，大家禮貌一點。」艾里特說，「這個村子裡都是強盜，很凶。」

踏進那座村子，看門狗掀起一片嚎叫，我以為會看到「很凶的強盜」衝出來，手中高舉刀劍，可是沒有人現身。說不定村民聽到狗叫聲，只覺得牠們又遇到一群鬼鬼祟祟的邪靈。

艾里特帶頭走過空蕩蕩的街道，來到村子中央的一棟小屋。他用力敲門，直到一名蓬頭垢面的男子揉著惺忪睡眼來開門。艾里特說我們要來看klesih。男子露出難以置信的神情，但最後還是被艾里特說動，讓我們進屋。男子從床底下搬出一個大木箱，用繩子牢牢綁住。他解開繩子，翻開箱蓋，帶著土味的刺鼻氣息飄出。他捧起一團跟足球差不多大的物體，上頭蓋滿棕色三角形鱗片。

Klesih原來就是穿山甲。他把這隻動物輕輕放在地上，牠的側腹緩緩起伏。

我們沉默了幾分鐘，那顆球慢慢展開。牠先是伸直靈活的長尾巴，露出濕漉漉的尖鼻子及好奇的小臉。這隻小東西東張西望，眨眨明亮的黑色近視眼，呼了幾口氣。我們一動也不動。穿山甲膽子大了些，翻身站起，像是披著甲冑的小恐龍般在屋裡走動。牠走到牆邊，以前爪用力挖掘，想挖洞逃離。

「哎呀！」牠的主人輕巧地走上前，抓著牠的尾巴拎起。穿山甲以溜溜球似的姿勢再次捲起。男子把牠放回箱子裡。

「一百盾。」他說。

我搖搖頭。某些食蟻獸願意吃碎肉、煉乳、生蛋來取代正常的飲食，可是穿山甲只能靠著特定種類的螞蟻過活。我們無法帶牠回倫敦。

「如果我們不買的話，那個人會怎麼處理klesih？」我向艾里特提問。

他咂咂嘴，笑得燦爛。「吃掉！很好！」

我望向箱子。穿山甲往外偷看，前爪和下巴擱在箱緣，黏膩的長舌頭朝左右尋找螞蟻。

穿山甲用尾巴握住我的手，身體往上捲起。

「二十盾。」我的語氣堅決，說服自己至少可以在放生前多拍幾張照片。男子蓋好箱子，利索地遞給我。

艾里特又點起一根棕櫚葉火把，高高舉起，帶我們回頭離開村子，走進稻田間。我把箱子牢牢夾在手臂下，稍微放慢腳步，與那圈火光拉開一點距離。黃澄澄的皓月當空、漫天星斗，葉子如同羽毛似的棕櫚樹在天鵝絨般的漆黑天幕下搖曳。我們沿著泥濘的小徑默默前進，稻桿及腰，螢火蟲如仙靈般的綠色光點在稻葉閃現舞動。途經一座寺廟只看得清繁複輪廓的入口，溫暖的空氣中彌漫著梔緬花細緻的香氣。蟋蟀唧唧叫著，田水在渠道間汩汩流動，遠處村落隱約傳來甘美朗樂團的徹夜慶典樂曲。

真是太遺憾了，我們明天就要離開峇里島。

第十四章　火山與扒手

抵達泗水時，丹恩帶著來自英國的大批信件迎接我們，再加上無限供應的冷飲和幾個天的大好消息。他不只已訂好前往沙馬林達（Samarinda）這個婆羅洲東岸小鎮的貨船舖位，也空出至少兩週的時間，擔任我們的隨行口譯。離船期還有五天，不過查爾斯和我絲毫不以為意，反而心中竊喜——四處奔波了幾個禮拜，我們都想好好休息一會兒。把曝光過的底片全數裝進密封盒裡，整修完所有的裝備後，丹恩和佩姬帶我們到泗水城外的山間別墅。

環繞在小鎮外的平原冒著熱氣，農業開發已經相當興盛。道路兩旁是羅望子樹、一畝畝的水田、隨風搖擺的高大甘蔗園。海拔越高，空氣就越涼爽。坡面上長滿木棉樹，高高的枝椏間掛著蒴果，綻開噴出一團團白色絨纖。我們預計造訪的特雷特斯村（Tretes），海拔兩千呎，位於壯觀的圓錐狀火山群中的維利朗火山（Walirang）的半山腰。

爪哇島是一長串火山島鏈的成員之一，這條島鏈從蘇門答臘南部開始，向東穿過爪哇、峇里島、弗洛勒斯島，再往北與菲律賓相連。過去，這火山弧上的火山曾爆發過無數次，造成諸多重大災害。一八八三年，位於爪哇和蘇門答臘間的喀啦喀托火山（Krakatoa）爆發，釋放出龐大能量，石塊和火山灰布滿方圓四哩的海域，火山浮石漂在海面上，掀起巨浪，橫掃附近島嶼的海岸，將近三萬六千人溺死。噴發的巨響遠在三千哩外的澳洲都聽得見。

光是爪哇島上就有一百二十五座火山，其中十九座還在活動，有時只是噴點煙，有時突然爆發，比如說一九三一年，梅拉比火山（Merapi）爆發，造成一千三百人罹難。火山對爪哇和當地居民的影響力非同小可。輪廓分明的錐狀山峰無比醒目，數百世紀以來，岩漿和火山灰傾注在這片土地上，分解成全世界數一數二的肥沃土壤；對於火山活動期的恐懼，使得它們成為爪哇神話中眾神的住所。

維利朗火山是一座休火山，不過從我們暫居的特雷特斯村別墅院子，就能看到一抹抹灰煙從八千呎高的山頂冒出。清涼的空氣驅散了在酷熱泗水染上的倦怠，我決定要爬上那座山，一探火山口面貌。

即使我發現大半路途可以騎馬代步，查爾斯依舊提不起勁，因此我只借了一匹馬，隔天一早就會牽到家門口。

天還沒亮，一名興高采烈的老翁就把馬兒帶來了。那匹馬長得不高，瘦骨嶙峋，垂著腦袋，神情抑鬱。馬主熱情地往牠腰間一拍，笑得燦爛，咧嘴露出被檳榔汁染黑的亂牙。他說這是全特雷特斯村最強壯、腳步最快的馬，值得起我支付的昂貴租金。

我爬上馬背，壓榨這匹可憐兮兮的動物，實在是讓人過意不去。馬蹬幾乎碰到地面，老翁用力一戳，我們以龜速離開村子。

平坦的路面越來越陡，我的坐騎哀愁地望著眼前的坡道，放了個意味深長的屁，停下腳步。馬主笑了笑，狠狠拉扯韁繩，馬兒拒絕前進。我聽到屁股下傳來咕嚕嚕的聲響，顯然牠的腸胃極度不適。我一時心軟，跳了下來，牠馬上就靈活地爬上山徑。走了半哩，我們遇上一段平路，馬主說現在可以再騎上去了。起先一切正常，但過了十分鐘，馬兒又不肯走路了。老翁再次拉扯韁繩，力道之強，繩子竟應聲斷裂。現在完全無法操控馬兒，我只能下馬，就在這時，馬鞍下的皮帶解體了，馬兒身上的裝備分崩離析，牠一副黯然失色的模樣，我也狠不下心繼續騎乘。我們一起往上爬，進度很慢，因為每隔半小時我就得停下來，等昂貴的坐騎和牠的主人追上。

我們走進森林，這樣的風景我從未看過。林間到處都見得到蘭花；樹蕨生得茂盛，巨大的葉片從主幹頂部冒出。越往高處爬，木麻黃的比例就越高，外表類似松林，樹幹之間距離拉得很開，少了糾結的爬藤植物，下垂的長長針葉圍繞枝枒生長，一團團銀葉松蘿垂掛其間。過了五個小時，我抵達幾間低矮的茅草屋，泥炭牆邊放著裝滿亮黃色硫磺的籃子。幾個人走了出來，狠狠瞪著我。他們身材矮小、面色黝黑，光著腳，身穿破舊的襯衫和紗籠，頭上戴的東西各異奇趣，有破爛的西式氈毛帽、裂開的無邊帽，也有簡單的頭巾。

我坐在路旁吃三明治，幾分鐘後，我的嚮導趕上了。他說離火山口只剩一小時的路程，但接下來的地勢更加險峻，不適合他的馬兒，因此他要留在這裡，看能不能修好馬具，馬兒也能緩口氣。

在我吃東西時，採集硫磺的工人壓低嗓音和老翁交談，狐疑地偷瞄我。其中六個人拎起空籃子，沿著小路穿過木麻黃林。儘管他們神情不善，我還是跟了上去。我們離開林地，爬過岩漿凝結成的巨岩，途中點綴著零星的灌木叢。此地海拔超過九千呎，空氣稀薄寒冷。沿著山坡往上爬的陣陣霧氣吞噬了我們。我們一言不發，前方的工人無視我的存在。過了半小時，其中一人捏著嗓子唱起歌，曲調哀婉，就我的理解，歌詞是反映當下事件的即興之作。

「*Orang ini*。」他高唱，「*ada Inggeris, tidak orang Belanda*。」

我頂多聽得懂這一段，「這個人是英國人，不是荷蘭人。」既然我在他的歌詞裡出場了，我打算自己臨場發揮，花了幾分鐘把我所知的有限字彙串連起來。等到前方的工人唱完，我大著膽子發表成果。

「今天早上，我吃米飯。」我學著他的曲調唱道，「今晚我吃米飯。明天呢，不好意思，我還是吃米飯。」

我知道這段歌詞一點都不俏皮，與現下狀況也毫無關聯，不過此舉的效果十分卓越。工人停下腳步，坐在岩石地上，笑到眼淚噴出。等他們笑完，我又掏出一包菸，跟他們一起抽。我們試著聊幾句，但我怕他們不太能理解我的意思，再者我沒帶字典，只能勉強猜測他們的話語。但他們冷淡的態度煙消雲散，我們再次動身，像是親近的夥伴一般。

我們一同爬到山頂。主火山口是一個垂直通往山峰深處的坑洞，邊緣陡峭，看起來毫無生機，兩百呎深的坑底只看得到亂七八糟的巨岩。不過維利朗火山絕非一片死寂，火山口的另一側噴出白色煙柱，我們攀爬上前，往半山腰看去。煙霧的源頭不只一處，看起來有上百個小洞，一齊嘶嘶冒煙，彷彿整座山的側面有一大片區域著了火，悶燒得嚴重。空氣瀰漫著刺鼻的硫磺煙霧，每次吸氣都深刻感受到它的存在感，腳下的地面蓋了一層厚厚的黃色硫磺灰。白煙隨風亂飄，我瞥見幾個在煉獄中央勞動的小小人影。他們拿石塊堵住最大的噴氣孔，使得氣體不會直接噴向半空中，沿著放射狀的管線散開，一路冷卻下來，然後結成硫磺。某些管路已被珍貴的礦物質堵滿，有人拿撬棍把它敲開。其他工人從嘶嘶作響的噴氣孔四周刮下像鐘乳石般凝結的硫磺，灼熱的中央一團鮮紅，邊緣則是呈現亮黃色。

我的同伴彼此吆喝，壓過此起彼落的響亮噴氣聲，鑽進翻騰的煙霧中填滿手中籃子。真不敢相信，他們似乎對嗆鼻的白煙不為所動。不久，他們扛著裝滿硫磺的籃子現身，笑得無比燦爛。他們沒有休息半刻，俐落地爬下坡道，回茅草屋基地卸貨。我一心只想奔向乾淨點的空氣，連忙跟著回頭。天空沒有半片雲，空氣無比純淨，看得到數千呎下方遼闊的青綠田野，朝著地平線上的爪哇海延伸。東方還有幾座山，起初我以為山頭的霧氣是雲朵，定睛一看才發現是比維利朗火山壯觀無數倍的火山煙。我伸手一指，問同伴那座山的名稱。他揚手遮住陽光應道：「婆羅摩。」

遠處的煙霧點燃了我的好奇心，當天晚上，丹恩提到婆羅摩火山（Bromo）是爪哇火山群中最美、最知名的一座，查爾斯和我立即決定一探究竟。

隔天，我們開吉普車離開特雷特斯村，往東駛過沿海平原。在路上看起來，婆羅摩火山看似平凡無奇的一座土墩，因為它幾乎是藏身在更雄偉的火山殘骸之中。數千年前，一次劇烈的爆發（類似喀啦喀托火山），炸飛了半個山頭，只留基底在原處，像是一個環狀的大碗，直徑將近五哩。但火山底下蘊藏的能量尚未耗盡，破火山口內壁很快就開出幾個新的噴發口，噴出火山灰，並形成一座座新生火山錐。但沒有一座高過四周的破火山口山壁太多，也只有婆羅摩火山是活火山。因此平原上的旅人看不到婆羅摩火山冒煙的火山口，只看得到環繞在外的岩壁那凹凸不平的輪廓。

採集硫磺的工人。

夜幕低垂時，我們沿著崎嶇的道路駛進位於破火山口外側山坡上的小村莊。眼前的群山被煙霧包圍，旅店老闆說只有在清晨才能看清火山幾個小時。因此我們隔天三點半就起床，天還沒亮，冷的要命。一小群身穿紗籠的村民擠在幾匹馬旁。這些村民和採集硫磺的工人一樣身材結實、皮膚黝黑，與靈巧的平地人大不相同。裡頭有個大鬍子老頭答應租兩匹馬給我們，並擔任嚮導帶我們到火山口。

經歷維利朗火山的一番折騰，看到今天的坐騎活力充沛，我可謂是又驚又喜。老翁打著赤腳跟在後頭，不時拿根細竹桿抽打馬匹後腿。我本想請他別忙了，我的馬兒已經跑得夠快了，不過我是瞎操心，這匹馬脾氣很好，毫不在意，只有在馬主跑到牠身旁，直接對牠耳朵大吼，要牠快跑時，馬兒才會突然拔腿狂奔。

我們在破曉時分抵達綠草如茵的破火山口邊緣，腳下是如同月球表面的荒涼景色，大碗的底部被幾抹煙霧遮去一半，巴托克火山（Batok，嚴格來說是火山渣錐）插在離邊緣約一哩處的坑洞中心。那是一座左右對稱的金字塔型山峰，陡峭的灰色側邊布滿深溝。婆羅摩火山位於左側，稍微矮了些，輪廓沒有巴托克火山那麼筆直分明，但外型更加精采，從渾圓的山頂噴出濃濃的煙霧。昏暗的晨光中，依稀看得到破火山口另一側粗糙的內壁。我們被眼前景色震懾得幾分鐘說不出話來，耳邊只聽見婆羅摩火山持續不斷的怒吼。

村民叱喝一聲，催趕馬匹沿著陡坡往下走向坑底。太陽升起，把我們頭頂上翻捲的火山煙霧染成灰粉色。周圍漸漸暖起來，雲霧散去，顯露出一大片沒有任何障礙物的平原，圍繞著婆羅摩火山和巴托克火山的山腳。這片「沙海」（荷蘭人取的既貼切又略略偏離本質的稱號）由灰色的火山灰組成，風雨將噴發口吹出的灰粉散遍各處，緩緩填滿破火山口底層。婆羅摩火山周圍並不像夏威夷火山的熔岩流，原因是爪哇的火山岩漿黏性高，凝結溫度相對比較低，這個性質使得此地火山爆發的災害更加嚴重，地殼深處的熔岩湧上火山口後，它會緩緩冷卻、硬化，卡住噴發口。這個塞子下的壓力不斷累積，直到足以炸掉整座山。

馬匹踏著輕快的腳步，橫越荒蕪的沙地，帶我們來到婆羅摩火山山腳下。我們下了馬，沿著泥濘的陡坡攀向火山口，終於踏上火山口邊緣，凝視下方的熔爐。大量煙霧從三百呎深的火山口底部孔洞湧出，灼熱氣體的勢頭強烈到我們腳下的地面也為之震動，灰白色的煙柱垂直上升、翻捲，在空氣中擦出巨響，衝到火山口時被風吹歪，灰色粉塵在火山口內部側邊形成猙獰疤痕。

巴托克火山渣錐旁的挑夫。

我們大著膽子，沿著滿是灰粉的斜坡往下溜了五十呎，往坡面踢出落足點時，掀起一陣小小的雪崩。來自火山的吼聲令人難以招架，在我們腳下釋放的強度規模大到令人心驚。我回過頭，看到帶路的老翁急匆匆地打手勢要我們回來。火山口裡許多空洞蘊含濃濃的無色有毒氣體，要是我們不小心撞上就沒救了。

數百年來，當地居民向婆羅摩火山獻上供品，生怕它甦醒過來，毀滅周遭村落。據說以前還會以活人獻祭，不過今日他們只會把錢幣、雞隻、布匹拋進地獄般的火山口。

再過幾個禮拜就會舉行這樣的儀式，村民說人們會聚集在火山口邊緣投入供品。大膽又沒那麼迷信的人就跟我們一樣爬進去，從神明口中奪回禮物。過去在撿拾某個高價供品時，有個人腳一滑，滾下斜坡。圍觀民眾眼睜睜看著他跌落，沒有人試圖救他，任由其身軀像是壞掉的玩具般，一動也不動地攤在

查爾斯．拉格斯在火山口中拍攝。

火山口底部。

這個迷信習俗號稱能安撫足以摧毀整個世代的神靈，要將之屏棄實非易事，或許這些村民仍然有些惦記著獻祭活人的必要性。

隔天回到泗水，丹恩的車庫沒空間停放我們的吉普車，只好把她停在窗外的碎石子車道上。無需擔心她被人偷走，因為我們把重要的引擎零件拆下來了。

隔天一早，我們準備開車進城，引擎一發就動。查爾斯打了檔，但後輪毫無動靜。我們仔細檢查，驚慌地發現小偷趁夜轉開後輪傳動軸的螺絲，拔起來帶走，導致輪子不再聽主傳動軸使喚。我們覺得糟糕透頂，但丹恩只是有點沮喪、訝異，並沒有太過煩亂。

「天啊。」他說，「以前偷雨刷的風氣很盛，可是現在大家都把雨刷收起來，下雨天才裝回去，可能已經退流行了吧，現在當紅的是後輪傳動軸。或者單純是黑市裡有人想買一組後輪傳動軸。明天清早我派園丁去那裡瞧瞧，應該可以找回來，他們會給原主買回贓物的機會。」

後輪傳動軸隔天早上回到原處，只是多花了我們幾百盾。

前往婆羅洲的日子到了，經歷過後輪傳動軸失竊的插曲，我們相當在意行李的安危，畢竟我們有二十箱細軟，有的裝了價值幾百鎊的攝影機，把它們從吉普車運進海關貨棚，途經碼頭，最後進入附鎖的安全艙房，感覺是個危機重重的艱鉅任務。丹恩說得很清楚，要是任何一件行李沒有人看著，就等於是拱手讓人了。因此我們說好讓丹恩在海關檢查口守著行李，跟海關人員唇槍舌劍，我先上船找到艙房，把送進來的設備鎖起來，查爾斯則是負責監督搬運行李的腳伕（在這個情勢之下，我們不得不請幾個人幫忙）。看來沒有任何問題。

起初一切順利。我們硬擠過洶湧人潮，來到海關貨棚，把所有的家當在檢查口上堆成小山。丹恩展開協商，我高舉船票和護照，鑽到碼頭。我們要搭乘的大型貨船停在最遠的一端，我一時慌亂，沒看到碼頭旁貼告示，說這艘船再過四個小時才啟航，過了三個小時，我們才在船務辦公室得知此事。登船的走道和工作人員都不見人影，要上船只能踩著一片狹窄的木板，鑽進船側一扇黑漆漆的小門，顯然是通往下層甲板。大批腳伕和水手進進出出，我愣愣想著該怎麼辦，是否要折回去，延後整個計畫。這時我看到載滿行李的推車從遠處朝這裡緩緩接近，要是不準備好接應行李，咱們精心策劃的大計可就要功虧一簣。我排進腳伕的隊伍，踏著那片木板上船。船裡很暗，熱到令人髮指，滿是半裸腳伕散發出的體味，他們緊緊貼在我身旁，我差點無法動彈。突然想到胸前的口袋裝著我所有的錢、鋼筆、護照、船票，連忙伸手按住口袋，卻摸到別人的手。我以最大的力氣抓住那隻手，緩緩往後扳，從手指間扯回我的皮夾。那隻手的主人是個滿身大汗的半裸男子，前額纏著一條髒兮兮的破布，狠狠瞪著我。那名腳伕堵在我面前，凶惡地低喃幾句，我判斷此時此刻最好柔性抗議，而不是被對方的怒氣影響，但我只擠得出「Tidak。不。」

扒手發出緊張的笑聲，我膽子大了些，捧著怦怦跳的心臟，以最優雅的姿勢橫衝直撞，爬上一道金屬梯子，來到上層甲板。

查爾斯站在下方的碼頭看守推車和行李。

「絕對不要從下層甲板進來。」我對他大喊，「我的皮夾剛被扒了！」

「聽不見！」查爾斯的聲音混在起重機的運轉聲和人群的叫嚷中。

「我皮夾被扒了！」我扯著嗓子吼叫。

「行李要運到哪裡？」

我放棄說明方才的困境，以誇張的手勢朝甲板比劃，他終於領會我的意思。我找到一條繩子丟向他，把行李一件一件拉上去，推在甲板上。等最後一個箱子翻過欄杆，查爾斯隨即消失。兩分鐘後，他出現在上層甲板，頭髮和衣服亂成一團，氣喘吁吁。

「你一定不會相信的。」他邊喘邊說，「我的皮夾剛被扒了！」

我們又花了一個小時才把行李運進安全的艙房。這次經驗給了我們一個教訓：穿過人群時一定要一手按住皮夾，另一手握拳自衛。這個習慣深深烙印在我們腦海中，超越三天的飛機航程，從雅加達市集延伸到通勤時段的倫敦人群，在皮卡迪利圓環，有個陌生人不經意地擠了我一把，算他走運，我差點一拳擊中他下巴。

第十五章　抵達婆羅洲

貨船在湛藍的爪哇海上平穩地往北航行了四天，目的地是名為沙馬林達的小鎮，它位於婆羅洲東岸，是島上數一數二大的馬哈甘河出海口。我們期盼能往這條河的上游深入達雅族故鄉，尋找動物。也知道有兩個人或許能幫忙：沙馬林達的華裔商人羅本隆（音譯），丹恩寫了信給他；以及住在上游幾哩處的獵人兼動物採集者沙布蘭。

第五天清晨，我們的船駛進港口。羅本隆在碼頭與我們會合，這一整天他開車載我們到鎮上兜轉，引介所有的部會官員，因為必須得到他們的許可，我們才能前往內陸。

羅本隆已經替我們訂了一艘快艇。這艘船名為克魯文號，繫在碼頭邊，隨著滿是垃圾的惡臭海水輕輕搖擺。它全長四十呎，靠著柴油引擎驅動，舵手室位於船身中央，前方有一間艙房，頂上架著破舊的帆布，船員總共五人，船長阿帕是一名面容憔悴的老先生。

阿帕不大情願地說隔天就能出發，於是我們匆忙採購各種補給品，夠我們在船上自給自足一個月。當晚，我們離開市場，扛著鍋碗瓢盆、幾袋米、用紙張包起的黑胡椒粒、捲在香蕉葉裡的圓錐狀棕櫚糖塊，還有一包小章魚乾。最後那一項物品是查爾斯要買的，他堅稱我們吃上一禮拜的白飯後，能用它來換換口味。我們還買了六十塊粗製鹽餅、幾磅重的藍色紅色珠子，打算用這些東西與達雅族交易。

第一天晚上，我們停泊在登加龍（Tenggarong），左岸是一排綿延一哩的破爛木屋。我真想徹夜航行，迫不及待地想趕到達雅族所在地，但阿帕回絕了這個提議，他的理由很正當：船可能在黑暗中撞上散落在河中的浮木，或是與其他船隻對撞，裝備航行燈的船並不多。一群人擠在碼頭上盯著我們看，丹恩上岸和他們聊天。據說獵人沙布蘭就住在這個村子裡，但丹恩找不出有誰知道他的下落。村民留下來看我們吃東西，等到這個娛樂結束，天色漸暗，他們才四散離去。

船艙夠我們三個人睡，不過這是我們在這艘船上度過的第一夜，鋪位被亂七八糟的行囊占據。我決定帶行軍床下船，睡在通風良好的安靜碼頭上。歷經炎熱的白晝，外頭涼快舒適，我很快就睡著了，不久又驚醒過來──有隻晃著長長鬍鬚的大老鼠窩在一旁啃咬棕櫚仁，離我的臉不過幾呎遠。在其後頭，還有幾隻老鼠忙著翻動碼頭上的垃圾，月光照亮牠們鬼鬼祟祟的身影。另一隻老鼠拖著長長的尾巴，繞著我們綁繩固定船身的繫船柱打轉。我誠摯希望克魯文號甲板上沒留著什麼吸引這些小怪獸登船的東西。我盯著牠們在我四周扭打，卻一點都不想動。想到要把光腳伸進牠們之間，就讓我一陣反胃，我睡在蚊帳裡，感到莫名的安心。

我終於再度入睡，但彷彿才剛閉上眼睛，又被某人在我耳邊叫嚷「先生、先生」的聲音吵醒。年輕男子牽著腳踏車站在旁邊。我看了看手錶，現在還不到五點。

「沙布蘭。」男子往自己胸口一比。

我坐起身，拉起紗籠遮住一絲不掛的身體，擠出沒那麼不耐煩的語氣，我叫了丹恩幾次，他終於頂著一頭亂髮鑽出艙門。男子說昨晚有風聲傳進他耳裡，有一群陌生人問起他的下落。他生怕會錯過，連忙從幾哩外的住處騎腳踏車過來，要在天亮出航前趕上。稍後我們發現沙布蘭這個人既急躁又熱情。他二十歲出頭，生性上進，幾年前曾在往返於泗水的商船上工作，見識到他在沙馬林達聽過無數次的大城市。他找到高薪的臨時工作，但泗水的貧困與污濁嚇得他逃回家鄉的森林，賺少一點也沒關係。目前他住在登加龍，靠著捕抓動物的委託工作養兩個妹妹和母親。看來沙布蘭能幫上大忙，我們邀其入夥，他馬上就答應了。他騎腳踏車離開，等我們吃完早餐，他已拎著裝滿工具設備的軟殼小行李箱回到船上。我們還沒回過神，他已蹲在船尾把髒碗盤給洗掉了。我們相信他會是珍貴的幫手。

飯後，我們拉著沙布蘭一起討論此行的計畫。我畫出我們感興趣的動物，他告訴我們這些動物在本地的名稱、能在哪裡找到。我們最想看到的是長鼻猴（proboscis monkey），這種特別的動物只分布在婆羅洲的海岸沼澤區。長鼻猴很好畫，因為公猴有根下垂的長鼻子。沙布蘭立刻看懂了我拙劣的圖，說再往上游幾哩就能帶我們看到牠們。

當晚，我們抵達他說的區域。阿帕關掉引擎，我們隨著水流緩緩漂向岸邊樹林。沙布蘭坐在船頭，雙手擱在前額。過了一會兒，他興奮地指著前方百碼處的河岸，猴群坐在水邊濃密的枝葉間，懶洋洋地扯下花葉塞進嘴裡。這群猴子大約有二十隻，認真地望著我們，眼中沒有半點恐懼。裡頭大多是小猴子和母猴，披著一身紅色皮毛。鼻子半長不短的模樣看起來極有喜感，活像是馬戲團的小丑。不過呢，年長的猴王長相更逗趣。牠坐在高高的枝枒交錯處，長尾巴像鐘擺似地晃啊晃的。他的紅色毛皮在腰間突兀地中斷，骨盆和尾巴覆蓋白毛，雙腿是髒兮兮的灰色，看上去宛如穿著紅色毛衣搭配白色泳褲。牠最顯眼的特徵當屬那根軟綿綿的大鼻子，像是壓爛在臉上的紅色香蕉。牠的鼻子大到看起來嚴重干擾進食，因此得要抓著食物，繞過鼻子，才能把餐點送進嘴裡。我們緩緩漂

沙布蘭。

近，直到猴群慌忙逃竄，遁入林間，沒想到身軀這麼大的動物竟如此敏捷。

這類猴子是素食主義者，離開熱帶叢林就無法存活太久，因為當年還無法找到牠們慣吃的樹葉替代品。所以我們並不打算捕捉牠們，只花了幾天時間錄影。

每天早晚，牠們都會來到河邊覓食，到了炎熱的大白天，就躲在森林陰影處睡覺，不見蹤影。於是我們白天尋找其他動物，特別是食人鱷魚。我們在沙馬林達聽說河裡多得是這種可怕的爬蟲類，可惜幾天下來完全沒看到半點蹤跡。可是呢，樹林裡看得到大量的美麗鳥兒，犀鳥的數量格外充足。牠們的育兒習性在鳥類中可謂是獨一無二，引起我們的興致。牠們住在樹洞裡，母鳥孵蛋期間，公鳥會拿泥團封住鳥巢洞口，不讓另一半離開。他在中間留個小洞，把食物傳給她。她會把自己的監獄整理得乾乾淨淨，每天清掉糞便，就這樣在巢裡待到雛鳥孵化，準備離巢。等孩子有辦法飛行，她會啄掉泥牆，全家一起離開鳥巢。

我們很快就離開半開發的鄉間，進入兩岸全是高大樹林的區域。第五天，我們到了一個小村子，河道位於低處，高處的河岸上長了一片棕櫚樹，中間則是長達一百碼的黏膩泥地。我們把船停靠在用漂流木搭建的小平台旁，下了船，踩著一根根頭尾相連鑿出凹槽台階的圓木橫越泥地。

岸上是我們造訪的第一個達雅族村落，棕櫚樹和竹林圍繞四周。村裡只有一棟木屋，長達一百五十碼，屋頂也是一片片木板，木屋離地十呎高，架高屋子的木棒宛如一片森林。屋前的大片露台上擠滿村民，看我們接近。我們踩著有凹槽台階的陡峭木桿進入屋內，見到一名神情肅穆的老翁，他是petinggi，也就是長老。丹恩以馬來語向他打招呼，我們各自報上名字，長老領著我們走過長屋，換個地方坐下來抽菸，向他說明我們的計畫。

整幢木屋架在鐵木搭成的柱子上。與屋頂連接處多半掛上野獸木雕做為裝飾，上方架著幾根竹枝，一端鋸開，盛裝供奉給神明的雞蛋和米糕。梁上懸掛著放祭品的髒兮兮變形托盤，在一束束脆裂開的枯葉間，露出人類頭骨泛黃的牙齒。

柱子之間特別設置了幾個架子，專門用來擺放長形皮鼓，走廊鋪上用鑿刀削平的木板，一側是露台，另一側則是區隔每一戶私人區域的牆面。

然而，如此壯觀的建築物正逐漸老化，幾處屋頂崩塌，房間沒辦法住人。羊皮鼓面裂開，幾片地板腐朽破洞。木屋兩端立了幾根孤零零的柱子，旁邊只有香蕉園和竹林，顯示屋子原本還要更長。坐在露台上看我們走動的村民，大多放棄達雅族的傳統服裝，穿上背心和短褲。儘管他們有辦法適應外界的時尚風潮，老人家還是難以拋下他們自幼奉行的古老信仰儀式。大部分的女性穿了耳洞，從小就掛上沉重的銀耳環，耳垂漸漸拉長，垂到她們肩膀上。她們的手腳也布滿藍色刺青。無論男女都有嚼檳榔的習慣，口腔染成紅棕色，牙齒遭到侵蝕，爛成黑漆漆的殘株。走廊地板上處處可見紅色的放射狀污漬，因為他們會直接把檳榔刺激下分泌的唾液吐出來。年輕人較少嚼檳榔，轉而順應沙馬林達的流行，在牙齒上鍍金。

長老說羅馬公教的傳教士駐紮在木屋附近，蓋了教堂和學校。他的村民接受新的信仰後，就把他們家世代相傳的戰利品人頭骨丟掉了，在牆上張貼翻印的宗教畫。不過呢，儘管傳教士在這裡耕耘了二十多年，被他們說動改宗的村民還不到一半。

當晚，我們坐在克魯文號甲板上吃晚餐時，一名達雅族人靈巧地踩著圓木橫越泥地，手中倒提著一隻還在拍翅膀的白雞。他爬上船，把那隻雞交給我們。

「長老給的。」他鄭重說道。

他還捎來口信，今夜會有慶祝婚禮的歌舞，如果我們有興趣，歡迎上木屋參觀。

我們向他道謝，給了他一些鹽餅做為送給長老的回禮，跟他說我們很樂意接受邀請。

村民在露台上圍成一個大圈子。美麗又年輕的新娘一頭直順黑髮往後梳，露出橢圓形的臉蛋，垂眼坐在父親和丈夫中間。她戴著華麗的緋紅串珠頭飾，身穿布滿刺繡的裙子。椰子油燈搖曳的光芒中，兩名年長婦女在她面前不斷旋轉，踩著莊嚴的舞步。她們頭戴帽緣綴著虎牙的串珠小帽，手持一束馬來犀鳥（Rhinoceros Hornbill）長長的黑白色尾羽。圓圈的另一端有個裸著上身的男子，坐在地上，用擱在架上的六面鑼敲出不斷重複的音調。看到我們抵達，長老起身，以招待上賓的禮儀邀我們坐在他隔壁。他對於我帶來的綠色盒子很感興趣，我努力解釋這東西可以捕捉聲音。看他一臉困惑，我悄悄插上麥克風，錄了幾分鐘鑼響，趁樂手休息的空檔，用小型喇叭放給長老聽。

長老跳起來，要眾人暫停舞步。他叫樂手拿著整套鑼到圈子中間，指示他演奏另一首更活潑的樂曲，請我錄下來。新鮮的偶發事件讓在場的孩子們興奮極了，高聲交談，差點蓋過樂聲，我怕雜訊會干擾錄音，掃了長老的興，連忙豎起手指請他們安靜。

重播錄音的效果很好，木屋掀起哄堂大笑。長老得意洋洋地欣賞表演，當起樂團主持人，召集自願對著麥克風唱歌的村民，看他這麼投入，我瞄了受到冷落的新娘一眼，頓時對於搶了她的鋒頭深感愧疚。

「不。」我說，「機器累了，沒辦法工作。」

過了幾分鐘，歌舞重新登場，但眾人有些心不在焉，視線投向我身旁的機器，期待下一次奇蹟。我抱起錄音機，收回船上。

婚宴持續至隔天早上，現在輪到男性上陣。他們隨著鼓聲和甘布斯琴（一種像吉他的三弦樂器）的琴聲跳舞，身上大多只有一條傳統兜襠布，手持長劍和盾牌，在木屋前方以慢動作邁步，不時高高躍起，狂野地呼喊。其中有個格外顯眼的身影，從頭到腳披上棕櫚葉，戴著長鼻子的白色木頭面具，刻上大鼻孔、長長的獠牙，眼睛部位裝上兩片圓鏡。

在達雅族木屋裡錄音。

我原本擔心我們嚴重冒犯了村民的隱私，後來發現達雅族人對我們的好奇窺探不亞於我們。每天晚上都有人爬上我們的船，坐在甲板上看我們拿刀叉吃東西的陌生行徑，著迷似地盯著我們的器材。某天晚間的高潮，是我把錄音機整個拆開來，表演搭配閃光燈拍照也是天大的成功。

於是我們膽子大了，鑽進木屋後側的私人住處。其中幾間擺放低矮的床鋪，掛上髒兮兮的蚊帳，不過村民吃住大多都在地板上的藤編墊子度過。他們似乎對沒有家具的生活不以為意，小嬰兒則是捲在長長的布條裡，掛在天花板上。他們以直立的姿勢睡覺，要是哭了，母親只要輕輕推一把，襁褓就會前後搖晃。

我們逢人就說願意拿優渥的報酬換取動物。就算是最癟腳的達雅族獵人，都能在一週內獲得比我們瞎摸一個月還豐碩的成果。可惜他們好像都對我們的提議毫無興致。我在某個房間地板上看到一堆長長的翼羽，那是婆羅洲最美麗、最獨特的青鸞。

「鳥在哪裡？」我萬分苦痛地詢問。

「這裡。」這戶人家的女性應道，指著已經拔毛支解的鳥兒屍體，擱在葫蘆裡準備下鍋。

我咕噥幾聲。「可是我可以拿很多、很多珠子跟妳換這樣的鳥。」

「我們餓了。」她的答案很簡單。

顯然沒有人相信我們能拿出值得他們活捉動物的酬勞。

有天，查爾斯和我結束進森林錄影的行程時，遇到一名年長男子，他是固定來克魯文號拜訪的村民之一。

「Selamat siang。」我說，「祝你今天一切順利。可以幫我抓一些動物嗎？」

老人搖頭微笑。

「你看看這個。」我從口袋裡掏出在林子裡撿來的東西。看似打磨過的彈珠，橘色黑色條紋相間。牠突然舒展開來，原來是一隻漂亮的大蜈蚣。牠擺動無數條腿，在我掌心移動，小心翼翼地揮舞多節的黑色觸角。

「我們想要很多不同的動物，大的小的都要。只要抓這個給我——」我指著蜈蚣，「——就給你一根香菸。」

老人兩眼發直。

以這麼小的動物來說，這個報酬太過優渥，但我急著表達我們有多麼渴求各式各樣的動物。老人愣愣站在原地，我暗自竊喜。

「要是運氣夠好，說不定他就是抓動物小組的第一號成員。」

隔天早上，沙布蘭把我搖醒。

「有人帶來好多、好多動物。」他說。

我興奮地跳下床，衝上甲板。是那個老人。他抱著一顆大葫蘆，像是裡頭裝了什麼寶貝似的。

「是什麼？」我的胃口高高吊起。

他把葫蘆裡的東西倒在甲板上，粗估是兩、三百條棕色小蜈蚣，跟我在倫敦自家院子裡找得到的幾乎沒有半點差異。儘管失落，我忍不住笑了出來。

「很好，我拿五根菸換這些動物。不會再多了。」

老人的發財夢碎了，但他只是聳聳肩。我遞出五根菸，以誇張的動作仔細撿起所有的蜈蚣，放回葫蘆裡。當晚，我把牠們帶去遠處的森林裡放掉。

五根菸是很划算的投資。能換到酬勞的消息傳開，接下來的幾天內，達雅族村民紛紛帶來各種動物。我們一一支付酬勞，獲得更踴躍的響應。沒過多久，手邊的戰利品大幅膨脹——綠色小蜥蜴、松鼠、麝香貓、翎鶉、野雞，其中最迷人的當屬短尾鸚鵡。這些讓人心曠神怡的鳥兒色彩斑斕，鮮豔的翡翠綠搭配鮮紅胸膛和尾巴、橘色肩膀、前額鑲上藍色斑點，在馬來語裡叫做 burung kalong，意思是蝙蝠鳥。這個俗名相當貼切，符合牠們會倒掛樹上的習性。

做新籠子、餵食清理所有的動物，讓我們忙得團團轉，不得不把右舷改造成小型動物園，堆疊的籠子幾乎頂到帆布棚子。這個迷你動物園最後一隻成員最令我們傷神。某天清晨，一名達雅族村民站在岸上，高舉藤編的囊袋。

「先生！」他大喊。「這裡有beruang。要嗎？」

我請他上船。他把袋子遞給我，我往裡頭一看，輕輕抱出一小團黑色毛球，竟然是一隻年幼的馬來熊。

「在森林裡找到的。」獵人說，「沒有媽媽。」

這隻熊寶寶頂多一週大，眼睛還沒睜開，腳底的粉紅色肉球伸向半空中，可憐兮兮地哭了起來。查爾斯匆忙衝到船尾，在奶瓶裡裝了點稀釋的煉乳，我則是給了獵人幾塊鹽餅。儘管小熊有張大嘴，牠卻無法從奶嘴吸出奶水。我們把奶嘴孔割得越來越大，還來不及往小熊嘴裡塞，溫熱的奶水就直接滴了出來。但牠還是不喝。這時牠已經餓到放聲尖叫，我們別無他法，放棄奶瓶，換上填充墨水的滴管。我捧著牠的腦袋，查爾斯把滴管塞進小熊的牙齦間，將奶水滴進牠的喉頭。小熊吞了一口，馬上打嗝打個不停，讓牠很不舒服，我們又拍又揉牠的粉色小肚子。等牠恢復過來，我們又試了一次，過了一個小時，好不容易灌下半盎司的奶水，牠累得呼呼大睡。

一個半小時後，牠再次叫餓，第二餐吃得更順了。過了兩天，牠總算學會吸奶瓶，我們終於有了能把牠養大的希望。

在這座村子逗留的日子已超出我們的預期，該離開了。達雅族村民到停泊的平台上揮手道別，我們滿懷不捨地帶著整批動物航向下游。

我們把小熊取名叫班傑明，牠是個高需求寶寶，不分日夜，每過三個小時就要討奶。若是我們手腳慢了些，牠會火冒三丈、渾身顫抖，氣到小鼻子和口腔都變成紫色。餵奶一點都不輕鬆，牠已經長出尖銳的小爪子，沒把爪子插進我們的手臂，絕對不肯安靜下來吸奶。

這傢伙說不上好看。腦袋大得不成比例，四肢伸不直，黑毛短而扎手，身上到處都是小小的血痂，有的還生出白色蛆蟲，每次餵食後，我們都得替牠的傷口清理消毒。

過了幾個禮拜，牠才有辦法自己走路，同時性情起了極大的變化。他在甲板上搖搖擺擺地閒晃，聞來聞去，自顧自地嗚嗚叫著。牠不再是那隻焦躁的小娃娃，成了討人喜愛的幼獸，我們很快就深深愛上了牠。這趟旅程結束後，我們帶著大批動物回倫敦，班傑明還沒斷奶，查爾斯決定先不把他跟其他動物一起交給動物園，在自家公寓裡養了一陣子。

替小熊班傑明餵奶。

現在，班傑明比剛落入我們手中時膨脹了四倍，長出一口白牙，已有辦法保護自己。雖說牠一向乖巧穩重，偶爾阻撓牠四處探索或玩耍時，也會突然暴怒，狠狠揮舞爪子，氣呼呼地咆吼。儘管亞麻地板被抓破了、地毯被啃了、家具被刮花了，查爾斯還是養到牠學會舔碟子裡的奶水，不需要靠奶瓶進食，才送班傑明去動物園。

第十六章　紅毛猩猩查理

在全婆羅洲的動物中，我最想一探廬山真面目的就是紅毛猩猩。這種充滿魅力的猩猩名稱源自馬來語的「森林裡的人」，只在婆羅洲和蘇門答臘才見得到，即使在這兩座島上，牠們的活動範圍相對來說相當狹小。婆羅洲北部的紅毛猩猩數量已經少得可憐，儘管在島嶼南方遇到的每一個人都堅稱這種動物還多得是，但很少有人真正親眼目睹。我們決定以馬哈甘河上的最後幾天深入搜索，緩緩往下游航行，不只造訪大一點的村子，也找上範圍內的每一棟屋子和聚落，直到遇見有誰最近目擊過紅毛猩猩。

幸好我們沒有走太多冤枉路。回程第一天就遇到一棟小破屋，蓋在用繩子繫於岸邊的鐵木浮橋上。屋主與從沙馬林達駛來的華人船隻交易維生，販賣達雅族從森林裡送來的鱷魚皮和樹藤。我們抵達時，幾個帶東西來賣的達雅族恰好就站在屋外的平台上，他們不修邊幅，黑色直髮修出筆直的短劉海，身上只繫著一條兜襠布，肩上擔著插在裝飾流蘇木鞘裡的帕朗刀。他們說這幾天有好幾窩紅毛猩猩在他們長屋附近的香蕉園肆虐。這正是我們期待已久的情報。

「你們的村子多遠？」丹恩問。

一名達雅族人以銳利的眼神打量我們。

「達雅族兩小時。白人四小時。」

我們決定前去一探究竟，村民答應帶路，順便幫我們扛行李。我們迅速收好裝備、幾件衣服和少許食物，讓達雅族整齊地堆在他們的藤籠裡。沙布蘭留守克魯文號，照顧班傑明和其他動物，我們跟著達雅族上岸，鑽進樹林。

很快就知道達雅族為什麼認為我們的腳力比不上他們——這條路線穿過地面濕軟的叢林和幾片沼澤，我們踏過幾灘水池，但遇到深一點的泥池，就得小心踩著隱沒水面下的滑溜樹幹來橫渡。達雅族面對阻礙時腳步毫不動搖，活像是走在平坦的大馬路上。我們得要加倍留意平衡，小心翼翼地摸索樹幹的位置，一旦跌倒了，就會摔進深水裡。

我們花了三小時才抵達他們的木屋。這處聚落比我們之前造訪的村子還要簡陋，沒有木頭地板，踏腳處是劈成片狀的竹子，屋內沒有私人隔間，只掛了幾片簾子大略隔開每戶人家。嚮導帶我們穿過擁擠的屋子，指著一個角落說，我們可以在這裡放東西、睡覺。天色暗了，我們借用旁邊的石爐煮飯，等我們吃完，四周已是一片漆黑。我們把叢林夾克摺起來當枕頭，躺下來睡覺。

基本上，就算是硬梆梆的床板我也能呼呼大睡，只是我需要安靜點的環境，這種雜居住宅噪音此起彼落。狗兒四處蹭來蹭去，嫌牠們礙事的人就一腳踢下去。鬥雞在牆邊的籠子裡咯咯啼叫。不遠處有幾名男子圍成一圈賭博，在錫板上旋轉陀螺，拿剖半的椰子殼扣在上頭，高聲吆喝下注。另一群婦女在我旁邊圍繞著一個四方型的物體唱誦，梁上垂落的布幔覆蓋其上。幾名村民不受周遭吵鬧聲影響，橫七豎八地熟熟睡去，有人展開四肢，有人靠牆而坐，有人抱著膝蓋，腦袋擱在肘彎上。

為了擋住雜亂的吵鬧聲，我拿一件襯衫包在頭上，聲音變得模糊些，但我的注意力還是放在穿透枕頭傳來的聲響。正下方住了幾頭豬，牠們在木屋腳架間的垃圾堆裡尖叫挖地。只要有人走動，富有彈性的竹片地板就會劈啪作響，每當附近的人翻個身，我的身體就會微微一震。某個在二十呎外走動的人踩出響亮的咿呀聲，感覺像是從我頭頂上跳過去似的。能做出如此具體的想像，是因為一整夜下來，有太多人真的從我身上跨過去。

幸好這些動物叫聲、聊天、叫喊、吟唱、磨牙全部融合為持續不斷的曖昧雜音，變得無比單調，我終於睡著了。

隔天早上醒來時，我渾身僵硬，毫無神清氣爽的感覺，跟著查爾斯和丹恩爬出屋外，到附近一百碼外的小溪洗澡。溪邊已經擠滿了渾身赤裸的村民，男性占用一座深潭，女性則是聚集在下游幾碼外。我們坐在乾淨的木板平台上曬太陽，腳掌在閃閃發亮的溪水裡晃動。嚮導也來了，等我們洗完，帶我們回木屋。

回程路上，我們經過剛蓋好的茅草棚子。棚子下的平台橫擺了一截長長的棕色木頭柱子，一端雕成人形，旁邊綁了一頭大水牛。

「那個是什麼？」我指著柱子。

「木屋裡有人死掉。」

「木屋的哪裡？」

「來。」我們跟他踩著木梯爬上屋裡。

「這裡。」他指著昨晚吟唱歌曲的婦女圍繞的平台，原來幾個小時前我就睡在屍體旁邊。

「那個人什麼時候死的？」我問。

嚮導想了想。「兩年。」

他說達雅族葬禮是一件大事。死者生前越是富裕，過世後他的孩子就必須為他準備越豪華的葬禮大餐。這棟木屋裡的死者生前名聲顯赫，但他的兒女很窮，花了兩年才存夠替他辦一場風光葬禮的錢。這段期間，屍體會放在高高的樹梢上，歷經風吹日曬，任由蟲子和腐食鳥類享用。

現在終於能辦葬禮了。村民從樹上收回屍骨，在下葬前讓死者安然躺下。

當天下午，村裡的樂手從木屋裡扛出鑼，敲打了半個小時，一群弔唁者立起那根柱子，在四周跳舞。儀式很短，沒有值得一提的演出。

「結束了？」我向嚮導提問。

「還沒。結束時我們會殺水牛。」

「什麼時候？」

「可能再二、三十天吧。」

接下來的一個月，葬禮會每日每夜舉辦，儀式的頻率和長度都不斷增加。在最後一天，最後的歌舞酒宴間，村裡所有人都會帶著帕朗刀從木屋爬下來，圍繞那頭水牛，當舞曲來到最高潮，眾人衝上前去，將牠活活砍死。

我們說只要能帶我們找到野生紅毛猩猩就有獎賞，第一個響應的村民在隔天清晨五點把我們叫醒。查爾斯和我拎起攝影機，跟著那人在叢林裡緩緩前進。抵達他目擊紅毛猩猩的地點時，只找到滿地剛咬過的榴槤殼（那是紅毛猩猩最愛的食物之一）。上方的枝椏間有片用樹枝搭成的平台，應該就是猩猩晚上睡覺的地方。在那一帶找了一個小時，還是找不到那隻紅毛猩猩的身影，我們失望地回到村子裡。

那天早上，我們又進了叢林三次，隔天四趟，全都徒勞無功。村民都急著想換到鹽餅和香菸。第三天早上，一名獵人再次挑戰，他說他看到紅毛猩猩，我們再度跟著他在沼地跋涉，不顧荊棘拉扯我們的袖子，只想搶在猩猩離開前盡快趕到。我們的嚮導踩著一截樹幹過河，我扛著沉重的腳架，以最快的速度跟上，抓住旁邊的樹枝維持平衡。沒想到樹枝斷了，我一手要拿腳架，實在是穩不住腳步，就這樣滑進下方六呎的河裡，胸口還重重撞上那截樹幹。我在水裡掙扎打轉，身體右側劇痛難耐。在我游到岸上前，那名達雅族已經來到我身旁。

「哎呀，先生，哎呀！」他滿懷同情地喃喃念著，牢牢抓住我。我肺裡沒剩半點空氣，只能虛弱呻吟。他撐起我的身體，讓我爬上岸。剛才那一撞的衝擊把我掛在右腋下的望遠鏡撞成兩半。我輕輕摸索胸口，從腫脹和疼痛的程度來看，可以確定兩根肋骨裂了。

等我緩過氣來，我們慢慢往前走。過了一會兒，達雅族獵人模仿紅毛猩猩的叫聲，那是結合了咕噥與尖叫的聲響。不久，我們聽到了回應。我們抬起頭，看到一團毛茸茸的紅色身影掛在樹梢搖晃。查爾斯迅速架好攝影機，開始錄影，我則是坐在樹墩上護理傷處。那隻紅毛猩猩掛在我們頭頂上，露出一口黃牙，憤怒尖叫。牠肯定有四呎高、一百四十磅重——我相信牠比我在任何動物園看到的紅毛猩猩都還要大。牠攀上一根細枝，枝枒被牠的體重壓得往下彎向另一棵樹，牠伸出長長的手臂，爬了過去。途中折斷幾根小樹枝，氣呼呼地丟向我們，但牠似乎不急著逃走。沒過多久，又來了幾個村民，在我們忙著追蹤那隻紅毛猩猩時，他們幫忙扛器材，砍下幾棵小樹給我們更清楚的視野。每隔幾分鐘就要暫停手邊工作，因為這一帶相當潮濕，水蛭到處都是。要是我們在同一個地方待太久，牠們就會從雜草間蠕動靠近，來到腳邊，一路爬上來，口器插進皮膚，吸血吸到身軀膨脹成好幾倍大。我們的注意力全在紅毛猩猩身上，幾乎沒注意到它們的存在，都是好心的達雅族村民拿小刀幫我們刮掉水蛭。我們走過的地方不只看得到折斷的樹幹，還有一隻隻胖嘟嘟的水蛭。

等我們拍完需要的片段，準備收拾離開。

「好了？」一名達雅族問道。

我們點點頭。幾乎在同時，背後響起震耳欲聾的爆炸聲。我轉過頭，一名男子肩上扛著槍口還在冒煙的火槍。那頭猩猩沒有傷得太重，我們聽見牠踏過樹枝躲到遠處，但我氣到一時間說不出話來。

「為什麼？為什麼？」我滿腔怒火，朝著跟人類如此相像的動物開槍，簡直與謀殺無異。開槍的達雅族一臉呆愣。

「可是牠不好！牠吃我的香蕉、偷我的米。我開槍。」

我無話可說。在叢林裡討生活的是達雅族，不是我。

當晚，我躺在木屋裡，肋骨隨著呼吸刺痛，連頭也開始痛了。一股寒顫突然竄過全身，我無法克制地抖了起來，牙齒格格作響，幾乎無法好好說話。是瘧疾。查爾斯拿阿斯匹靈和奎寧給我吃，我度過糟糕透頂的一夜，持續不斷的葬禮儀式——哭號加上鑼聲——更是痛苦難耐。早上醒來時，全身衣服都被汗水浸濕，我覺得虛弱極了。

到了中午，我恢復不少，終於有力氣思考該如何回到船上。我們已經達成來此的目的——拍攝紅毛猩猩——現在該回去了。我們走得很慢，途中休息了好幾次，終於抵達克魯文號時，我鬆了一大口氣，至少可以在相對舒服的鋪位上盡情流汗，散去體內的高熱。

剛搭上克魯文號那段時間，船員不太願意接近我們。除了阿帕外，沒有人跟我們說話，而且第一天晚上我提出徹夜航行的要求，把他惹毛了。感覺他們把我們當成自大卻又無害的瘋子。

不過呢，幾星期過去，他們的態度變得真誠而友善。阿帕提供許多厲害的建言：要是看到前方林子裡有什麼動靜，他會先叫機艙將船速減半，再問我們要不要拍攝他找到的動物。輪機長身材壯碩，每天只穿藍色連身工作服，毫不諱言自己就是個城裡人。他對叢林沒有半點興致，達雅族的木屋也吸引不了他，因此很少上岸，老是坐在機艙頂上的甲板上，沉著臉拿指甲剪夾掉鬍碴。他擁有恰到好處的幽默感，每到一個落腳處，他總會說：「Tidak bail。Bioskop tidak ada（不好玩，這裡沒有戲院）。」

開玩笑確實是我們打發漫長河上航程的主要娛樂之一。要編個笑話可不容易，我得要準備好幾個小時；有了靈感後再花費十五分鐘左右對照字典翻譯。船員平時聚集在船尾泡咖啡，我爬上去，戰戰兢兢地發表拙劣的笑話。通常只會換到他們茫然的表情，我只好摸摸鼻子，回頭看要換掉哪幾個字詞。多半要試上三、四次，才能順利傳達我的笑點，惹得船員放聲大笑，雖然我懷疑他們是想讓我好過些，而不是被我的笑話逗笑。一旦打破僵局，大家不會聽完就忘，笑話會進入眾人的話匣子，在接下來的幾天內不時提起。

我們很少看到大管輪阿躲，因為輪機長總是要他成天待在機艙裡。某天晚間，他上了甲板時頭髮都剃光了。他滿臉通紅，摸著自己光禿禿的頭皮，露出尷尬的笑容，輪機長跟我們解釋他長了頭蝨。

水手杜拉是個滿臉皺紋的老先生，花了不少時間教我們馬來語。他與歐洲最頂尖的教育學家英雄所見略同，知道教導語言最好的方式就是不讓學生說自己的母語。因此他會坐在我們身旁，耐心地放慢速度，以誇張的發音天南地北聊個沒完，有時是印尼傳統服裝的術語，有時是各個品種的稻米品質。每次都講到欲罷不能、鉅細靡遺，聽了幾分鐘我們完全抓不到頭緒，只能裝懂虛應「對、對」。

水手長馬納或許是全船幫我們最多忙的人。他年輕帥氣、靦腆內斂，不過若是我們看到岸邊森林裡有動物，恰好又是他掌舵時，他總有辦法帶我們盡量靠近，在危機四伏的淺灘以過人的技術與膽識安然穿梭。

船上最有活力的成員當數沙布蘭。他擔下大半清掃、餵食動物的活兒，幾乎每餐飯都是他煮的，假如我們在他視線範圍內丟下髒衣服，他會自動自發地幫忙清洗。某天晚上，我跟他說離開婆羅洲後，我們打算前往東方的科莫多島尋找大蜥蜴。他興奮得雙眼發亮，當我問起他是否想同行，他抓住我的手，上下搖晃，開心地說道：「沒問題，先生，沒問題。」

有天早上，沙布蘭提議我們暫停一會兒，他的達雅族朋友達莫剛好住在附近。達莫以前曾幫他抓動物，說不定最近他有什麼斬獲，願意跟我們交易。

達莫的住處是一棟架高的小屋，髒得要命。他本人年紀不小，油膩的長髮披在背上，亂七八糟的劉海蓋住額頭。他坐在屋外的平台上削木塊，沙布蘭高聲打招呼，帶我們上前，問起他手邊有什麼動物。達莫抬起頭，以毫無情緒的嗓音應道：「有，紅毛猩猩。」

我三步併做兩步跳上平台。達莫指著一個木頭籠子，開口處胡亂架上幾根竹子。一隻飽受驚嚇的年輕紅毛猩猩坐在裡頭，我小心翼翼地伸出手指抓抓牠的背，牠猛然轉身尖叫，想要咬我。達莫說幾天前剛抓到這隻在他果園裡肆虐的猩猩，扭打間手還被牠狠狠咬了一口，而猩猩則是擦傷了膝蓋和手肘。

沙布蘭代替我們交涉，最後達莫答應我們用手邊剩餘的鹽餅和香菸換這隻動物。

把猩猩送上克魯文號前，得先把牠換進更大、更好的籠子。我們將兩個籠子開口相對，抽掉舊籠子的竹柵欄，拉起新籠子的門，拿一串香蕉把紅毛猩猩引進新家。

這是一隻兩歲大的雄猩猩，我們叫牠查理。收容牠的頭兩天，盡量不去打擾牠，讓牠適應新籠子。到了第三天，我打開籠門，小心地伸出手，查理先是一把抓住我的手指，露出滿口黃牙作勢咬我，我忍著不收手，直到牠允許我靠近些，搔搔牠的耳朵和肥厚的肚皮。我拿了點煉乳獎勵牠，整個下午重複類似的訓練，查理表現極佳，我大著膽子在食指上沾了點煉乳。查理嘟起寬闊的嘴巴，吧咂吧咂地吸掉甜膩的奶水，絲毫沒有咬我的意圖。

我幾乎整天坐在籠子旁邊，柔聲對牠說話，隔著鐵絲網抓牠的背。到了晚間，我獲得牠足夠信賴，牠讓我檢查手腳的傷口。我輕輕握住牠的手，拉直牠的手臂。查理認真地看我沾起殺菌藥膏，往牠手肘的擦傷塗了厚厚一層。藥膏看起來太像煉乳，我才剛塗完，查理馬上就舔掉，希望剩餘的藥膏能發揮些許功效。

查理適應環境的速度令眾人訝異。很快的，牠不只是容忍我的撫摸，甚至還主動要求。要是我經過牠的籠子，卻沒有停下來跟牠說說話，牠會尖聲呼喚。站在牠的籠子旁邊照料吱喳喳的鳥兒時，牠結實的手臂往往會從籠子下方的空隙伸出來，扯扯我的褲腳。牠是如此的堅持，我只能一手餵鳥，另一手握住查理粗糙的黑色手指。

該讓牠多活動一點了，我很想放牠出籠，某天我整個早上沒關籠子，但查理拒絕出來。牠似乎沒把籠子當成監牢，比起甲板上未知的世界，牠更想窩在這個熟悉的住處。深棕色臉龐上露出憂鬱寧靜的表情，偶爾眨眨黃色眼皮。

我決定拿一大罐甜滋滋的熱茶引誘他，這是牠近日的新歡。一看到裝在錫罐裡的茶水，牠滿懷期待地挺起上身，但我沒有直接遞給牠，而是懸在敞開的籠門外，氣得牠連連尖叫。牠爬向門邊，謹慎地往外窺看。我蹲在牠手臂搆不到的地方，直到牠整個身體離開籠子，一手攀住網格，靠過來喝茶。喝完這杯茶，牠立刻盪回籠子裡。

隔天我打開籠子，牠竟然自己爬了出來，在籠子頂上坐了一會兒。我陪牠玩耍，搔搔牠腋下，牠往後躺下，舒服得露出牙齒，無聲地歡笑。幾分鐘後，牠玩膩了，跳到甲板上，先是研究身旁所有的動物，手指戳進鐵絲網。牠掀起蓋住班傑明籠子的棉布，小熊精神百倍地嚎叫，以為要放飯了，查理連忙撤退。牠的注意力轉向短尾鸚鵡的籠子，在我阻止前，牠用彎曲的食指偷了幾顆飼料穀粒。接著又跳向甲板上的一堆雜物，一個個拿起來，舉到嘴巴上，貼住扁扁的鼻子聞味道，判斷它是否能吃。

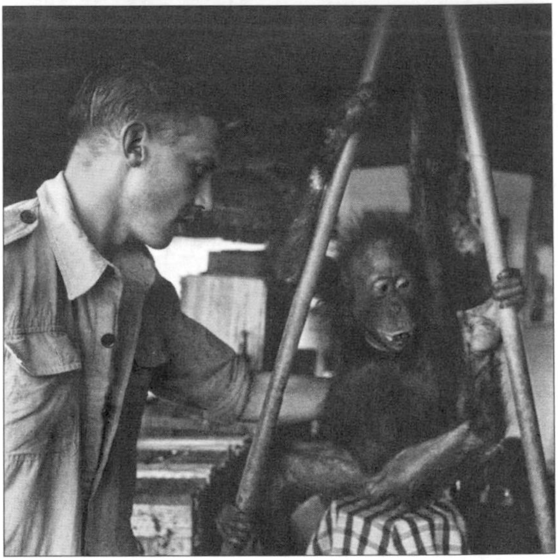

查理喝茶。（上圖）

查理享受午後的甲板探險。（下圖）

我想該送牠回籠子裡了，可是查理不想回去，緩緩離開我身旁。我的胸口仍舊腫痛不堪，也只能以同樣的速度移動，輪機長覺得我用慢動作追逐查理，要求牠回窩裡的奇觀相當有趣。最後是靠著賄賂才達成目的，我拿了顆蛋給牠看，再放到牠的籠子深處。查理大搖大擺地爬進籠子，咬破蛋殼，把蛋汁吸得一乾二淨。

從那天起，查理的午後散步成了克魯文號的例行公事。船員都對牠喜愛有加，但還是帶著戒心。假如牠耍起脾氣，他們不敢太強硬，只能叫我們來幫忙。等船終於開回沙馬林達，查理已經坐到阿帕手肘上，在舵手室陪他，活像是憑空冒出來的船員。

婆羅洲之旅結束了，我們在大型商船卡拉頓號訂好鋪位，隔天就要出航前往泗水。我和查爾斯、沙布蘭商討要如何把所有的動物和行李運上船。我們很清楚要求克魯文號的船員替我們搬貨是天大的侮辱，沒想到當晚馬納上來找我們，以生硬的語氣說阿帕向碼頭管理單位申請，停泊在卡拉頓號旁邊的許可，要是我們有需要，他和他的弟兄能幫我們移動行李，實在是太感人了。

他們同心齊力，將所有的貨物用繩索吊上卡拉頓號陡峭的船身，熱情地向籠子裡的動物高聲道別。所有的行囊都上了船，沙布蘭負責照顧的動物堆在甲板上安靜的角落，我們的裝備安全地鎖在艙房裡。等到最後一件貨物送達，克魯文號的每一個人，阿帕、阿躲、輪機長、杜拉、馬納在我們的艙房外列隊，誠摯地與我們一一握手，祝我們 selamat djalan。離開他們真是不捨。

第十七章　一波三折

全泗水似乎沒有一個人清楚要如何前往科莫多島。我們的目的地在五百哩外，是爪哇與新幾內亞之間千哩島鏈上的第五座島。我們認識的政府人員都說不出要怎麼抵達該地，只好自力救濟了。

航運公司的職員從沒聽過這座島，我們得要幫他在地圖上指出目標——位於松巴哇（Sumbawa）和弗洛勒斯兩座大島中間的小點。地圖上代表航線的黑色交錯線條，好像是刻意避開它，只有一條沿著島鏈往東延伸的航線，帶來些許希望。船隻會在松巴哇島的港口停留，往上經過科莫多島，再次往下彎向弗洛勒斯島。這條航線在這兩座島停靠的港口與科莫多島的距離，看起來還算合理。

「這艘船。」我指著那條黑線。「什麼時候出發？」

「先生，下一班船要等兩個月。」職員笑容可掬。

「兩個月！」查爾斯應道，「我們應該已經回英國待三個禮拜了。」

我忍著愁雲慘霧的氣氛，又問：「我們能不能在泗水包一艘小船，直達科莫多島？」

「沒有。」職員說，「就算有，你們也不能。包船會惹上很多很多麻煩。警察、海關、軍方，他們不會准許的。」

航空公司稍微有點出息。在他們的協助下，我們發現可以往北飛到蘇拉威西島的錫江（Macassar），轉搭每兩週飛往帝汶（Timor）的小飛機，中途會在弗洛勒斯島的毛梅雷（Maumere）暫停。弗洛勒斯島長得像香蕉，長約兩百哩，毛梅雷在東端四十哩處，科莫多島則是位於弗洛勒斯島西側五哩處。地圖也印出了有一條路貫穿這座島，只要能在毛梅雷租到車子或小貨車，所有的問題就解決了。

我們在泗水找到幾個聽過毛梅雷的人，但他們都不曾到過該處。最可靠的情資來源是一名中國人，他有個遠親在毛梅雷開店。

「車子？」我問，「那裡車子多嗎？」

「很多、很多，我確定。請讓我發電報給我親戚，雷山（音譯）。他會全部安排好。」

我們真誠地向他道謝。

「簡單極了。」那天晚上，我對丹恩說，「飛到錫江，搭飛機到毛梅雷，找到那位中國朋友的姊夫，租個小貨車，開兩百哩路到弗洛勒斯島的另一端，然後找一艘獨木舟之類的，橫越五哩長的海峽就能抓到我們的龍。」

我們發現錫江治安相當惡劣。蘇拉威西島幾乎全是叛賊的勢力範圍，他們偶爾離開山寨，到城鎮外圍襲擊往返於鬧區和機場的貨車。穿著綠色軍服、配備衝鋒槍和手槍的士兵在機場周圍巡邏，我們接受移民官的仔細盤查，終於獲准由荷槍實彈的士兵護送進城過夜。隔天，我們一行三人回到機場，搭上十二人座小飛機，朝著東南方再次起飛。掠過一座座小島，有的看起來不過是蓋著枯黃草皮的土堆，點綴零星的棕櫚樹，周圍鑲上白色珊瑚沙灘。在參差的海岸線外，水中的珊瑚礁呈現深淺不一的綠，接著海床驟降，海水轉為鮮亮的孔雀藍。島嶼一個接一個的遠離我們，看起來大同小異，我相信科莫多島也是長得這副模樣，但這些小島上找不到大蜥蜴。牠們只存在於科莫多島及鄰近島嶼。

飛機嗡嗡穿過萬里無雲的天空，飄浮在金棕色的太陽與海水間。過了兩個小時，較高的山脈出現在霧濛濛的地平線上。弗洛勒斯島。我們漸漸下降，覆蓋珊瑚礁的淺海高速往後飛掠，前方是尖尖的火山山脈，飛機滑過海岸線，越過一片圍繞著白色大教堂的茅草屋，最後機身一震，輪子與長滿雜草的跑道相觸。

漆成白色的建築物是證明這片草地確為機場的地標。前方站了一群來接機的人，靠近一看——我們鬆了一大口氣——兩名男子坐在一輛小貨車的保險桿上。我們連同其他乘客隨著機長和副機長進入那幢建築物。屋裡有十多名穿著紗籠的男子，不帶任何情緒地盯著我們。

他們的外表與爪哇、峇里島的直髮矮個子大不相同；他們一頭捲髮，鼻翼更寬，與新幾內亞、南太平洋的人種更為相近。有個頭戴軍帽的年輕女性，她穿著不合時宜的厚重格紋裙子，看來是航空公司的地勤。她要機組人員填寫幾張表格，沒有人前來接機。我們的行李搭著推車送達，堆在地上。我們在行李旁徘徊，期盼雷山能從行李顯眼的標籤認出我們。

「午安。」我用印尼語對每一個人大聲打招呼。「雷山先生？」

靠在牆上的那些青年若有所思的視線，從我們的裝備飄向查爾斯，又飄向我。其中一人咯咯輕笑。穿著格紋裙的女子快步走向跑道，揮舞手中文件。

青年們依舊愣愣看著我們，直到其中一人戴上類似警帽的正式帽子，宣稱他是海關人員。

他指著我們的行李。「先生，你們的？」

我滿臉堆笑，擠出我在飛機上反覆練習的印尼語說詞。

「我們是英國人，從倫敦來的。不好意思，我們不太會說印尼語。我們來拍片。我們有很多文件。有雅加達的資訊部、新加拉惹的小巽他群島總督、倫敦的印尼大使館、泗水的英國領事館。」

每提到一個單位，我就遞出一封信或一張通行證。海關人員像是餓了很久似地接過去狼吞虎嚥，他還沒消化完，一名滿頭大汗的中國胖子撞進敞開的大門。他向我們伸出雙手，笑容燦爛，用最大的音量機關槍似地吐出一長串印尼語。

我聽懂頭幾句，但他說得太快，我一會兒就跟丟了。我兩度試圖力挽狂瀾，插了幾句話（「我們是英國人，從倫敦來的。不好意思，我們不太會說印尼語。」），可惜沒有半點用途，於是我只能愣愣地看著他，讓他說完想說的。這個人穿著皺巴巴、鬆垮垮的卡其長褲和襯衫，說話時不斷拿著一條紅色點點手帕擦額頭。最讓我入迷的是他的前額，因為他剃掉約莫三吋寬的頭髮，使得額頭看起來更高了。我一心只想重建他原本的樣貌。若是不多加干涉，他那頭跟牙刷刷毛一般粗硬的黑髮，肯定會蓋到眉毛上。他終於閉上嘴巴，我連忙結束觀察。

「我們是英國人，從倫敦來的。不好意思，我們不太會說印尼語。」我吞吞吐吐地重複。海關人員檢查完一大疊文件，拿粉筆在我們的行李箱上畫下記號。雷山臉一亮，大聲嚷嚷「Losmen」。發覺我還沒回過神來，他採取英國人對付外國人的經典招數，把我當成聾子看待。

「Losmen！」他在我耳邊大吼。

這回我想起這個字眼的意義，我們一起扛著行李搭上停在外頭的小貨車（這確實是雷山的車）。進城的路上，我們被迫保持沉默，因為小貨車的引擎聲吵到根本無法交談。

這間losmen跟印尼各地的旅店沒有兩樣——幾個深色水泥方塊，前方添上陽台，每個方塊裡放了一片長方形板子，薄薄的床墊捲在一端，這就是給旅客睡的床鋪。我們卸下行李，回頭與雷山會合。

我們花了一個小時，加上字典助陣，這才搞清楚現下狀況。毛梅雷唯一的交通工具就是雷山的小貨車，而它的動力有限，只能開到東方二十哩外的拉蘭托洽村，跟我們要去的地方完全反方向。跑一趟可能就要修一個禮拜的車。這座島上的運輸系統運作鐵則便是如此，從沒有人想過要改善。雷山笑了笑，往我背上用力一拍。「別擔心車子的事。」我們三個沉著臉面面相覷。「別擔心。」雷山又說了一次。「我有更好的主意。弗洛勒斯的彩色湖。很有名。很漂亮。很近。別管蜥蜴了。拍湖就好。」

我們婉拒了他的提議。要去科莫多島只能走水路，毛梅雷港邊能不能找到小小的馬達船？雷山猛搖頭。哪來一艘小小的漁船？「說不定。」雷山說完，我們還來不及感謝他的善意與耐心，他已經開著抖個不停的小貨車去幫我們找船了。

他再次現身時接近深夜，衝下車，抹抹前額，笑著說一切順利。漁船都出海去了，不過算我們走運，有艘帆船還停在港邊，他帶船老大跟我們商討航海計畫。船老大看起來不太老實，穿著紗籠，頭戴黑色小帽。他把話全交給雷山說，點頭搖頭表示意見，視線幾乎沒離開過地板。

我們知道信風正從毛梅雷吹向科莫多島，提議等船老大送我們到目的地之後，還可以乘著風繼續往西航行，抵達松巴哇島，說不定能在那裡搭上另一班飛機。船老大點了頭。接下來就剩價碼了。我們沒什麼立場討價還價，雷山和船老大都很清楚我們執意要去科莫多島，而這艘船是唯一的救星。最後敲定了個天價，船老大喜孜孜地離開，說他明天能準備好。

我們要辦的事情可多了。得去拜訪毛梅雷的警局、和港邊的海關人員好好說明一番、取消回程機票。最後我們到雷山的店裡買旅程間的補給品。船老大收的酬勞幾乎把我們榨乾，不知道回爪哇還會遇上什麼財務危機，手邊必須留點救命錢，因此採購預算大受限制。我們買了少許奢侈品——幾罐醃牛肉和煉乳、一些水果乾、一大罐人造奶油、幾條巧克力——不過重點還是一大包米。雷山保證只要有白米，再加上船老大替我們抓的大量鮮魚，可以撐上好幾個禮拜。

接近傍晚時，我們帶著補給品來到碼頭，船老大不見蹤影，雷山向我們介紹兩名幫工，哈桑和哈米，看起來差不多十四歲。他們跟船老大一樣，一頭直髮，五官深邃。他們身穿格紋紗籠，幫我們搬行李上船時，拉起下襬，露出正紅色的短褲。

帆船比我們想像的還要小。二十五呎長，單桅，三角形的主帆架在竹竿上，小小的前帆串在下方。低矮的船艙依附在船桅後方，屋頂中央高，兩側低，最高處離甲板不到三呎，我們只能四肢著地爬進去。一張竹蓆蓋住木頭支架，掀開來就是艙底。我們把裝備一件件往下傳，放在壓艙的一堆珊瑚石上面，稍微墊高一些，才不致讓從艙底打進來的髒水弄濕裝備。船底惡臭難擋，變質的海水、可樂果、腐爛的醃魚混成一團，放好所有家當後，我們鬆了一口氣。

船老大過了好一會兒才現身，雷山站在碼頭上，還在擦他的額頭。我們連聲道謝，哈桑和哈米豎起船帆，船老大掌舵，我們出發了。

當晚一切順利，海風清新強勁，小船在海面上一陣一陣衝刺。查爾斯選擇在前甲板睡覺，沙布蘭和我跟著哈桑、哈米兩人躺上船艙裡的竹蓆。很難判斷哪邊比較舒服。查爾斯要冒著被驟雨打醒的風險，還可能遭到前帆桿子的迎頭痛擊（那根橫桿離他的臉只有一呎，風向一變就會掃過來）。不過呢，他能享受新鮮空氣，這點比擁擠的船艙好太多了。我們還得忍受從下方飄來的臭魚味。不過，沒有人抱怨，畢竟目標可說是近在眼前。

清醒時，從船身的移動可以判斷風速減弱了。隔著船艙開口，我看見南十字星座在無雲的夜空閃耀，吵醒我的聲響再次傳來，那是可怕的嘎嘎聲，船身隨之晃動起伏。我爬到甲板上，查爾斯已經醒來，望向船外。

「我們正壓過珊瑚礁。」他冷靜地宣告。

我對窩在舵旁的船老大叫嚷。他一動也不動。我迅速爬過去搖晃他的肩頭，他不滿地睜開眼睛。「哎，先生，別這樣。」

「你看！」我激動地指著船側，這時船身又震了一下。

船老大拍拍右耳，語氣委屈，「這隻耳朵不好。我聽不清楚。」

「我們在珊瑚礁上面！」我拚命大喊，「這樣也不好！」

船老大疲憊萬分地爬起來，叫醒哈桑和哈米。三人合力從船側抽出一根長長的竹竿，抵著珊瑚礁讓小船彈開。水深不過幾呎的海裡，明亮的月光把凹凸不平的珊瑚礁照得一清二楚。海面泛起一道道細緻的磷光，每當海浪將船身輕柔地帶向珊瑚礁上，那片綠色的幽光便混入水波中。

過了十分鐘，小船回到深水區，兩名少年躺回床艙裡，船老大縮在船舵旁繼續睡。這個偶發事件令查爾斯和我心頭煩亂不堪。在寧靜的海面上輕輕搖晃，或許眼下不需要擔心什麼，但之前看過的船隻觸礁案例總是以悲劇收場。我有些焦慮，對船老大的信心開始動搖。我睡不著，跟查爾斯坐在甲板上聊了一個多小時。地平線上隱約冒出一座大島的陰影，船帆在我們頭頂上悠閒地翻飛。船身隨著波濤起伏，一隻小壁虎在桅杆上突然吱吱叫了幾聲。我們終於再次陷入夢鄉。

等我們起床，晚間看到的那座島還在同一個位置，六個小時以來我們沒有移動半吋。接下來的一整天，小船靜止不動，在清澈的海面上緩緩旋轉。我們坐在甲板上抽菸，菸屁股直接丟進海裡，到了晚上，四周已經漂滿我們累積的菸屁股。我們恨恨瞪著眼前的島。哈桑和哈米睡了。船老大躺回船舵旁，枕著雙手，茫然望著天空，不時捏著嗓子尖叫幾聲。我猜是某種歌曲吧，但過了幾個小時後，我們越來越難以忍受他的歌聲。時間流逝，我們又在船上過了一夜，隔天早上那座島的位置絲毫不變，我們已經看膩了。只能巴望哪裡吹來一陣風，鼓動垂落的船帆。昨天的菸屁股仍舊在幾呎外漂浮，惹得人心頭火起。查爾斯和我坐在酷熱太陽下，把腳伸進微溫海水裡。沙布蘭忙著煮東西。船上的清水儲存在一個大陶甕裡，固定在艙房牆壁上。儘管甕口用一個小陶盤覆蓋，還是看得到大量孑孓在水面蠕動。我們躺在甲板上，烈日當空，陶甕被烤得難以觸碰，水溫也高得令人渾身不舒服。沙布蘭把水煮沸，丟幾片消毒藥進去，再放入砂糖和咖啡粉，解決了滋味和衛生的問題。幸好在高溫的環境下，我們渴到什麼都喝得下去。然而當他端出第四頓沒有配菜的白飯，我肚子裡的饞蟲開始抗議了。

我爬到船尾找船老大，他躺在甲板上，有一搭沒一搭的唱歌。

「朋友，我們很餓。你現在可以抓魚嗎？」

「不行。」

「為什麼？」

「沒有鉤子。沒有線。」

沙布蘭在船上煮飯。

我氣炸了。「可是雷山先生說你是漁夫！」

船老大勾起右側嘴角，露出猥瑣的笑容。

「不是。」

他的回應不只狠狠打擊了我們的菜色，也勾起我的疑心。既然他不是漁夫，他究竟是幹什麼的？我窮追猛打，卻無法從他口中套出更多資訊。

我回到原處，陪查爾斯吃掉滿滿一鍋的白米飯。

飯後，查爾斯和我進船艙，躲避幾乎要把人曬掉一層皮的陽光。我們裸著上身，躺在硬梆梆的竹蓆上，滿身黏膩汗水。半夢半醒間，我被遠處的噴水呼氣聲吵醒，往艙外探頭，看到一大群海豚聚集在三百碼外。跟足球場差不多大的海域，被牠們激起的水花染上點點白斑，彷彿與浪花融為一體。牠們從波濤間躍起，在半空中飛掠。幾隻比較沒勁的海豚只露出額頭，用氣孔換氣，發出響亮的噴氣聲，剛才我聽到的就是這陣聲響。牠們原是游向別處，被我們盯著看了一會兒後，大幅改變路線，游過來觀察毫無動靜的小船。不到幾秒鐘，船隻就被整群海豚包圍。我們掛在船邊，看牠們在藍綠色的半透明海水間愉快地躍起，繞著船頭打轉。牠們靠得很近，在水中撲騰，身體的每一處都被我們看得一清二楚——像在微笑般的嘴喙、前額的漆黑氣孔，還有充滿幽默感的眼眸，疑惑地回望我們。

他們在小船四周大約玩了兩分鐘，掀起水花，游向前方地平線上的島嶼。我們惋惜地目送牠們，再度被沉滯的汪洋包圍。天色漸漸暗下，船帆微微飄起，我注意到那堆菸屁股跑到後方。風速突然增強不少，當太陽逼近地平線，小船開始衝刺，海相也變得惡劣，大浪追著我們跑，每一波浪頭都把船尾高高抬起，讓船首斜桅深深插入水裡。等浪花捲過，船身又往後翻起，沾滿海水的前帆挺向半空中。當晚，我躺在船艙裡，沉重的船桅搖搖晃晃，拉扯主帆，怒吼聲活像個喝醉的喇叭手。如此甜美的聲響真是久違了。

隔天，風速依舊強勁。弗洛勒斯島的海岸宛如絲帶般平躺於地平線上。一群群飛魚飛過船頭，牠們乘著浪頭，在破浪之際衝破水面，展開藍色、黃色相間的胸鰭，高高飛起。牠們一次最多可以飛過二十碼，能夠敏捷地左右調整入水角度。每當一群魚飛過，海浪便被這些跳躍閃爍的美麗生物添上無比生機。

查爾斯在船上攝影。

我們總算回過神來，想到應該要錄下航行影片。查爾斯爬進艙底，組裝攝影機。船老大蹲在甲板上，靠著船舵昏昏欲睡，紗籠披在頭上遮陽，是個顯眼的目標。小船在浪花間挺進，海面浮沫在他背後起伏。

「朋友。」我問，「拍照？」

他猛然驚醒。

「不！」他激烈抗議。「不拍照！不答應！」

我對船老大真面目的疑心越來越重。我們第一次遇到對於拍照如此介意的印尼人。或許我們無意間冒犯到他了，但我完全沒有印象。趁查爾斯尋找其他拍攝對象時，我試著找船老大閒聊，想修復彼此間的裂痕。

「現在的風真不錯。」我裝作若無其事，望向在藍天下漲得飽滿的船帆。

船老大咕噥幾聲，瞇起眼睛，直盯著前方。

「這樣的風勢，我們有辦法抵達科莫多島嗎？」

「可能吧。」船老大應道。

他陷入沉默，吸吸鼻子，擠出尖銳的歌聲。我猜這代表對話結束，只好回頭找查爾斯。我們在海上度過第四個夜晚。我猜應該離科莫多島不遠了，隔天早上醒來時，以為會聽到目標就在眼前的好消息。我急切地四下張望，只看見南方地平線上弗洛勒斯島蜿蜒的輪廓。

船艙旁擱著一架獨木舟，船老大正躺在裡頭打盹。

「朋友。離科莫多島還有幾個小時？」

「不知道。」他口齒不太清晰。

「你去過科莫多島嗎？」我試著套出更具體的答案。

「Belum。」

我沒聽過這個字，爬進船艙翻出我的字典。

「Belum：還沒。」字典上如此寫道。我心頭浮現可怕的猜測。我爬出船艙，發現船老大又躺回原處。

我輕輕搖晃他。

「船老大，你知道科莫多島在哪裡嗎？」

他換了個更舒服的姿勢。

「不知道。先生知道。」

「先生不知道。」我拉高嗓音，說得堅決。

他雙腿一晃，坐了起來。

「哎呀！」

我回船艙裡，從我的行李中翻出地圖，叫查爾斯先別忙著錄船帆。我們有兩張地圖，大的那張涵蓋印尼全境，省略了不必要的細節——這是我跟船公司討來的，上頭的科莫多島只是個八分之一吋大的小點。另一張則是我從科學書籍抄畫下來的科莫多島細部圖，連周遭的小島都鉅細靡遺地畫進去，但只有畫到弗洛勒斯島的尖端。在科莫多島進入視線範圍前，這張地圖沒有多少用處。

我們把印尼地圖攤給船老大看。

「船老大，你想我們目前在哪裡？」

「不知道。」

「說不定他連地圖都看不懂。」查爾斯悄聲說。

我指向每一座島，一一念出它們的名稱。

「懂嗎？」我溫聲詢問。

船老大用力點頭，指著婆羅洲。

「科莫多島。」他毫不猶豫。

「錯了。」我一陣感傷，「很可惜，你錯了。」

小船乘著疲軟的海風前進。查爾斯和我接下導航的任務。至少我們可以用太陽的方向粗估方位，晚間就靠南十字星座。目前確定的是，我們稍微往南貼近了陸地一些。上一回我們船隻偏向近岸時，海岸線上有不少山嶺，山谷林木蓊鬱，平坦的海岸區域長滿椰子樹。但現在我們來到完全不同的區域。山嶺被圓潤的矮丘取代，上頭覆蓋著淺棕色的草皮，點綴零星的棕櫚樹，像是橄欖綠色的帽針般插在地上。我們決議假定這裡還是弗洛勒斯島，不太可能是其他地方。除非我們一夜之間漂過科莫多島，來到松巴哇島的北側，但這個可能性太低了。

到了中午，一團小島散落在小船前方。在北側的右前方，離我們最近的幾座小島只是珊瑚礁圍繞的小塊陸地，最遠的像是地平線上的小丘。南側的小島更加密集，看得到峭壁、尖銳的錐狀山丘、奇形怪狀的山峰，一個接著一個隱沒在薄霧中。難以判斷島與島之間的界線，也不知道眼前的內海究竟是狹窄海峽的開口，還是比較深的海灣。無論如何，我們必須好好判斷，因為海峽代表弗洛勒斯島的盡頭，往南就能順勢進入寬闊的海灣，那是科莫多島唯一的安全停泊處。

不用急著做決定，時間很寬裕——才剛進入這片海上迷宮，風速突然減弱，我們又被困在平靜無波的海面上。

這裡水很淺，隔著一圈圈漣漪，可以看見下方層層疊疊的珊瑚礁。我們戴上面罩和呼吸管，潛入水中。我和查爾斯都潛過水，進入比例尺、顏色、聲響、動作與陸地世界大相逕庭的體驗，對我們來說並不陌生。但完全沒料到珊瑚礁會是如此壯觀繽紛。我們在清澈的海水中漂浮，喪失形體和重量。下方的珊瑚成團生長，粉紅色、藍色、白色，有的是放射狀的尖刺，有的宛如稜角分明的石塊，有的是在巨岩上長出腦組織般的珊瑚礁。珊瑚叢間有幾片獨立生長的小珊瑚，看起來像是交疊的白色盤子。

紫色海扇在珊瑚礁上方伸展，隨處可見巨大的海葵，只在冰冷海域中潛過水的人，完全無法想像牠們能長到這麼大。五顏六色的觸手形成好幾呎長的絨毯，隨著強勁的海流搖擺，活像是被風吹過的玉米田。

亮眼的寶藍色海星在珊瑚間的白沙閃閃發亮，陰森森的大型蚌類幾乎全埋在沙中，殼微微敞開，露出翠綠的肥美外套膜。我拿了根棒子一戳，蚌殼無聲無息地合上，狠狠夾住木棒。蚌殼和海星之間還看得到幾隻長了粉紅色斑點的黑色海參。魚群在我們四面八方游動。

珊瑚礁周圍的魚群行動模式乍看雜亂無章，不過我們很快就摸出其中模式。裡頭最搶眼的小魚披著濃烈鮮亮的藍色鱗片，宛如發光體，牠們分散在珊瑚的縫隙間。翡翠色的鸚哥魚上下頜鑲著黃色條帶，只在粉紅色鹿角珊瑚間逗留，用小小的嘴巴啃咬牠們的主食：珊瑚蟲。外型纖細的綠色小魚總是二、三十隻成群結隊，各組在自己專屬的區域打轉，我們一靠近就散開，回過頭又能看到牠們游回自己的領域。我們還想找到在海葵觸手間活動的橘色雀鯛（damselfish），牠們奇蹟似地能自由來去，不會被觸手上的刺絲胞螫死，若是其他魚類膽敢靠近海葵鐵定完蛋了。

水面上起了風，我們被迫中斷搜尋。小船再次往東漂移，但我們不想就此捨下這片珊瑚礁，拿繩子套住船身，任由船隻拖著我們緩緩漂過珊瑚礁上方，每移動幾碼就能看到嶄新的魔幻色彩。過了一會兒，珊瑚往更深處蔓延，淺綠色海水驟然轉為深藍，海底消失在視線範圍外。我們依依不捨地爬上甲板。深水區域可是有鯊魚出沒。

我們趴在酷熱的甲板上，手繪地圖攤在面前，努力把馬賽克般的線條對上周遭數不盡的小島。船老大完全幫不上忙，他蹲在我們後頭，喃喃吐出喪氣話干擾討論。

最後，我們判定右舷的一座獨立小島就是地圖上方的一座島。說不定我們搞錯了，眼前的小島根本不在地圖範圍內，但它是眼下唯一的依靠，我們說好拿它當作定位點。終於來到兩座島嶼間的夾縫了，真希望這是通往海峽的入口，能帶我們前往科莫多島。我問船老大是否該選這條路，他雙手一攤，聳聳肩。「可能吧，先生。不知道。」

只能放手一搏了。

接下來的三小時是這段旅程中最驚險的時光。若是我把地圖看得更仔細、多動動腦袋，應當就能預期到會碰上什麼樣的命運。弗洛勒斯島、科莫多島、松巴哇島與其他島嶼構成綿延數百哩的島鏈，橫亙於弗洛勒斯海和印度洋之間，因此，在島鏈間的縫隙會產生極度強勁的海流。現在我們就要直直航向其中一個縫隙。

接近黃昏時分，船隻搖搖晃晃地往南前進，狂風陣陣，船帆鼓脹。看來今晚就能在科莫多灣下錨，我們心情很好。突然間，除了劈啪飛舞的船帆、不斷打向船頭的浪花，我們聽見持續不斷的駭人水聲。就在前方不遠處，我們看到海面被往南吹的狂風和往北的洋流拉扯，形成無數渦流和漩渦。船身狠狠撞上第一個漩渦，撼動了船上每一個角落，我們偏離原本的航道二十度。船老大衝上前，跳上船首桅杆，攀住索具，在洶湧的浪濤聲中大吼給掌舵的哈桑下指令。我們只能拚命抓住竹竿，分散在甲板各處不讓小船撞上暗礁。

船身晃得厲害，我們費盡全力，努力在左右傾斜的甲板上穩住腳步。我們不斷拿竹竿頂向礁石，強勁的水流幾乎要從我們手中捲走竹竿。我們逼出全身的力氣，直到一陣狂風把小船帶離漩渦的箝制，來到深水區。這裡的洋流依舊危機重重，但我們做什麼都沒用，這時才有空害怕、思考。強風推著我們前進，已經無法回頭了，除非將船帆收起，把命運交給海流決定——這與自殺無異。我們只能硬著頭皮走一步算一步。不到幾秒鐘，小船被下一個渦流吸住船頭，被動地前進又後退。

我們奮戰了一個小時，注意力全放在海面上。幸好這艘船的底夠淺，直接越過好幾處暗礁，可以從乳白色的泡沫判斷哪裡有接近海面的致命礁石，哈桑以高超的技術一一避開。風勢毫不衰退，我們祈禱能持續下去，若是少了這份助力，絕對無法抵禦猛烈的海流。

海水在船身左右翻攪，滿帆給了我們全速前進的錯覺，不過從海岸的相對位置來看，我們的進度慢得可憐。終於通過了海峽最狹窄的地方，前方的海面開闊，漩渦看起來少了些。但我們不敢冒險衝過海峽，天色暗了，我們沒辦法靠海面的泡泡浪花來避開觸礁危機。船老大決定緊貼海岸航行，小船緩緩繞過一個岬角，來到較方才激流平靜許多的海域。筋疲力盡地拄著竹竿，我心頭冒出能在今夜抵達科莫多灣的預感。前方是一個小小的岬角，海床微微傾斜。船隻航行到那處時，海流不再變動，船身停在原處，不進也不退。我們再次拿竹竿撐船，一次只能前進幾呎、幾吋。前方五十碼外的海面看來平穩寧靜，只要能繞過這個岬角，一切的煎熬就能劃下句點。我們苦苦撐了一個小時。

最後我們不得不放棄，身上不剩半絲氣力，任由海流凌駕風勢，小船緩緩倒退進入一個小海灣，左右盡是猙獰的峭壁，但至少脫離了海流牽引。我們丟下船錨，兩人負責守夜，拿竹竿嚴防船身觸礁，其餘的人躺在甲板上睡覺。沒人知道身旁這座島究竟是不是科莫多島。

第十八章　科莫多島

第一道曙光照亮海面，我伸展僵硬的四肢，從睡了三小時的甲板上爬起。負責守夜的查爾斯和哈桑困倦地靠著艙頂，握著竹竿準備迴避暗礁。海流已經緩了下來，小船不會被昨晚那樣的水勢帶向礁石。沙布蘭端上一壺加了鹽巴、用氯消毒過的熱咖啡。我們感激不盡地喝著咖啡，背後的太陽跳上地平線，暖和了大夥兒半裸的身軀。陽光照亮眼前的三座小島，像是一片屏風遮擋遠處一排矇曨的山脈。左方兩哩外的海岸線上聳立一座錐狀山峰，朝著三座小島延伸，在觸及它們之前被海水阻斷，留下狹窄的縫隙，我們猜那是通往印度洋的海峽。昨晚停靠的右側陸地就是科莫多島（希望是如此）。這是我們第一次在白天見到這座島，我往頭頂上陡峭的草坡望去，暗自期盼能看到科莫多龍長滿鱗片的腦袋從岩石後方探出。

海面上沒有一絲微風。我們所有人拿竹竿緩緩撐船離開這個海灣。海峽中央的海流仍舊強勁，少了風力推動，我們不敢貿然前往深水區，因此繼續以人力繞著海岸漂行。根據地圖，查爾斯和我確定那三座小島遮住了科莫多灣的入口。離小島還有一哩遠，海水變淺，船底刮過海底，必須要等到漲潮才能前進。

要呆坐三小時等漲潮令人受不了。我和沙布蘭爬上小獨木舟，留下查爾斯與船老大和船員。我們打算划過去確認小島後方是否就是海灣。

我們盡量緊貼海岸，船底下的珊瑚生得旺盛，只差幾吋就會撞上。有幾團堅硬粗糙的腦珊瑚甚至離水面不到一吋。要是撞上了，這艘小小的獨木舟肯定會翻船，我們就會半裸著身子跌進尖銳的鹿角珊瑚叢中。不過沙布蘭擅長划船，眼前的危機逃不過他的雙眼，船槳一揮就回到安全地帶。一路上，十二吋長的細長魚兒三兩成群在船頭前跳起，大半魚身突出海面四十五度，僅尾巴在水中迅速振動，滑行幾碼才沉入水中。

獨木舟來到那三座小島前，我們鑽過右邊那座與陸地間的空隙，迎向美麗寬闊的海灣。光禿禿的山地緊鄰海岸，陡峭枯槁，沒有半點綠意。對側海岸是一抹雪白的新月，擁抱海灣裡藍紫色的海水，看來是沙灘。沙灘後頭的山丘腳下有一片深綠色，我們猜是棕櫚樹叢，說不定附近有人居住。我們連忙划過深水區橫越海灣，很快就看見沙灘上擺了幾艘獨木舟，幾棟灰色茅草屋躲在棕櫚樹間。終於驗證我們過去幾天領航無誤。此處肯定是科莫多島，因為這一帶僅科莫多島上有人居住。

幾個赤裸的孩童站在沙灘上看我們把獨木舟扛上岸。我們踏過布滿珊瑚砂和貝殼的沙灘，走向沙灘和後頭陡坡間搭著茅草屋頂的一排小木屋。這些屋子以木樁架高，其中一棟屋子前蹲了個老婦人，她拱著背，從籃子裡取出貝殼碎片，仔細排在一大塊棕色棉布上，讓熾熱的太陽把它們烤乾。

「早安。」我向她打招呼。「長老的房子在哪裡？」

她從布滿皺紋的臉頰上撥開長長灰髮，抬起視線，似乎一點都不意外村落裡突然出現兩個陌生人，指著整排木屋的另一端，那裡有一棟比左鄰右舍稍大些、沒那麼破爛的房子。我們赤腳踏著熱呼呼的沙子，放眼望去全是小孩和幾名年長婦女。長老站在自家門口等待我們，他年事已高，披著乾淨俐落的紗籠，身穿白色襯衫，黑色小帽規規矩矩地蓋住額頭。他露出沒剩半顆牙的燦爛笑容，跟我們握手，邀請我們進屋。

進了門才知道村裡為何看似荒涼——五碼見方的屋子裡擠滿男性，他們蹲在藤蓆上頭，除了蓆子外，唯一的家具是大型的雕花衣櫃，門上鑲著鏡子。三面牆用木板搭建，正對著門的那面牆則是整片棕櫚葉編成的屏風。屏風一側掛著髒兮兮的布簾，遮住通往小屋後半區的門（後來我才知道後頭是廚房）。四名年輕女性從簾後往外窺看，眼睛瞪得大大的。長老打手勢要我們坐在房間中央的狹小空地，簾子拉開，其中一名女子艱辛地擠過滿屋的男性身旁，她得要彎著腰，頭壓得比男性還低，象徵對於他們的敬重。她端著一大盤煎椰糕，放在我們面前。另一名女子接著送上咖啡。長老面對我們盤腿坐下，跟我們一起吃喝。在雙方說完長長的問候台詞後，我盡可能解釋我們的身分和來此的目的，當我想不出該用什麼馬來語詞句時，就向旁邊的沙布蘭求助。對於我的說詞基本上他心裡都有底了，總能即時救援。但有時我們還是得私下磋商比手畫腳，以瘸腳的發音快速討論尋找正確用詞；有時候我無需他提點就自動說出沒用過的新詞，沙布蘭會眼睛一亮，用英語小聲說：「很好。」

長老點頭微笑，靜靜聽我說明。我把香菸遞給眾人，過了半個小時，我覺得可以切入正題了，對長老說我們的船擱淺在幾哩外。

「先生。」我說，「是不是可以請人去找我們的船，帶它穿過暗礁？」

長老點頭表示同意。「哈林，我兒子，讓他去。」

不過呢，顯然他不認為這是十萬火急的大事，又讓女眷端來咖啡。

長老話鋒一轉。

「我生病。」他伸出腫得厲害的左手，上頭糊著白泥。「我塗泥巴治病，可是沒有好。」

「船上有很多、很多好藥。」我希望能把話題帶回眼下的難題。他點點頭，說想看看我的表。我解開表帶，遞給他，他仔細端詳，傳給房裡的村民，他們讚嘆地看著手錶，湊到耳邊細聽。

「很好。」長老說，「我喜歡。」

「先生，這不能給你。表是我父親給我的禮物。不過呢——」我特別補上，「——船上放了禮物。」

又送上一大份椰糕。

「你拍照？」長老問道。「有一次，法國人來。他拍照。我很喜歡。」

「是的，船上有相機。等它過來，我們就拍照。」

長老終於判定會議時間達到標準，眾人走出小屋，來到沙灘上。他指著沙地上的一艘螃蟹船（設有舷外浮桿的獨木舟）。

「我兒子的船。」說完這句，長老轉身離開。

哈林跑去換下開會用的上好紗籠，穿著更輕便耐髒的服裝前來會合。距離我們上岸已經過了兩個小時，總算能幫他把船推進海裡。另外五、六名男子跟來幫忙，我們架起竹竿船桅，掛上長方形編織船帆，乘著強風，高速漂過白浪滾滾的海面，航向我們的小船。

回到船邊時，我們發現查爾斯可沒閒下來，忙著拍攝眼前島嶼的風景，相機和鏡頭隨意放在前方甲板上。科莫多島的居民爬上船，歡喜地抓住攝影裝備。我們匆忙解釋這不是禮物，以最快的速度打包好行李，拎起所有的家當。被阻撓的村民移動到船尾。等我們回過頭時，他們已經跟船老大和哈桑聊了起來。哈林抱著我們寶貴的人造奶油罐

回到我們的小船上。

子，上次打開時裡頭還剩四分之三呢。

他用手指刮起罐底的最後一團奶油，抹在長長的黑髮上。我環顧四周，發現其他人不是忙著按摩頭皮，就是舔著手指。罐子已經空空如也。我們失去了烹飪用油，連炒飯都做不成了。

我氣得差點大罵，但發洩怒氣沒什麼用，已經來不及了。

這時哈林開了口。

「先生。」他油膩的手指在頭上搓來搓去。「你有梳子嗎？」

當晚，小船安穩地停靠在海灣裡，我們坐在長老家中仔細討論計畫。長老稱呼這種大蜥蜴為buaja darat——陸上鱷魚。他說島上有很多，多到牠們不時會遊蕩到村裡挖廚餘。我問村裡有沒有人獵過蜥蜴，他用力搖頭。Buaja不像野豬那麼好吃，而且島上的野豬也夠他們吃了，村民幹嘛對蜥蜴下手？更何況，牠們非常危險。幾個月前，有個人穿過樹林，不小心踩到趴在白茅間的buaja。那頭怪獸用強壯的尾巴把村民打倒在地，讓他雙腳麻痺，無法逃跑，接著撕咬他的皮肉。那人的傷勢太重，雖然同伴前來搭救，但很快就嚥氣了。

我們問長老要如何引誘蜥蜴，好讓我們拍照。他毫不猶豫地說牠們嗅覺敏銳，大老遠外就能聞到腐肉的氣味。今晚他會殺兩頭羊，明天讓他兒子帶到海灣另一邊，那裡多的是buaja。一切都會很順利。

當晚天氣晴朗，南十字星座在科莫多島的剪影上空閃耀。我們的小船隨著海灣內平穩的水流輕輕搖晃，剛才吃了一頓睽違六天沒有米飯的晚餐——沙布蘭從村裡弄來兩打小雞蛋，幫我們做了一大份煎蛋捲，我們配著清涼的泡沫椰奶大口吞下。查爾斯和我躺在前甲板上，雙手枕在腦後，仰望陌生的星座劃過天際。好幾顆碩大的流星拖著明亮的尾巴，橫越我們頭頂上的漆黑天幕。穩定的鑼響從村子飄來，在幽暗的海面上浮動。我的心思一次又一次地飄向明天早上的重頭戲，興奮得差點睡不著。

我們在破曉時分清醒，把所有的設備用獨木舟運到岸上。原本希望可以早早動身，但哈林花了將近兩個小時準備，又找來三名男丁幫我們扛東西。等到一切就緒，我們幫他把十五呎長的螃蟹船（設有舷外浮桿的獨木舟）從沙灘推進海裡，除了攝影機、腳架、錄音器材，我們還帶上兩頭串在竹竿上的死羊。

太陽已經升到海灣對面的棕色山嶺頂上，海水在竹子浮桿四周打出白色泡沫。哈林坐在船尾握住繫在長方形船帆角落的繩子，配合風向變動調整。不久，我們來到陡峭的岩壁下方，頂上停了一隻神情戒備、漂亮的白腹海鵰，陽光照得牠背部的紅褐色羽毛熠熠生輝。

獨木舟停靠在峽谷出海口，谷地兩側灌木叢生，再往上的山頭只看得到草皮。哈林帶我們挺進內陸，在荊棘叢間砍出一條路。在一個小時的路程中，不時經過開闊的莽原，只長了幾棵頭重腳輕的扇櫚，五十呎高的細瘦樹幹沒有分支，只在樹頂炸開一大叢羽毛狀的葉子。

死木隨處可見，沒有樹皮的蒼白枝幹被烈日烤乾。除了唧唧鳴叫的蟲子、看到我們就尖叫著四散逃竄的葵花鳳頭鸚鵡，此地沒有半點生機。我們橫越一片泥濘的潮間瀉湖，再穿過一片樹林就是山谷的盡頭了。熱氣令人喘不過氣，低矮的雲層籠罩在我們頭上，彷彿是要阻撓高溫離開被烤焦的土地。

終於來到滿是碎石子的乾涸河床，像馬路一樣平坦。其中一側河岸高達十五呎，掛滿糾結的樹根和藤蔓，高大的樹木下彎與對岸的樹枝葉交織，構成寬敞的綠色隧道，沿著河床延展，看不到盡頭。

哈林停在這裡，放下扛在肩上的裝備。「這裡。」他說。

我們的第一個任務是製造出吸引蜥蜴的氣味。高溫下，山羊屍體已經微微腐敗，外皮像是鼓面一般膨脹繃緊。沙布蘭劃開兩具屍體的腹部，惡臭咻咻噴出。接著，他剝下少許羊皮，放在火堆上烘烤。哈林爬上一棵棕櫚樹，砍下幾片葉子，讓查爾斯搭建棚子。沙布蘭跟我把屍體扛到十五碼外的河床上，退到棕櫚葉搭成的屏障後頭，痴痴等待。

沒過多久，下雨了。水滴輕輕敲打我們頭頂上的葉子，哈林搖搖頭。

「不好。Buaja不喜歡雨。牠留在房裡。」

我們的衣服越來越濕，雨水沿著我的背脊滑下，我隱約感受到buaja比我們還要敏感許多。查爾斯把裝備封在防水袋裡，山羊的腐臭味瀰漫在我們周遭。雨一會兒就停了，我們離開滲水的棚子，坐在岸邊沙地上等衣服乾。哈林一臉陰鬱，強調沒有buaja會離開巢穴，除非豔陽高照，微風把羊肉的臭味吹向四方。我可憐兮兮地躺在河床上，閉上眼睛。

再次睜開眼睛時，我驚覺自己睡著了，往四周張望，發現不只是查爾斯，沙布蘭、哈林、三名幫手全都枕著其他人的大腿或我們的裝備箱睡得香甜。要是蜥蜴不顧雨水，跑出來吃掉我們的誘餌，那也是我們活該。但是山羊屍體完好如初。我看看手錶。下午三點了。儘管雨停了，雲層仍舊不見散開的跡象，看來蜥蜴今天不太可能會跑出來上鉤。我們的時間不多，至少可以做個陷阱放在這裡一夜，於是我把大夥兒搖醒。

過去幾個禮拜以來，查爾斯和我找了沙布蘭討論過好幾次，究竟要用哪種陷阱才能抓到我們的龍。最後我們決定採用沙布蘭在婆羅洲抓豹的陷阱。它最大的優點是除了堅固的繩子，其餘材料都能在森林裡就地採集。

陷阱的主體是一個大約十呎長的長方形籠子，這部分不難。哈林跟其他壯丁從岸上幫我們砍了幾根堅硬的樹枝，查爾斯和我從裡頭挑出四根最粗壯的插在河床上，拿大石

等待科莫多龍。

頭敲進沙土間，構成籠子的四個角落。沙布蘭爬上高高的扇櫚，砍下幾片扇狀大葉子，從莖部把葉子撕碎用石頭搗爛，讓它們變得柔軟，再把纖維撚成幾條堅韌的繩索交給我們。靠著這些材料，我們在四根柱子間搭起與地面平行的籠身，在必要的地方綁上直立的柱子補強。過了半小時，我們蓋出了有一個開口的狹長籠子。

接下來是陷阱的活門。我們用沙布蘭做的繩子綁住幾根粗樹枝。垂直的樹枝末端削尖，當門板落下時就會刺入地面，下緣的水平樹枝比較短，能夠卡進籠子的角柱內側，這樣就不會被科莫多龍往外推開了——前提是真的抓得到。我們拿藤蔓把籠門下方繫在大石頭上，門一關就很難推開。

最後的關卡是設計觸發機關。我們先把一根長竿從籠子頂上插入，戳進靠近底部的地面，又在門的兩側插下同樣的木棍，上方交叉固定。我們拿繩子在門上打結，拉起活門，繩子另一端繞過交叉的木棍，拉向陷阱尾端垂直插入的竿子，但沒有直接綁上。我們撿了一截

抓龍陷阱。

六吋長的樹枝，用它來固定連接活門的繩子，再把樹枝垂直放在竿子旁邊，以兩段藤蔓一上一下地將兩者捆綁在一塊。

活門的重量將繩索拉緊，使得樹枝不會與竿子分開。我們又拿一小截繩子繫住下方的藤蔓，另一端穿過陷阱頂部，固定在陷阱裡的羊肉上。

我拿一根樹枝測試，隔著籠子側邊戳弄誘餌，扯動連接羊肉的繩子，把小樹枝上的藤蔓往下扯，讓它鬆脫，另一端的活門重重落地。我們的陷阱成功了。

最後還有兩件小事。首先得要在陷阱四周堆起石塊，否則籠子裡的科莫多龍可能會把鼻子塞到最下方的橫桿底部，把整個陷阱掀翻。再拿棕櫚葉覆蓋陷阱的底端，得要從敞開的那側才看得到誘餌。

我們三人將剩餘的山羊屍體拖到樹下，拋繩子勾住樹枝，把它們吊在半空中，防止科莫多龍半夜把它們吃了，同時氣味又能往四周擴散，吸引獵物上鉤。

我們收好器材，在細雨中走回海岸邊。

當晚，長老在他的住處招待我們。大家蹲坐在地上喝咖啡、抽菸。他陷入沉思。

「女人，在英國多少錢？」他問。

我不知該如何拿捏回應。

「我老婆。」他哀嘆似地補上一句，「花了我兩百盾。」

「哎呀！在英國，有時候女方的父親要給女婿不少錢呢！」

長老嚇得不輕，故意板起臉說道：「別告訴科莫多的男人。不然他們都會跳上獨木舟，直接划去英國。」

他嗤笑幾聲。

話題轉向我們的小船，特別是船老大。我們說起來這座島的途中遇上多少折騰。

「那個船老大。他不好。他不是這邊島上的人。」

「那他是哪裡人？」我問。

「蘇拉威西。他從新加坡帶槍過來，賣給錫江的叛賊。政府的人發現了，所以船老大航行到弗洛勒斯，不敢回去。」

難怪船老大不會釣魚，難怪他不清楚科莫多島的位置，難怪他不讓我們拍照。

長老想了想，又說：「他跟我說，或許這個村子的人可以跟你們一起離開。」

「沒問題，我們非常樂意。他們想去松巴哇嗎？」

「沒有。」長老答得隨興。「只是船老大說你們有很多錢、很多寶貝。他說，如果有人幫他，說不定他可以從你們手上弄到那些錢。」

我緊張地笑了幾聲。「他們要來嗎？」

他的視線沉穩。「不會吧。捕魚就夠我們忙了。而且他們不想離開家人。」

第十九章 科莫多龍

隔天我們早早出發，橫越海灣，天上沒有半片雲。哈林坐在螃蟹船船尾，笑著指向炫目的太陽。

「很好。太陽很大。羊的味道很重。很多buaja。」

我們停好船，以最快的速度穿過樹林。我一刻也無法等待，想盡快回到陷阱旁，說不定昨晚已經有了收穫。我們披荊斬棘，踏入一片莽原。帶頭的哈林突然停下腳步。「Buaja！」他興奮大叫，我連忙趕上，只看到五十碼外的莽原盡頭有個黑影竄入荊棘叢。我們急奔過去，這隻蜥蜴消失得無影無蹤，但留下了行跡。昨天的驟雨在莽原上積起好幾個大水窪，又被清早的陽光烘乾，僅剩平滑的泥地，我們瞥見的科莫多龍踏過其中一處，留下完美足跡。

牠的腳掌陷入泥巴裡，爪子刮出深深的印痕，一道淺淺的擦痕在腳印間左右飄移，顯示牠是拖著尾巴前進。根據其步幅和腳印深度，這頭龍體型不小，身軀沉重。儘管我們對於這種野獸不過匆匆一瞥，這場邂逅仍舊令我們興奮不已。終於親眼看到這個魂牽夢縈好幾個月的獨特動物了。

我們沒在腳印旁逗留，繼續趕往密林彼端的陷阱。來到一棵高大的枯樹旁，我認得此處離河床不遠，很想拔腿狂奔，但又隨即克制衝動，告訴自己在陷阱附近吵鬧可謂是愚蠢到家，說不定某隻科莫多龍正在誘餌旁徘徊呢。我打手勢要哈林和幫手等等，查爾斯抓起攝影機，沙布蘭和我悄悄穿過樹叢，每一步都無比留意，生怕踩斷樹枝。某隻鳳頭鸚鵡的尖叫聲壓過蟲鳴，遠處傳來短促粗野的鳥叫聲，像是在與牠對答。

「Ajam utan。」沙布蘭悄聲說，「公野雞。」

我撥開垂落的枝枒，望向空曠的河床。陷阱就在幾碼外，比我們的位置略低，活門依舊開著，一股失望湧上心頭，我東張西望，沒看到龍的半點蹤跡。我們小心翼翼地往下移動到河床上檢查陷阱。說不定觸發的機關失效，白白損失了誘餌，不過那塊羊肉還掛在籠裡，爬滿黑色蒼蠅。陷阱四周的沙地平滑如新，只有我們的腳印。

沙布蘭回頭和幫手取來我們的錄音錄影器材。查爾斯修補我們昨天豎立的棚子，我沿著河床走到我們懸掛山羊屍體的樹下。太好了，周圍的沙子被踩的一團亂，肯定有什麼動物被誘餌引過來。這很合理，大量腐肉散發出的臭味遠遠超越陷阱裡的少許肉塊。屍體被漂亮的橘黃色蝴蝶包覆，牠們大快朵頤，搧動翅膀。我感傷地想著自然史往往會顛覆我們對大自然的美好想像。熱帶雨林中最耀眼美麗的蝴蝶追逐採食的不是華麗的花朵，而是腐屍或糞便。

我解開繩子，放下屍體，蝴蝶宛如彩雲般飛散，混雜其中的黑色蒼蠅在我腦袋周圍盤旋。臭味濃到我差點無法忍受。整頭死羊肯定比陷阱裡的誘餌還具吸引力，既然我們的首要目的是拍攝大蜥蜴，那我乾脆把屍體拖到河床上，讓待命的查爾斯捕捉最佳鏡頭。我把一根木樁深深插入地面，將死羊綁在上頭，以防被科莫多龍拖進樹叢裡。想大吃一頓的蜥蜴就會自己送上門來。布置完成後，我、查爾斯和沙布蘭會合，躲在屏障後頭等待。

烈日當空，灼灼陽光刺透頭頂上的枝葉縫隙，往河床沙地投下光點。儘管有樹林遮蔭，我們還是熱到汗水傾瀉而下。查爾斯在額頭上綁了一條大手帕，吸掉滴向攝影機觀景器的汗珠。哈林和其他幾人坐在我們背後閒聊。其中一人拿火柴點菸，另一人移動屁股壓斷樹枝，在我聽來那聲音響亮如同槍聲。我憤然轉頭，豎起手指要他們安靜，他們一臉訝異，不過還是乖乖聽話。我的注意力回到河床上，幾乎就在同時，他們又聊了起來，我轉頭急促地小聲告誡，「聲音不好。回去船上。我們忙完就回去找你們。」

他們看起來有點受傷——或許是因為他們知道科莫多龍的聽力極差（當時我還不知道）。無論如何，那些雜音讓我無法專心，當他們離開此地，鑽進樹叢時，我鬆了一口氣。

現在安靜不少，一隻公野雞在遠處啼叫，一隻果鳩像是子彈般數度竄過河床上空的綠色隧道，牠的身體上紫下綠，翅膀往後收，只發出咻咻破空聲。我們幾乎不敢移動，攝影機蓄勢待發，備用膠捲堆在旁邊，擺放各種鏡頭的盒子開著。

盤腿坐了十五分鐘後，我渾身痠痛，悄悄改用雙手支撐重量，解開雙腿。身旁的查爾斯蹲在攝影機旁，長長的鏡頭穿過棕櫚葉形成的簾幕。沙布蘭蹲在他另一側。即便隔了十五碼，我們還是只聞到誘餌的惡臭。

我們靜靜待機了超過半小時，後頭突然傳來窸窣騷動。氣死我了，肯定是那些村民。我緩緩轉身，要他們耐心一點回船上等，查爾斯和沙布蘭繼續盯著誘餌。快要轉到正後方時，我發現聲響不是來自村民。

在我面前，不到四碼處，趴著一頭科莫多龍。

牠的身軀相當龐大，我推測從狹長的頭部到長長的尾巴尖約有十呎長。牠離我們非常近，每一個亮晶晶的鱗片都被我看得一清二楚。牠像是套著大一號的衣服似的，粗糙的黑色外皮在其側腹積起好幾道皺摺，粗壯的脖子周圍也堆了好幾圈皮。四條腿微微彎曲，把牠沉重的身軀撐離地面，腦袋威嚇似地高高揚起。駭人的嘴巴往上勾起，構成猙獰的諷笑，黃色混雜粉紅色、尖端開岔的舌頭在微微敞開的上下顎間吞吞吐吐。我們跟牠之間沒有任何屏障，只有幾棵樹苗和滿地落葉。我戳戳查爾斯，他轉過頭，看到那頭龍，伸手戳戳沙布蘭。我們三個就坐在地上，跟眼前的怪物面面相覷。

我腦中閃過的念頭是——至少牠的位置沒辦法施展最致命的武器：尾巴。此外，沙布蘭和我身旁都有大樹，我相信在必要時刻，我可以迅速爬上去。不過，被我們夾在中間的查爾斯恐怕沒這麼好運。

除了不斷吞吐的長舌頭，這頭龍一動也不動，宛如銅像。

我們凍結了將近一分鐘，查爾斯輕輕笑出聲來。

「跟你們說，」他戒備地盯著科莫多龍，悄聲道，「說不定牠已經在後頭默默盯著我們看了十分鐘啦，就像是我們盯著誘餌看一樣。」

科莫多龍沉聲呼了口氣，緩緩放鬆四條腿，往兩旁攤開，腹部貼上地面。

「牠看起來很溫馴。」我輕聲回應，「乾脆直接拍牠算了？」

「不行。現在裝著遠攝鏡頭，在這個距離，我只能拍到牠的右邊鼻孔。」

「那就冒險換鏡頭吧。」

查爾斯很慢、很慢地探向身旁的設備盒，抽出短短的廣角鏡頭，攝影機鏡頭轉過來，仔細對焦在科莫多龍的腦袋上，按下開始鍵。攝影機轉動底片的輕細運轉聲震耳欲聾。那頭龍絲毫不受我們影響，只是睜著黑眼珠，以高高在上的眼神凝視我們。牠似乎很清楚自己是科莫多島上最強勢的生物，身為這座島

最大的科莫多龍。

的王者，牠無所畏懼。一隻黃色蝴蝶越過我們頭頂，停在牠的鼻尖，牠毫無反應。查爾斯再次按下錄影鍵，錄下那隻蝴蝶飛起、盤旋、再次落在科莫多龍鼻上的橋段。

「感覺有點蠢。」我稍稍提高音量。「這傢伙不知道我們大費周章搭了這個棚子嗎？」

沙布蘭輕笑。

「這樣很好，先生。」

誘餌的臭味乘風飄來，我驚覺我們就擋在科莫多龍和腐肉的正中間，而牠肯定是為了飽餐一頓而來。

這時，一陣聲響從河床的方向傳來。我轉過頭，看到一頭年紀比較小的龍踏過沙地，湊向誘餌。牠只有三呎長，色澤也比我們面前的怪物淺了些。牠的尾巴上有幾個深色圓環，前腿和肩膀長著暗橘色小點。牠以爬蟲類常見的步伐輕快行走，脊椎和臀部左右扭動，以長長的黃色舌頭品嘗誘餌的氣味。

查爾斯拉拉我的袖子，默默指著左側的河床。另一條大蜥蜴朝誘餌逼近，牠看起來比我們背後那條還要巨大。我們被這些美妙的生物包圍了。

後頭的科莫多龍再次吐氣，喚回我們的關注。牠彎起四條腿，撐起身體，往前走了幾步，轉彎，緩緩繞過我們。我們目送牠，看牠爬下河岸。查爾斯舉著攝影機追了一段，最後回到原本的待命位置。

彌漫在空氣中的壓力消散，我們悶聲笑了起來。

三條蜥蜴在我們面前享用大餐，狠狠撕扯羊肉。最大的那條咬住羊腿，牠的身軀使得山羊在其面前根本不成比例，我差點忘記那是一頭成年的羊。牠踩穩腳步，以全身力量往後退，撕下那條羊腿。若不是誘餌牢牢綁在木樁上，我相信牠能把整具屍體拖回樹林裡。查爾斯瘋狂錄影，很快就耗盡手邊底片。

「要不要拍幾張照片？」他輕聲詢問。

這是我的差事，可是我的相機沒有那些厲害的鏡頭，得靠得夠近才能拍到好照片，同時要冒著驚動牠們的風險。換個角度來看，只要山羊屍體還放在河床上，牠們不可能會受到陷阱裡的誘餌吸引，假如真想抓到科莫多龍，我們應當要想辦法回收屍體，重新掛回樹上。靠著拍照嚇跑牠們似乎是個妙招。

我緩緩起身，踏出躲藏處，小心翼翼地上前兩步，拍下一張照片。牠們繼續用餐，連視線都沒有飄過來。我又走了一步，再拍一張照，不久就用光了整捲底片，站在開闊的河床中間不知所措，離三頭怪獸不到兩碼遠。我沒別的事情可以做，只能退回基地換膠捲。雖然科莫多龍吃得專注，我可不敢背對牠們，慢慢倒退回去。

換上新的彈藥，我膽子大了些，移動到牠們身旁六呎處，才開始拍照。我一點一點靠近，直到腳碰到山羊屍體的前腳。我從口袋裡掏出備用的人像鏡頭。最大的蜥蜴在三呎外，從山羊的胸腔裡抽出腦袋，嘴裡還叼著一小塊肉。牠抬起頭，上下顎抽搐似地開合數次，吞下羊肉。牠維持同一個姿勢，直視鏡頭數秒，我跪下來拍攝牠的正臉。接著牠再次垂頭，又撕下一大口肉。

我回頭找查爾斯和沙布蘭討論對策，顯然接近牠們無法將其嚇走。我們決定製造一些噪音，站起來大吼大叫。那三頭龍完全無視我們的存在。最後還是我們一起衝上前，才打斷牠們進食。兩條大的轉身爬上河岸，鑽進樹林裡。最小的那條則是直接沿著河床逃竄，我以最快的速度追在牠後頭，想一把抓住牠。但牠跑得比我快，從一片斜坡一溜煙跑上岸，消失在草叢中。

我氣喘吁吁地回頭幫查爾斯和沙布蘭把屍體掛到離陷阱二十碼處的樹上，回到基地等待。我怕把蜥蜴嚇走後，就不會回來了，幸好是我多慮。不到十分鐘，其中一頭大型科莫多龍從對岸探頭，腦袋自灌木叢間伸出，定格不動。過了幾分鐘，牠動了起來，爬下河岸，在方才擺放山羊屍體的沙地上嗅了一圈，伸長舌頭收集空氣中的餘味。牠似乎陷入困惑，左顧右盼，抬起頭尋找離奇失蹤的大餐，沿河床踱步，可惜牠直接略過陷阱，走向掛

啃咬誘餌的科莫多龍。

在樹上的誘餌，我們這才發現山羊屍體吊得不夠高，這頭龐大的爬蟲類挺起上半身，以粗壯的尾巴充當支柱，前腳一揮，抓下一團山羊內臟，立刻吞進肚裡。一段長長的腸子從嘴角垂落，令牠極度不快，花了幾分鐘試圖用爪子將之勾下，卻遲遲無法成功。

牠在河床上憤怒甩頭，轉身走向陷阱，來到一塊大石頭旁，在上頭用力抹臉，終於擦掉那截惱人的腸子。現在牠離陷阱很近了，誘餌的氣味飄進牠的鼻孔，牠離開原本的路徑，準確地找到臭味的來源，直擊陷阱底端，不耐地揮舞前腳，扯掉我們蓋在上頭的棕櫚葉，露出木頭柵欄。牠硬是把吻部塞進兩根木棍間，抬起強韌的脖子。幸好固定陷阱的藤蔓夠牢固。牠吃了個虧，終於繞到陷阱的開口，往裡頭探看的謹慎模樣令我們好生著急。牠往前走了三步，我們只看得到牠的後腿和長尾巴。就這樣牠停了許久，一動也不動。終於，牠繼續前進，完全消失在我們的視線範圍中。突然間啪嚓一聲，固定機關的繩子彈開，活門重重落下，削尖的

落網的科莫多龍。

末端插入沙地。

我們欣喜若狂地衝上前去，抓起大石頭擋住活門。那頭龍高傲地望著我們，分岔的舌頭從籠子縫隙間伸出。我們幾乎無法相信總算達成了四個月來的夙願，費盡千辛萬苦，終於成功逮到全世界最大的蜥蜴。我們坐在沙地上盯著戰利品，邊喘邊笑。查爾斯和我自然是得意洋洋，但才認識短短兩個月的沙布蘭和我們一樣興奮，我相信不只是因為抓到科莫多龍，也因為看到我們歡天喜地的模樣。

他一手環上我肩頭，露出一口白牙。「先生，這樣真的很好。」

第二十章　後記

接下來的行程沒什麼好說的，我們已經達成此行的目的，接下來只要與官僚體系展開無法避免的搏鬥，想辦法把我們自己、影片、攝影機、動物送離印尼。這場冗長艱困的戰役並非全程充滿火藥味，經常是我們與相關單位的職員聯手對抗重重法規限制，若是一個不小心，就會輸得一無所有。

還記得松巴哇港的某位警官。離開科莫多島後，我們乘船來到該處，被困了好幾天，原因是飛機在峇里島故障脫班。鎮上旅店沒有半張空床，我們只能睡在機場地上。

當然了，我們先去了當地警局打了聲招呼，一名熱情洋溢的警官檢查我們的護照。他從查爾斯的護照開始，念出印在內頁的請求聲明，「英國女王陛下的外交大臣茲請……」讀完這段文字，他按部就班地查閱每一個簽證和加簽頁面，在皺巴巴的筆記紙上用鉛筆做紀錄，最後來到查爾斯兌換外幣的紀錄。儘管這套程序花了不少時間，反正我們有四天空檔，一點都不急。警官送上咖啡，我們給他幾根菸。他終於闔上護照，還給查爾斯，說：「你們是美國人？」

在松巴哇的第二天，閒晃經過警局門口時，抱著刺槍的守門員警衝出來叫住我們。昨天的警官想再見我們一面。

「先生。不好意思。」他說，「我沒仔細看你們有沒有入境印尼的簽證。」

第三天，警官來機場找我們。

「早安！」他愉快地打招呼。「抱歉，我要再看看你們的護照。」

「希望我們沒有惹上麻煩。」我說。

「沒事、沒事，先生，只是我還不知道你們的名字。」

第四天，他沒再露面，我猜他終於完成建檔。

不過呢，與其他部會交涉的成果可沒有如此完美，我們運送出口科莫多龍的申請遭到拒絕。這是出乎意料的重大打擊，但我們獲准帶其他動物回倫敦——紅毛猩猩查理、小馬來熊班傑明、蟒蛇、麝香貓、鸚鵡、其他鳥類及爬蟲類。

其實我並非真心感到遺憾。我相信科莫多龍能在倫敦動物園的爬蟲館大溫室裡健康快樂地過活，但如此一來，牠就再也無法對任何人展現出在科莫多島上自家叢林裡的氣魄。那天當我們轉過身，幾呎外的牠是如此高高在上、氣勢不凡。

第三部

追到巴拉圭

ZOO QUEST IN PARAGUAY

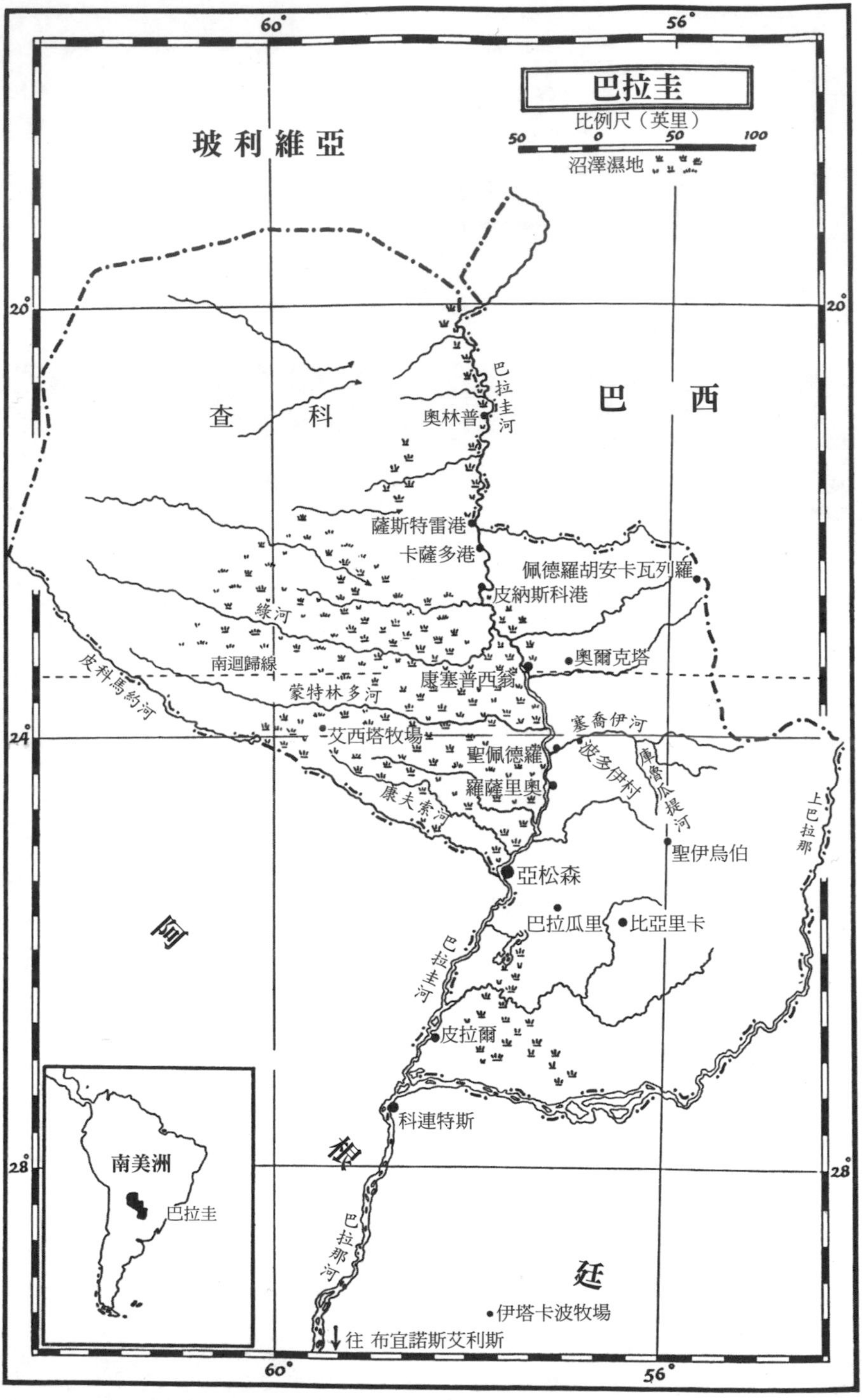

巴拉圭
比例尺（英里）
50 0 50 100
沼澤濕地
60°
56°
20°
24°
28°
玻利維亞
巴西
查科
阿
根
廷
巴拉圭河
奧林普
薩斯特雷港
卡薩多港
佩德羅胡安卡瓦列羅
皮納斯科港
綠河
奧爾克塔
南迴歸線
康塞普西翁
皮科馬約河
蒙特林多河
塞喬伊河
艾西塔牧場
聖佩德羅
波多伊村
庫魯瓜提河
羅薩里奧
康夫索河
上巴拉那
聖伊烏伯
亞松森
巴拉瓜里
比亞里卡
皮拉爾
科連特斯
巴拉那河
伊塔卡波牧場
往 布宜諾斯艾利斯
南美洲

第二十一章　前往巴拉圭

一九五八年，我們前往巴拉圭尋找犰狳。或許各位會納悶，為何要為了如此平凡的動物大費周章，但我們得要替牠說幾句話。動物擁有各式各樣的吸引力，鳥類細緻華麗的美貌，大型貓科動物的優雅與俐落，巨蛇充滿衝擊性的駭人外表，狗兒討人喜愛的性情，猴子與人類相近的調皮聰穎——這些特質幫牠們贏得各界支持。但犰狳不具備上述任何一種魅力。牠們的色澤沉悶，眼珠子雖然可愛，但也沒有特別好看。就我所知，無法教導牠們做任何娛樂把戲（老實說我懷疑牠們的智商極低），也當不成親人的寵物。但對我來說，牠們有個超越其他動物的迷人特色——融合了異國風情、迷幻色彩、古雅情懷，只能勉強以「古怪」來形容。

這項特色難以定義。獅子身為咱們熟悉的家貓放大版，稱不上古怪。北極熊也沒有什麼驚人的陌生之處，畢竟牠與狗頗為相似，只是大了點，披上白色皮毛好在極地隱藏行蹤。就連有趣的長頸鹿也透著幾許熟悉，因為牠與歐洲常見的紅鹿屬於同個大家族。

但在歐洲找不到任何形似袋鼠、大食蟻獸、樹懶——還有犰狳——的動物。無論是外表，還是體內構造，牠們與這片大陸上的生物親緣遙遠，是同類生物的末裔，從上個地質年代倖存至今，世上已無多少牠們的近親，說牠們「古怪」確實不為過。

牠們能夠倖存的原因也是各異其趣。

袋鼠的祖先曾在地表各處叱吒風雲，牠們發展出把胚胎養在育兒袋裡的能力，使得其占盡優勢。但更進化的動物出現後——胎盤哺乳類能在體內的子宮孕育後代——有袋類成了明日黃花，難以爭奪食物和生存空間，大量滅絕。其中有些在南美洲存活下來（像是負鼠科）[8]，但今日大部分的有袋類動物都住在澳洲，這片大陸在新的哺乳類尚未演化出來就已孤立海上，因此過時的有袋類動物可免於競爭，獲得生存保障，以多種形態活到今天。澳洲可謂是具有活生生古董館藏的博物館。

南美洲的地質史相當複雜，有著和負鼠一樣古怪的活古董動物。數百萬年來，它與北美洲之間以寬廣陸橋相連，不過最早的胎盤哺乳類才剛問世，這片大陸也與世隔絕。在當時，異關節總目動物——包括樹懶、犰狳、食蟻獸——可說是吉星高照。在南美洲與外界隔離期間，牠們演化出好幾種最奇異的動物。體型與大象相距無幾的大地懶（Giant sloth），橫掃叢林。犰狳的親戚雕齒獸（*Glyptodon*）在莽原漫步，牠們擁有巨大的鱗甲外殼，體長可超過十二呎，大尾巴帶著尖刺，宛如中世紀的戰斧。

一千六百萬年後，南北美洲再次相連，有些奇獸往北遷移，屍骨遺留在北美洲的冰川沉積物間，落入加州的瀝青湖[9]。或在內華達州的湖岸踏出腳印——上世紀末為了興建卡森市的新監獄，工人開採砂岩才挖出了這些蹤跡。

犰狳是雕齒獸在世上僅存的親戚，牠們身上蘊藏著與那種史前動物相繫的紐帶，光是這點就足以帶給我龐大的動力。牠們住在地洞裡，在森林和彭巴草原走動，吃植物根莖、小蟲、腐肉。或許那身鎧甲似的外殼也是牠們倖存的助力。犰狳科成員似乎發展得不錯，演化出許多不同的種，尺寸範圍極廣，從不比老鼠大的倭犰狳（pygmy armadillo，能在阿根廷的沙地洞穴找到牠們），到亞馬遜盆地溼熱叢林中滿地奔馳、四至五呎長的巨犰狳（giant armadillo）。

查爾斯・拉格斯和我在蓋亞那拍攝樹懶和大食蟻獸期間，一直沒有看過野生犰狳。我們

8 審註：有袋類動物目前可以粗略分成美洲有袋類和澳洲有袋類動物，前者的物種數約有一百二十種，後者約二百五十種。就一般大眾而言，澳洲的有袋類較有名氣，且外型較多樣。

9 審註：即洛杉磯的知名景點：拉布雷亞瀝青坑，出土了大量的更新世大型動物化石，包含猛瑪象、刃齒虎、恐狼、以及地懶。

希望能在巴拉圭實現這個目標，也計畫尋找好幾種鳥類、哺乳類、爬蟲類。然而，當巴拉圭人問起我們來訪的目的，我總是輕描淡寫、簡單回答，「我們來找Tatu。」

我相信tatu意指犰狳，這不是西班牙語，而是瓜拉尼語（在巴拉圭與西班牙語並用的官方語言）。

我的回應總會引起哄堂大笑。抵達巴拉圭的前幾天，我以為在當地民眾眼裡，一個男人要找犰狳是極具喜感的事，但沒過多久，漸漸感受到原因沒那麼簡單。當我的回應惹得巴拉圭銀行的資深職員笑到差點昏倒，我想應該要乘機解開這個謎。我還來不及多說什麼，他又提出另一個問題。

「什麼樣的tatu？」

我知道要如何應對。

「黑色的、長毛的、橘色的、大的。能在巴拉圭找到的各種tatu。」

這個答案似乎比前一段對話還要好笑，他笑到快要抽筋。我耐著性子等他恢復，他友善熱心的態度令我印象深刻。他一口完美的英語，與他對談非常有益。他終於笑完了。

「你指的是某種動物？」

我點頭。

「這個嘛，在瓜拉尼話裡面，tatu也是一種不太禮貌的用詞，意思是……呃……」他遲疑了幾秒，「某一類年輕女性。」

我實在不懂如此奇特的動物為何會冠上毫無瓜葛的稱呼，但至少我理解了笑點何在。接下來的幾個月間，我們數度碰上同樣的疑問，但我已意識到自己在開玩笑，以一點小幽默軟化與牧場主人、海關人員、農民、美洲原住民之間的隔閡。

可是呢，我的玩笑話也碰了幾次壁，有一、兩個人認為我們跑到巴拉圭野地裡找小姐一點也不奇怪，完全不相信我們真的是來找四條腿的那種tatu。有時拋出tatu笑話後，對方會追問我們幹嘛如此執著於犰狳。我一直無法清楚解釋。我的瓜拉尼語字典裡找不到雕齒獸。或許這算我運氣好，仔細想想，如果真有這個字，說不定它在口語中又有更深一層的意思。

第二十二章　好景不常

過去的幾趟旅程中，查爾斯和我常要忍受極度不適的環境，我們得要忽視痠痛的雙腿、空蕩蕩的肚子，幻想最理想悠閒的觀光行程，最後還能找到全世界最美妙奇異的動物。

在新幾內亞，我們艱苦跋涉了數百哩，就為了尋找珍奇的天堂鳥。旅程接近終點時，查爾斯秉持理性，提出他心目中理想探險的第一要素，就是文明交通工具。前往科莫多島的小船上，我們只有鹹魚和米飯能吃，因此我主張個人最需要的是大量、種類繁多的罐頭食品。在婆羅洲的某個破爛營地，我們於豪雨中搶救底片和攝影機時達成共識：完全防水的住處同樣不可或缺。還有其他沒那麼致命、但同樣消磨氣力的危機，為了安撫自己瀕臨崩潰的情緒，我們列出更多細目：我堅持要帶上取之不盡的巧克力；查爾斯想睡在不會摔到地上，也不會遭受甲蟲、蟑螂、螞蟻、蜈蚣、蒼蠅、蚊子（以及其他會叮咬動物的蟲子）襲擊的地方。對理想旅程的幻想越來越具體，然而我們從不認為它能夠成真。沒想到抵達巴拉圭不到一個禮拜，首都亞松森（Asunción）的某間英國肉品公司，主動提供深入野地的交通工具，幾乎達到我們的一切要求。

我們的夢想獲得了形體，名為卡索號。它是一艘三十呎長的柴油遊艇，吃水不深，可以載著我們和裝備，還有補給品，輕輕鬆鬆上溯遙遠內陸那些湍急狹窄的河道。我們滿懷感激，二話不說接受對方的善意。

遊艇離開亞松森的碼頭，往棕色的巴拉圭河（Rio Paraguay）上游航行。我們把攝影機和錄音器材存放在船艙內乾燥寬敞的櫥櫃裡，往食材櫃塞滿各式各樣的即溶湯粉、醬料、巧克力、果醬、醃肉和水果罐頭。把雙層蚊帳釘在窗框上，我的鋪位旁堆了大量平裝書，查爾斯把小收音機轉到亞松森的電台，吉他音樂在船艙裡迴盪。

如此奢華的設備實在是無可挑剔，我心滿意足地上甲板欣賞卡索號拖在船尾後的小艇。上頭裝設了三十五馬力的舷外引擎，說是機動船也不為過，我們期盼能靠這艘船踏遍細小的支流尋找動物，然後再回卡索號用餐睡覺。

現在沒我的事，我爬上床鋪，放鬆休息。計畫順利執行，我們要舒舒服服地前往遼闊的熱帶雨林南緣。雨林從巴拉圭東北部橫跨巴西，深入亞馬遜盆地，往奧利諾科河延伸，那是全世界面積最大的原始林。簡直就像在做夢。

確實只是場美夢。不到十天，我們落入了比以往任何一趟旅程都還要悲慘的境地。

船上還有三個夥伴。嚮導兼口譯桑迪・伍德（Sandy Wood）是巴拉圭人，他嗓音沙啞，一頭棕髮，一口流利的西班牙語、瓜拉尼語，還有另外一、兩種印第安語。更神奇的還在後頭——儘管他這輩子從未離開過南美洲，他的英語卻帶著澳洲腔。

巴拉圭到處都遇得到各國人士。波蘭人、瑞典人、德國人、比利時人、日本人……或許是因為母國土地不足、宗教或政治迫害、法律問題而聚集到這個小小的共和國。桑迪的雙親在上世紀末隨著兩百四十幾名澳洲同胞來到此地，當年澳洲陷入遍及全國的大罷工，名叫威廉・蘭恩（William Lane）的記者長久以來懷抱著社會主義的理想，招募了一群理念相近的農夫、木匠、其他勞工，帶他們來到巴拉圭，實踐他的完美社會。巴拉圭政府分給這群移民大片耕地，新澳洲社群就此建立。一切財產共享，加入的人都得要把金錢和私人物品上繳庫房；大家都必須工作，為得不是個人薪水，而是公眾的利益。崇高的政治理念融入了清教徒理念。他們不與本地居民互動、不喝烈酒、不聽音樂、不跳舞。

不到一年，嚴苛的生活規約引發反效果。美麗的巴拉圭女子、美味的發酵甘蔗汁、村民快活的吉他樂曲使得部分社群成員自甘墮落。對新成立社群的經濟方面，更致命的是某些懶散成員開始把粗活丟給其他人，成天只會呼呼大睡。

澳洲殖民基地失敗了。蘭恩毫不氣餒，找了別的地點，帶上少數堅持初衷的成員，加上一些新來的澳洲移民，重新建立了「秩序」殖民基地，但這次的努力同樣得不到成果。成員逐漸離散。一支巴拉圭反抗勢力在社群的土地上展開攻防，他們的屋舍先後遭到革命分子與反擊的政府軍隊蹂躪。社群成員分崩離析。不少人跑去布宜諾艾利斯的鐵路機廠工作，有些人則遠渡重洋到非洲開墾農地。少數人留在巴拉圭，靠著伐木、種田、木工過活，桑迪的雙親屬於這一類，他是土生土長的巴拉圭人，換了好幾次工作，曾經到上游砍樹（剛好是我們這趟的目的地）、去大牧場牧牛、當過獵人，現在則是在亞松森有一搭沒一搭的擔任旅行社員工，工作內容包山包海。他不僅擁有語言能力，並熟知山林，再加上性情和善開朗，算得上是理想的嚮導。

船上另外兩人屬於正式船員，只是不太清楚哪一個才是船長。瘦瘦高高、笑口常開的岡薩雷斯頭戴平頂報童帽，帽子上原本環繞著耀眼的金色穗帶，現已被戴得破破爛爛，穗帶鬆開，從帽頂軟綿綿地垂落。他斬釘截鐵地說這頂帽子是船長的象徵，除了這個職位必備的各種技能，他對引擎特別有一手，但他判斷自己無法同時接下兩個崗位，勉強把「船長」這個頭銜讓給同伴，但他極力強調這只是個虛名。

船長又矮又胖，挺著讓人捏一把冷汗的大肚子，習慣戴圓頂大草帽，帽簷往下翻，再配上墨鏡，就算晚間也不曾摘下，我們忍不住猜測，他是不是連睡覺也戴著。他的嘴角總是往下撇成半圓形，悲觀的表情屹立不搖，臉頰皮膚似乎有點問題，散布著一塊塊非曬斑的深粉色斑塊。他只要閒下來（這樣的機會還不少）就會往上頭塗抹特殊藥膏。面對任何評論、疑問、現狀，他第一個反應就是陰沉地從牙縫倒抽一口氣。

我們的目標在遙遠的叢林深處，必須沿著巴拉圭河北上七十五哩，往東轉向巴拉圭的主要支流塞喬伊河（Rio Jejui）。我們期望能一路上溯那條河，直到抵達源頭，只有美洲原住民和少數的伐木工在那一帶活動。這趟旅程至少要耗費一星期。

前幾天，我們成天趴在甲板上，看卡索號的船頭切過棕色河水，排開大片布袋蓮，這種水生植物姿態優雅，寬闊葉柄膨脹成氣囊狀，一叢叢精緻的淡紫色花朵生長其中。我們會避開大片的植物，就算船頭切得過去，漂浮的細密根系可能會捲進螺旋槳。有些布袋蓮構成的浮島上停駐了不少乘客——鷺鳥、白鷺等等，裡頭最好看的當屬淺棕色的水雉，牠們在蓮葉間踱步覓食，腳掌上生著長長的足趾，尋找誤闖葉莖迷宮的小魚。牠們被船隻引擎聲驚得飛起，翼下黃羽閃現，在我們頭頂上盤旋，長腿晃

塞喬伊河上的原木筏流。

啊晃的，等船隻遠去，又回到蓮葉上頭，隨著葉片漂動起伏。

桑迪坐在船尾啜飲巴拉圭的瑪黛茶。岡薩雷斯蹲在引擎旁猛彈吉他，引吭高歌，不過他的歌聲全被引擎聲淹沒，沒有人聽得見。船長占據舵手室的高腳椅，單手掌舵，另一手往臉上抹藥膏。天氣熱得要命，為了乘涼，我和查爾斯躲回鋪位，但船艙裡沒有半點風，比外頭還熱，無法蒸發的汗水沒多久就浸濕了床單。

引擎驟然靜止，陌生的寂靜很快就被岡薩雷斯和船長的激烈爭執填滿。我們爬上甲板，看到兩片椅墊和一張座椅悠悠漂往下游。機動船消失得無影無蹤。桑迪冷靜地說明船長為了避開一團布袋蓮而急轉彎，船尾的機動船因此翻覆。岡薩雷斯靠著船尾，徒勞地抓住機動船繫在遊艇船尾的繩子，但船身幾乎已沉入泥水中。船長一臉怒容，坐在舵手室裡，嘖嘖吸著牙縫。

他們爭執不休，我們發現這兩人都不會游泳。不顧吵個沒完的岡薩雷斯和船長，我和查爾斯脫了衣服，從船緣翻下。幸好河水出奇的淺，但我們還是花了兩個小時，才把沉沒的機動船拉到淺灘擺正，撈回引擎、三個油槽及工具箱。待我們打撈完畢，座椅和椅墊肯定已經快漂到亞松森了——因為我們回頭找了一哩左右，都沒看到它們的蹤影。這不算什麼災難，不過足以讓我們懷疑船長的專業技術。

接下來的三天風平浪靜，我們從巴拉圭河往東轉入塞喬伊河。航行了幾哩，在波多伊村（Puerto-i）停靠一小時左右，再往上游走，就沒有其他稱得上村子的聚落了。離村時，船長的臉更臭了。他沒來過塞喬伊河，現在卻不得不往這裡開，他很不開心。這一帶的水域險惡，他嗅到災厄的氣息。第四天早上，他的預感應驗了：眼前的河道扭成髮夾彎，河水攪成一串漩渦。

船長萬念俱灰地停下引擎，他已經違背自己的判斷，展現奇蹟似的駕駛技術，但眼前的危機絕對不能心存僥倖，一定要回頭。我們好說歹說，他才答應駕駛機動船前去探路。等他回到船上，其表情清楚顯示，他最大的恐懼應驗了。

船上展開幾分鬮割版的爭辯。桑迪身為口譯，判斷他只要轉達各方與眼下問題相關的意見就好，我懷疑船長針對我們投來不少人身攻擊，全都被他略過了（我們的言語抨擊也獲得同樣待遇）。我們認為這個彎看來棘手，但並非無法克服，退回亞松森等於是浪費超過一週的時間，我們可擔不起這份損失。我們也無法在這一帶開拍，因為此地已是半開發狀態，應該找不到我們想找的動物。然而船長心意已決。他以肥皂劇般的誇張口吻說他還不想死，我們應該也不想死。雙方唇槍舌戰，桑迪幫我們翻譯成禮貌的說詞。就在這個當頭，一艘破爛的小汽艇，引擎痛苦地掙扎，超越了我們，然後若無其事地消失在河彎彼端。

我們愣愣看著，怒火燒得更旺了。但是透過桑迪這個中間人，無法全力打擊船長，我們快要受不了了。雙方都失去理性，查爾斯終於擠出兩個西班牙詞彙，我們總算有辦法直接與船長溝通。大概一個小時前，船長曾與煤油爐展開苦戰，說這東西從來沒給過他好臉色，因為它不是歐洲貨，而是「阿根廷爛貨」。查爾斯狠狠指著船長，以最惡毒的語氣說：「船長—阿根廷爛貨。」大家都笑了，口頭上占了便宜，他一副自鳴得意的模樣。桑迪乘機撤退，替自己泡了一壺瑪黛茶。少了他，爭辯被迫劃下句點。

查爾斯和我跑去找桑迪討論現下的情勢。我們想到方才吵得火熱時，那艘越過我們的小船。既然那艘船過得去，說不定還能找別艘船送我們一程。懷抱著最後一絲希望，我們吃了晚餐，上床睡覺。

半夜，我們被汽艇聲吵醒，衝上甲板，扯著嗓子吼叫，那艘汽艇靠了過來。幸運的是桑迪認識船長卡尤，幾年前桑迪曾在這裡伐木，兩人有過幾面之緣。他與矮小黝黑的卡尤聊了十分鐘，手電筒光束掃過汽艇和船上貨物、卡索號、雙方的臉龐。查爾斯和我耐著性子在手電筒照不到的黑暗中等待。

桑迪終於回頭找我們。卡尤要去塞喬伊河支流庫魯瓜提河（Rio Curuguati）上游的小型伐木營區，那正是我們鎖定的區域。不過呢，卡尤的船上已經載了三個人——要去營區的伐木工——還有滿船的補給品。我們擠不上他的船，不過他可以幫我們運送重要設備和少量的食物，我們自己開機動船過去。

「那我們要怎麼回來？」我低喃，這麼小家子氣的疑問實在是羞於啟齒。

「這倒是不太好說。」桑迪不當一回事地回應，「如果水位夠高，卡尤可能會在上游待幾天，四處看看。要是不順利的話，他就直接回頭，我們就要困在上頭至少三、四個禮拜了。」

沒空從長計議，卡尤想早點上路。我們決定冒著被困的風險，預先支付酬勞，迅速將設備移到卡尤的船上。

半小時後，卡尤帶著價值幾千鎊的攝影設備離開我們。我們目送黃色的船尾燈遠去，繞過河彎，消失在夜色中。查爾斯和我躺回鋪位上，向彼此擔保這個嶄新的計畫沒什麼好怕的。被困個一、兩週也挺好玩的嘛，對吧？沒有人敢打包票。

隔天早上，我們硬擠出善意，向船長和岡薩雷斯道別，卸下機動船，追著我們的設備往上游奔馳。我無暇看卡索號最後一眼，船長不敢冒險，也是情有可原。大小漩渦暗流拉扯機動船的外殼，我們戰戰兢兢地滑過水面，來到另一片較平穩的河面時，卡索號早已消失在視線範圍內。真是遺憾。我真想依依不捨地目送那艘有著防水防蚊艙房、豪華菜色、小書房、收音機、舒適鋪位的船隻。真令人難過，才剛出發沒多久，就得要捨棄理想的旅行環境。機動船跑得飛快，兩岸的叢林看起來既孤寂又抑鬱。厚重的雨雲凝聚在前方的地平線上。

一股彷彿失去所有屏障的不快襲來。

我們很快就追上卡尤。儘管他持續航行，引擎使出全力，但船上的貨物已經堆到舷緣，時速飆不過三節（約三點四五英哩），而我們的機動船是它的六倍快。謹慎起見，我們理應要掛在汽艇後頭，別遠離我們的攝影機、食物、野營設備，可是船上容不下我們，若是把機動船掛在船後，只會更進一步拖累它。於是我們壓下不祥的預感，繼續往上游衝刺，只帶了一台攝影機，怕會錯過值得拍攝的景象，再加上吊床和三餐食物，如果今晚沒辦法與汽艇會合也沒關係。

我們興高采烈地繞過幾個河彎。河道越來越曲折，船尾掀起大片浪花，捲向兩岸，消失在緊貼河岸生長的灌木叢和藤蔓間。

越往上游走，岸上的樹木就越加粗壯，不久，我們就被夾進高大的綠牆間——紅堅木、洋紅風鈴木、黑金檀、南美香椿——這些闊葉樹種架起一片片參天樹冠，值錢的木材引誘人們深入杳無人煙的密林。引擎的嘶吼聲趕跑岸上的鳥兒——頂著沉重鳥喙的巨嘴鳥、總是成雙成對的緋紅金剛鸚鵡（scarlet macaw）、一群群鸚鵡，黑色的擬椋鳥更是常見，牠們帶著下半身紅褐色、拖著黃色尾羽，厲聲尖叫，掛在枝椏上的棒狀鳥巢垂向河面。

叢林裡又只剩下我們，猜疑和惡意不斷滋長。竄過往河面逼近的綠牆間，白色水花於船尾翻騰，在陽光下閃閃發亮。我們如此接近叢林，卻又像是置身另一個世界，彷彿坐在舒適的屋內，與冰冷潮濕的可怕叢林僅隔了厚重的玻璃。但我知道假如引擎故障、假如我們撞上浮木船底破洞、假如灰藍色的雨雲炸成暴風雨，我們就要面對最難受的窘境，甚至是慘劇。我渴切地想著卡索號舒服又安穩的船艙。

太陽下山時，我們抵達庫魯瓜提河的河口，打算上岸紮營，等卡尤跟上。這片杳無人煙的營地夾在兩條河間的狹窄土地，上頭的林木已被伐木工清空，搭起破爛小屋，他們有時會拿這裡當基地，深入林間砍樹。滿地都是生鏽鐵絲、空油桶（可以綁在沉重的筏流木材下維持浮力）、船隻加油時留下的污漬。此處一片荒涼，只有一名原住民少年窩在小屋旁，沉著臉看我們在油桶間尋找架設吊床的支架。

夜裡，我們聽見卡尤的汽艇緩緩接近。他沒有停船，我們只在他轉向駛入庫魯瓜提河時對他大喊，交談了幾句，說好我們明天早上會再追上去，接著又躺了回去。

天一亮，我們立刻收拾行囊，再次啟航。

我們三個輪流駕駛機動船。桑迪飆船的速度快到我心驚膽跳，他的帽子緊緊壓在頭頂上，前緣被風吹得與地面垂直。他心無旁騖地旋轉舵輪，繞過一個又一個河彎。船身傾斜得差點進水，船尾狂野地掃過河面。我趴在船尾，嚇得暈頭轉向，不敢張開眼睛。

桑迪突然大叫示警，搭配枝枒碎裂的可怕巨響、令人膽寒的搔刮聲，船身震得我從座位上跌落，接著驟然停止。我們的船頭一半插在岸邊，船身隨著尾波劇烈搖晃。舵輪的方向控制線在桑迪要急轉彎時斷了。

空間只夠一個人修船，我自告奮勇。沒有老虎鉗也沒有長釘，根本無法接合斷裂的控制線，唯一的希望是硬把它綁起來。我很想早點完成，但我得躺著將腦袋塞進艏尖艙，才能把控制線重新接回舵輪台，高溫讓我汗如雨下。控制線的金屬絲束割傷我的手，渾身都是機油。更糟的是，我們被困在一大群凶狠蚊子的地盤，遭受源源不絕的瘋狂攻擊。腦海中盤據著卡尤載著我們唯一的糧食補給和器材，離我們遠去的景象。這是我最大的噩夢。

過了一小時，我們總算能再次出發，小心翼翼地往上游挺進。沒想到應急對策還真的撐得住，只是要擔心打結處纏繞住舵輪台，把它堵死。

我們終於追上卡尤，再一次插到他的汽艇前方。我鬆了一口氣。現在要是控制線徹底故障，我們只要等他追上就行。

剛過中午，過去幾天不斷累積的沉重烏雲間炸開響亮雷聲，大顆大顆的雨滴在河面砸出凹坑。引擎就在這時熄火，我們拚命拉扯啟動繩。引擎咳了幾聲再次運作，最強烈的雷雨襲來。

那天下午無比悲慘。雨勢大到視野一片模糊，彷彿身陷濃霧之中。引擎罷工的頻率越來越高，但我們不敢拆下外殼抓出故障原因，就怕火星塞和化油器泡水，整組引擎報銷。我們凍得不斷發抖。桑迪步步為營。我坐在他身旁緊盯打結的控制線。查爾斯趴在船尾，隨時準備拉扯啟動繩，一旦引擎重新發動，他就拿一塊破洞的帆布蓋在身上，多少擋住一點雨水和寒氣。剛啟程時，他打算留鬍子，還戴上一頂帽舌很長的美式棒球帽，我和桑迪都不覺得他適合這副扮相。現在只要船一停，可笑的鬍子和帽舌就會從帆布下探出，伴隨著簡潔有力又切題的咒罵。他嘴裡叼著插在菸嘴上的香菸，雨水沿著臉頰傾瀉而下，從他鼻尖滴落。

我們在暴雨中航行，攝影機和底片塞進艏尖艙，希望不會被弄濕。桑迪說我們離目的地——一對伐木工夫婦居住的小屋——很近了，每繞過一個彎，我便滿懷希望地尋找小屋的蹤跡。引擎一次又一次地昏厥，查爾斯必須用蠻力拉扯啟動繩才能將它喚醒。方向控制線兩度鬆脫，得要重新繫緊。太陽早被滿天的烏雲遮蔽，越來越暗的河面顯示它已下沉，我們進入夜晚的領域。轉過一個河彎，四周幾乎完全暗下，我們終於在遠處看到了小小的黃色燈光。船開到那處時，夜幕早已低垂。我們在一片小山崖下停好船，沿著陡峭狹窄的小徑往上衝向那棟屋子。這時雨勢已經與瀑布沒有兩樣。

光源是長方形小屋中央的火堆。這屋子沒有門板，幾個人蹲在地上——穿著長袖襯衫和長褲的年輕女子、三十歲上下的黑髮男子、兩名原住民少年——臉龐被火光照亮。狂風暴雨淹沒了我們的腳步聲，直到我們滴著水站在門口，屋內的成員才意識到我們到來。

男子跳起來，用西班牙語打招呼。我們沒空仔細解釋，帶著他跑回船上，搶救還在淋雨的行囊和器材。

喝了點熱湯後，屋主帶我們到儲藏室，說我們可以在這裡過夜。房裡擺滿木桶、鼓脹的布袋、上了油的斧頭、幾件生鏽的機器，全都布滿蜘蛛網。泥牆上爬滿油亮的棕色大蟑螂，活像是會活動的毯子，屋梁上掛著不斷蠢動的蝙蝠。各處彌漫令人反胃的醃牛肉臭酸味。但至少裡頭是乾的。雷聲撼動屋外叢林，我們滿懷感激地掛起吊床，不到幾分鐘就沉入夢鄉。

第二十三章　蝴蝶和鳥

風雨在夜裡遠去，隔天早上，湛藍的天幕沒有半片雲朵。我們靠岸的地方稱為伊爾弗瓜（Ihrevu-qua），在瓜拉尼語裡是「美洲鷲之地」的意思。招待我們的主人涅尼托和他的妻子朵勒瑞絲，在羅薩里歐鎮上有一幢現代化的小屋子，但他們極少住在那邊，政府給予涅尼托特許權，允許他在庫魯瓜提河這邊的森林伐木。要是他能把理論上屬於他的樹全都砍下，再讓原木沿著河水漂到亞松森的鋸木廠，他就能成為大富翁。不過所有的苦力都不是由他動手，因為他是只負責監督的出資者，招募一群又一群伐木工（比如說搭卡尤汽艇過來的那些人），讓他們砍樹、搬樹、運送原木。如果沒有工人能盯（像是我們造訪此處的時期），除了坐在屋外喝瑪黛茶，他沒任何事可做。

雖然在伊爾弗瓜住了好幾季，他也不曾特別費神地改善自己的居住環境。沒有紗窗，也沒有多少家具。沒有栽種香蕉或泡泡果[10]。朵勒瑞絲在火堆上煮東西，沒有冰箱可用。如此克難的生活方式，已經讓朵勒瑞絲精緻端正的臉龐顯出疲態。

不過他們依舊快活開朗，對我們無比熱情。他們說不管我們想待多久，他們的屋子都隨我們使用。

這片小小的基地範圍有幾棟建築物，以幾條風雨走廊連接——永遠燒著火的廚房、昨晚暫居的倉庫、涅尼托夫婦的臥室、給那兩個原住民少年睡的小屋，還有一間空屋，原本是雞舍兼儲藏室，後來成為我們的住處。這片空地往河邊傾斜，最後連接光滑的紅色砂岩陡坡。庫魯瓜提河的濁流就在岩壁底部奔馳，昨晚的暴雨讓水位上升不少。涅尼托在小屋後方種了一小片木薯和玉米，再過去就是叢林了。

第一天早上，成群的蝴蝶在這片空地掀起漫天風暴，景象令人瞠目結舌。蝴蝶的數量之多，捕蟲網隨便一揮就能逮到三、四十隻。這些美麗的生物前翅呈現帶藍的虹彩，後翅則是鮮紅色，翅膀腹面布滿彷彿會發光的黃色抽象花紋。我認出牠們是圖蛺蝶（Catagramma）[11]這一屬的物種。

大家都知道蝴蝶能成群結隊地遷移到遠處。偉大的美國動物學家畢比（William Beebe）曾看過成群遷徙的蝴蝶越過安地斯山脈隘口，一秒至少飛過一千隻，源源不絕地持續好幾天。許多旅人和自然學家也見識過同樣的景象。不過，伊爾弗瓜的圖蛺蝶並非遷徙蝶群，牠們只在小屋四周飛舞，進入叢林或往下游走段路就看不見牠們的蹤影。我們發現預測圖蛺蝶來訪時機的方法，牠們總是在暴風雨後的大晴天現身，陽光強到河邊的岩石燙得無法赤腳踩上。

天色漸漸暗下，牠們緩緩散去，在天黑時全數撤離。要是隔天不那麼悶熱，牠們就不見蹤影。或許是特定的天氣環境使得成千上萬的蝶蛹羽化，才造就如此規模。但牠們晚上到底跑哪去了？儘管蝴蝶的生命很短，也不致活不過一天。牠們是不是飛進叢林裡，層層疊疊地棲息在樹葉下方？我真的不知道。

在伊爾弗瓜活動的不只圖蛺蝶屬的蝴蝶。我不曾在別處見過那麼大量、種類繁多的蝴蝶。只要閒下來，我就會收集蝴蝶打發時間。我沒花費太多時間，也沒有放下原本的任務。不像真正研究鱗翅目的學者，我沒有鑽進樹叢、踏遍沼地，就只是在看到陌生蝴蝶時順手抓下。即便如此，在伊爾弗瓜勾留的兩週間，還是收集到了九十多種蝴蝶。若我有耐性、也有技術，肯定能在這個小小區域採集到兩倍以上的戰利品。在此，我舉出一項數據，讓各位體

10 註：和釋迦同屬番荔枝科的果樹果實，又可稱巴婆果。

11 審註：該屬目前已被拆成多個不同的屬，例如圖蛺蝶屬（*Callicore*）、渦蛺蝶屬（*Diaethria*）、美蛺蝶屬（*Perisama*）等，多數後翅具有成排的點斑、或兩個呈8字形的塊斑。

會這個數字有多驚人：全英國境內的蝴蝶，算上最稀有的遷徙蝴蝶，也只有六十五種。

我見過體型最大、最華麗的蝴蝶只在叢林裡活動。這種蝴蝶屬瑰麗的閃蝶（Morpho）[12]，群內的蝴蝶翅膀背面幾乎都是美妙耀眼的藍色，展翅長度超過四吋。起初，看到大蝴蝶慵懶地在林間穿梭時，我一定會瘋狂揮舞捕蟲網追上去，循著牠百轉千折的飛行路徑，鑽進灌木叢，任上衣遭荊棘扯破。但閃蝶知道有人在追牠——以更科學的方式來說，就是牠們提高戒備時會出現不同的行為模式，就算我追得很近了，網子一揮，牠們能在瞬間改變航線，直線衝刺，飛到高處的枝枒間，離開我的捕捉範圍。經過幾次徒勞無功、汗流浹背的追逐，我發現應該要改變策略。

閃蝶似乎偏好空曠處，不會受到枝葉或灌木叢阻礙，因此牠們特別喜歡涅尼托手下於叢林裡砍出的伐木通道（要夠寬才能把原木拖進河裡）。閃蝶通常會沿著這些路徑飛舞，一束束陽光照得牠們的翅膀閃閃發亮。起初我都是直接上前舉起捕蟲網等牠們靠近，然而只要稍微有動靜，牠們就會嚇得逃進糾結的高處枝葉間。較好的對策是一動也不動地站好，舉網待命，直到一無所覺的蝴蝶靠得很近很近，再揮下網子一發奏效。跟板球挺像的，閃蝶刁鑽的飛行路徑，正如賽場投球手擲出的變化球般，令人眼花。

其實還有個輕鬆許多的招數。專業的蝴蝶獵人會拿誘餌吸引這些昆蟲，通常是砂糖和糞便的混合物。不過在這邊沒有必要，叢林裡滿是野生的苦橙樹，果實大多落在地上爛掉。閃蝶老是成雙成對地飛下來啜飲發酵的果汁。即便在牠們專心用餐的當頭，我也得要無比謹慎，躡手躡腳地接近，精準的網住牠們。

其他蝴蝶口味各異。某天進叢林散步時，我聞到令人作嘔的惡臭，循著味道發現，來源是一隻大蜥蜴腐敗中的屍體，不過我幾乎認不出這是什麼動物，因為它已被大量的蝴蝶完全覆蓋。牠們不斷顫動，翅膀色澤是略帶變化的漸層午夜藍。這頓怪誕的大餐牠們吃得入神，我甚至能直接捏住牠們合上的翅膀，將其拎起。

雖說圖蛺蝶、閃蝶等叢林蝴蝶數量繁多，全都比不上聚集在溪邊的蝶群。

頭一次見識如此盛大的場面，完全出乎我的意料。某天，我走出陰暗潮濕的叢林，踏上陽光燦爛、長著零星棕櫚樹的蓊鬱草地。一條小溪靜靜流過莎草和苔蘚，連接兩個黃濁深潭。我靜靜站

12 審註：該屬蝴蝶的英文俗名與屬名相同，皆是Morpho。該字根在生物學裡表示形態之意，形態學即為morphology。

蝴蝶風暴。

在樹蔭下，以望遠鏡探索這片草地，急著尋找在水邊吃草或捕魚的動物，而非直接走出去，把牠們嚇跑。這個區域看起來荒涼極了。接著，我看到溪流對岸冒著煙，起先還很不合邏輯地想，難不成是溫泉，或是像休火山山腰上的那種硫磺噴氣口。不過，下一秒理智告訴我，這一帶沒有火山活動。我一頭霧水地走向煙霧的源頭，距離該處五十碼時，才確定眼前的景色是一大群蝴蝶，以令人難以置信的密度聚集在一塊。

當我走近，地表彷彿在寂靜中炸成一大團黃色煙霧，等我停下腳步，被震懾到無法反應。蝴蝶又紛紛落回地面。牠們擠成一團，就算收起翅膀，身體還是幾乎相觸，看不見牠們腳下的沙地。這片壯觀的黃色毯子綿延好幾碼，一群黑色犀鵑吃起毫不反抗的蝴蝶大餐。牠們對鳥兒、對我都無動於衷。

這些蝴蝶伸長平時像彈簧般捲在頭部下方的口器，瘋狂戳刺潮濕沙地。牠們在喝水。然而牠們喝得雖急，卻又不斷從腹部末端噴出液體。看來牠們並不缺水，反倒像是從流經體內的水中吸收無機鹽。我蹲下來細看，驗證了方才的猜測：牠們想要攝取的是鹽分，因為我一停下，牠們就落到我的手臂、臉頰、頸子上，汗水和沼地中的無機鹽同樣吸引牠們，旋即我身上停了數十隻蝴蝶，還有更多在我頭頂上盤旋，翅膀拍出乾巴巴的喧鬧氣流。我靜靜坐著，感受針尖似的口器輕輕滑過我的皮膚、柔軟的小腳拂過我的後頸，帶來若有似無的觸感。

在兩週間，我們漸漸熟悉這樣的景象和體驗，但其魅力從未削減。我們發現喝水的蝶群不只在溪流及沼地活動，上游河邊閃著銀光的沙地和沙嘴更是常見。只要出太陽，保證能看到這些花俏的蝶群。除了第一次遇到的黃色蝴蝶，還有更多其他種類，牠們與自己的同類聚在一起。根據我的印象，光是美麗的鳳蝶就有十多種，牠們體型碩大，喝水時翅膀總是微微顫抖。有的是漆黑翅膀的尖端點綴一抹嫣紅，有的是黃底黑斑，有的蝴蝶翅膀接近透明，只看得到黑色翅脈。牠們與同類為伍的原因，似乎是牠們喜愛自己身上的花紋。如果飛過花紋

鳳蝶喝水。（上圖）喝汗水的蝴蝶。（下圖）

類似的蝴蝶身旁，牠們會停下來，不到幾分鐘便能引來四、五十隻同類。不過，牠們的視力可能不太好，有時會弄錯，若是仔細查看，往往能找到幾種表面上類似、實則細節大不相同（體型或花紋）的蝴蝶混在一起。起初我還以為是同種的個體或性別差異，但經過科學方法辨識，我才知道牠們屬於不同種。

搭船往上游探險時，船尾掀起的水花通常會掃向兩邊沙岸，打中喝水的蝴蝶，將其淹沒。等到水退了，岸上僅剩翅膀與身體分離的殘破屍體，但翅膀的顏色和形狀仍舊引來飛翔的蝴蝶，不到幾秒間，更多蝴蝶飛過來停駐在屍體上。

可惜伊爾弗瓜隨處可見的昆蟲不只是蝴蝶。大量會叮咬人的害蟲把我們折騰得七葷八素。牠們不僅凶猛至極，還擁有一項特性：按時輪班出動。

早餐時段是蚊子當班。這裡有好幾種蚊子，最凶狠的蚊子體型極大，白色的頭部是牠們的註冊商標。我們通常會靠在火堆旁吃早餐，期望能靠著刺鼻煙霧驅蚊，但還是有些蚊子為了吸血突破重重難關。等太陽高掛在半空中，照亮河對岸的叢林，把屋子附近的紅土烤成細碎沙塵，蚊子便紛紛撤退，躲到懸在河面上的枝枒陰影中。一旦我們不慎走近岸邊，依舊會遭到狠狠叮咬，但對屋裡的人來說，蚊子下班了。

接棒的是一種在瓜拉尼語叫「馬巴拉嘎」的蚋類，類似麗蠅的大蒼蠅，被咬到就像針刺般，在皮下殘留小小的出血點。馬巴拉嘎非常勤快，在酷熱的白天不留情面地襲擊我們，不過天色一暗，牠們就下班了。或許有幾隻蚊子會回來上工，但騷擾我們的重責大任已經轉移到沙蠅身上。這些黑色小蠅與飛舞的塵土沒兩樣，引人不快的程度登峰造極。因蚊子和馬巴拉嘎體型夠大，能一把抓下；當牠們的口器深深插進皮膚時，一掌拍爛其鼓脹的肚腹，鮮血四濺，至少能帶來些許成就感——就算那是你自己的血。可是呢，沙蠅細小繁多，即便一掌拍死五十隻，籠罩在腦袋周圍的黑雲看起來並無多少變化。更可怕的是根本無從防範。我們的蚊帳已經很不錯了，但沙蠅總能輕輕鬆鬆穿過網眼，唯細密的床單能擋下牠們。我們試過用床單搭帳篷，但裡頭悶熱無比，只得放棄該計畫。接著我們在身上塗滿香茅油和其他幾種標榜有效的驅蟲物質，有的聞起來噁心至極，有的讓皮膚難受，眼睛嘴唇刺痛難當。沙蠅似乎把這些藥物當成餐點上的調味料，整夜拿我們大快朵頤。等到曙光亮起，牠們離開崗位，又輪到蚊子上陣。

這套時刻表只會受到天候影響。若是當天烏雲密布、悶滯難當，或是當晚月光特別明亮，那麼蚊子、馬巴拉嘎、沙蠅就會連袂出動。唯一能阻止牠們上班的只有傾盆大雨。伊爾弗瓜每四天就有一天會下雨，換在其他地方，我們肯定是滿心絕望，因為這樣就無法攝影了。但這裡的雨天讓我們滿心喜悅，暑氣稍稍消散，我們可以躺在吊床上看書，享受沒有蚊蟲打擾的悠閒時光。

剛來此地的頭幾天，我們還有一個重大的煩惱。根據計算，卡尤應該比我們晚二十四小時抵達伊爾弗瓜，但他沒出現。不久，我們隨著機動船帶來的罐頭全數吃光，得要請涅尼托支援。這實在是情非得已，他光是提供落腳處已是天大的恩情，同時他的存糧種類不多，味道也不怎麼樣。只有水煮木薯和放太久的醃牛肉，或許再搭配幾顆野生苦橙。但他無法供應機動船的燃料，我們的油箱幾乎見底。情勢非常嚴峻。假如卡尤的船在我們最後一次見到他的地方故障，待在原處，手邊的汽油只夠帶我們回頭與其會合。要是他的船不巧壞到難以修理，打算順流漂回塞喬伊河，那我們無法靠著機動船的引擎追上，只能餓著肚子跟著往下游漂流。

日子一天天過去，我們越來越擔心，不過等到第五天，他開開心心地抵達伊爾弗瓜，像是什麼都沒有發生似的。

我們拋出繩索，他不一會兒就把汽艇停好，大步爬上通往小屋的陡坡。我在岸邊待了一會兒，確定我們的幾箱罐頭上了岸，才轉頭跟上。

桑迪、涅尼托、卡尤圍繞著火堆喝朵勒瑞絲泡好的瑪黛茶。這種茶的做法是把巴拉圭冬青的葉片曬乾碾碎，裝進牛角或葫蘆攜帶。無論用冷水或熱水沖泡都行，茶水以末端有濾網的金屬吸管吸出。其滋味苦澀中帶甜，查爾斯和我不久便愛上了這種飲料，跟著他們一起享用。

「卡尤的引擎有點問題。」桑迪向我們解釋，「不過現在沒事了。他說水位夠高，他要往上游看看伐木的狀況。要是水位能繼續維持，他會在上游待一、兩個禮拜。如果水位開始下降，他就要早點回頭，沒辦法待太久。無論如何，他都會接我們回亞松森。」

這個安排感覺不錯。卡尤戴上帽子，跟眾人握手，回到他的船上，不到幾分鐘就消失得無影無蹤。

既然已經不需要擔心回程，我們總算能把心力投入採集、拍攝動物的任務。首先要募集幫手。能多幾個人幫忙盯著，總比我們三個人自己來有效率，特別是熟知叢林和動物的原住民，他們比歐洲人還管用。涅尼托說附近有個原住民村落，在叢林裡走個五哩路就能到。桑迪和我前去尋找。

那個村子位於風光明媚的谷地，由幾棟破舊茅屋構成，腹地寬廣，樹木不多，綠草如茵。此地的原住民早已拋棄大半傳統生活方式，身穿破舊的歐洲衣褲，不進叢林打獵維生，在村裡養了幾隻髒兮兮的雞和餓到肋骨突出的牛，皮上盡是塞滿蛆蟲的潰瘍膿包。

我們說明來此的目的，是尋找鳥類和哺乳類，特別是犰狳。只要能抓給我們，或是帶我們去看動物的巢穴，就可以獲得優渥的報酬。

聽著桑迪的翻譯，他們默默盯著我們，啜飲瑪黛茶，一副興趣缺缺的模樣。這不是他們的錯。外頭又熱又濕，躺在吊床上怎麼說都比進叢林奔波還要舒服。我同時驚覺，進村後還沒被蚊蟲叮咬過。我打斷桑迪，請他幫我問村民有沒有受到蚊子、馬巴拉嘎、沙蠅的侵擾。他們緩緩搖頭。要是在這裡住上一輩子，不知道我的精力能維持多久。假如沒有蟲子干擾，也不需要寒冷區域高度競爭的社會中必備的精力，或許我也會躺上吊床，等著母雞生蛋、香蕉熟成。

村長嚴肅地解釋我們來得很不是時候。過去幾星期來，村裡的男丁一直在討論要不要砍掉附近一棵有著野生蜂蜜的樹，隨時都可能付諸行動，在這件大事解決之前，顯然大家都沒心思想別的事情。

不過呢，他擔保要是誰剛好碰上什麼動物，一定會抓起來，通知我們。桑迪和我回到伊爾弗瓜。我實在是看不出村民能提供什麼實質協助。

我們在叢林裡晃盪了幾天，這個地方瀰漫著壓迫感，有些嚇人。英國的樹林溫和而親人，邊界開出數不盡的出入口，邀請人們漫步在通往林子中心的小徑上，享受灑落的陽光。包圍伊爾弗瓜的叢林則是以惡毒的荊棘、糾結的爬藤抗拒外來者。只要硬是擠進去，就會迎上生氣蓬勃的蚊蟲，加上硬蜱和水蛭助陣。沒帶指南針就搞不清天南地北，因為太陽被一層層枝葉擋住。為了避免迷路，我們在沿路樹幹上劃出淺淺的白色刻痕，折返時順著記號回到安全地帶。四面八方生氣蓬勃，同時也充滿腐朽與衰敗。大部分的植物肯定是拚命朝著陽光生長，但有的在如願前就耗盡氣力，折腰傾倒，在林地上腐爛。藤蔓攀附樹幹往上爬，等它們爬到樹頂，那棵樹也被勒死了。要等到哪棵大樹倒下，才有一絲陽光照向地面，一叢小型植物便在該地崛起，直到周遭樹苗壓過它們，再次奪取它們的日照與生命。僅在零星的空地上才看得到幾朵花。

叢林裡沒有大型動物，最大的應該是美洲豹吧。牠們數量不少，但行動敏捷，毛皮花色完美融入背景，除非是帶狗來打獵，否則沒多少人看過牠們。是的，乍看之下這片叢林沒有半隻動物，只有蝴蝶和鳴叫的蟲子，在潮濕的空氣中填入綿綿不絕的唧唧絮語。

但動物確實存在，躲在枝葉後頭監視著我們。某次我們看到一隻浣熊，但牠在我們面前一溜煙鑽進草葉間，消失得無影無蹤，只能從牠留下的腳印確定那是什麼動物。地面與簽到簿無異，我們可以依照痕跡判斷先前有哪些動物在此地活動，早我們一步悄悄消失。最常見的足跡來自南美蜥（tegu lizard）——牠走起路來像蛇般左右扭動，尾巴在爪印兩旁留下淺溝。有時追著痕跡就能看到鐵灰色的蜥蜴，身長近三呎，雕像似地一動也不動。一旦我們靠得近些，牠也會在瞬間消失。

說到叢林裡的居民，能見度最高的當屬鳥類。咬鵑和杜鵑差不多大，胸口鮮紅，鳥喙周圍生著硬梆梆的鬍鬚，直挺挺地坐在白蟻挖出的圓形樹洞旁，牠們通常在洞裡築巢。地面上看得到體型像松雞的淺棕色的鵼，牠們幾乎失去飛行能力，小心翼翼地穿過樹蔭，不時發出悠揚流暢的叫聲。某次我們找到鵼的鳥巢，裡頭有十多顆紫色的蛋，光滑閃亮如同撞球。絨冠藍鴉通常會直接來找我們，牠們總是滿心好奇，若是走近鳥群，牠們會在枝椏間鼓翅跳躍，朝我們靠過來，咯咯尖叫；這種漂亮的鳥兒腹部是乳白色，後背和翅膀是寶藍色，有趣的團狀羽冠讓腦袋看起來活像是戴了頂怪帽子。有種我們很少目睹的裸喉鐘雀在叢林裡其實不少，無論走到哪都能聽見牠們金屬摩擦似的叫聲。每次好不容易目睹其真面目，只能瞥見一抹盤據在樹頂枝椏的白點。裸喉鐘雀在叢林與同類互相爭地盤，會以持續超過一小時的鳴叫來宣示主權。有時牠們與半哩外的同類陷入白熱化的較勁，讓整片叢林迴盪著牠們宛如回音的叫聲。

工人隨著卡尤的船抵達此地，開始動手伐木。他們兩兩一組，每天出勤，砍下巨大的闊葉樹，有的將近一百呎高。其他人在涅尼托的監督下，與住在伊爾弗瓜的兩名原住民少年，一同搬運前一季砍下、經過風吹雨打的原木。這是個苦差事，他們使用直徑超過十呎的大木輪，裝載在沉重的木頭軸心兩端，以鍊條將樹幹綑在軸心上，由訓練有素的牛隊拉出叢林。這些牛養在住處附近的河岸空地，等到砍下來的原木足以串成木筏，就輪到牠們出場了。伐木工乘著木筏順流而下，花上一個月的時間前往亞松森。

用牛車運送樹幹。

過了幾天，我們派了一名原住民少年到村裡打聽有什麼斬獲。他帶來令人振奮的好消息。村長抓到巨嘴鳥、食蟻獸、三隻鴞，更棒的是還有一隻犰狳——問我們能出多少錢？我竟然懷疑他的手腕，真是太不好意思了。要是此地的原住民如此擅長打獵，顯然我們該離開這邊，駐紮在村子裡，等動物一落網便能接手。想到原住民居住的山谷幾乎沒有蚊蟲，這個計畫更有吸引力了。涅尼托借我們兩匹馬運送裝備。「卡尤回來的話，傳個訊息給我們。我們會馬上回來。」

就這樣，我們興高采烈地出發了。

傍晚時分，我們抵達村子，卻沒找到村長。村民說他去叢林裡照顧木薯田。

「怎麼可能。」我隨口說笑。「他去幫我們多抓一些動物。」

村民哈哈大笑，效果超出我的想像。他們放我們自己紮營。

隔天早上，村長派人傳話。「村長說他腳痛，沒辦法來見你們。」

「那些動物呢？在哪裡？」我們問。

「我再去問他。」信差悠閒地走遠。

當晚，村長回到村裡，腳步看起來穩得很。

「兩位大爺要付那些動物的錢。」桑迪說，「犰狳在哪裡？」

「溜了。」

「大食蟻獸呢？」

「死了。」

「巨嘴鳥呢？」

村長沉默幾秒，陰森森地說道：

「被老鷹吃了。」

「鵎呢？」

「啊哈。我沒有真正抓到那些動物，不過我應該知道要去哪裡找。只是先說說，看你們會拿出多少錢。」

我們不懂村長為何要謊稱他抓到從沒抓過的動物。我個人認為那是一種抽象的反應，想對我們以禮相待，又怕在自己村民面前丟臉。查爾斯的詮釋更加現實。

「我想這是叫我們別問蠢問題。」他的表情臭到不行。

白頭冠雉。

儘管失望透頂，我們的到來似乎在村裡激起了一些水花。不足以激勵他們動身打獵，但他們似乎對我們此行的成敗無比關切，常來我們的營區窩著喝瑪黛茶，提供有建設性的提議，教我們該怎麼做、要往哪裡找。有個人回想他聽說某人最近找到一種瓜拉尼語叫「亞古貝利」（djacu peti）鳥的鳥蛋。他說這種鳥兒很罕見，那個人把蛋帶回家，讓自家的母雞孵蛋。根據他的敘述，亞古貝利鳥應該是黑額鳴冠雉，形似火雞，是全鳳冠雉科（Cracidae）裡最好看的成員。我們興致來了。要去哪裡找這個人？他一臉狡詐。我們要拿什麼換那些小鳥？經過一番討價還價，終於敲定以物易物，等我們親眼確認數量、種類、健康狀況再說。那個原住民顯然對於中間人能抽到的傭金相當樂觀，自告奮勇說要抓鳥過來給我們看。

他離開了兩天，帶回黃黑相間的可愛小毛球。我們無從得知牠們到底是不是白頭冠雉，姑且信了他的說詞，用一把小刀換到鳥兒。

牠們相當溫馴，長得越大就越聽話，沒多久就學會跟在我們腳邊，害我們好怕一腳踩下去，只能把牠們養在臨時欄舍裡，以策安全。牠們愉快地啄食穀粒和碎肉，飛速成長。我們緊盯著雛鳥——究竟牠們會長成什麼模樣？隨著時光流逝，其中一隻看起來跟其他的不太一樣，不過等到要回倫敦前幾週，我們總算確認了牠們的身分。其中三隻確實是黑額鳴冠雉，黑色翅膀上散布白點，頭上長出壯觀的白色羽毛，紫紅相間的鮮豔垂冠。第四隻鳥兒樸素多了，身披棕色羽毛，只有小小的紅色垂冠。或許原住民故意混入別窩的鳥兒，想拿便宜貨來搪塞，但他們錯了。這是另外一種眉紋冠雉，倫敦動物園過去沒碰過幾隻。對我們來說，牠是四隻鳥中最寶貴的大獎。

四隻冠雉雛鳥換到亮晃晃的小刀，這消息不可能瞞得過村民，兩天後，另一個小伙子帶來一隻巨大的南美蜥，總共三呎長，脖子上套著繩圈。我無比謹慎地接過，因為南美蜥的咬合力極強，若是逮到機會，相信牠能輕易咬斷我的手指。我拎著牠的脖子和尾巴，南美蜥一扭，傳來細細的斷裂聲，我驚覺牠在我兩手間斷成兩截。尾巴和上半身一樣使勁掙扎，沒有流下半滴血，只在斷裂處突出的細長肌肉尖端冒出針尖般的紅色小點。小型蜥蜴通常會以這種方式斷尾求生，不過我沒料到體型這麼大的蜥蜴也有這一招，心裡有些毛毛的。

自我截肢的南美蜥看起來毫不在意，但牠的美貌已經削減了不少。我給了那人賞金，回頭就把蜥蜴放回叢林裡，讓牠把尾巴養回來。

隔天，同一個人帶來第二條南美蜥，跟第一條差不多大。我加倍留意，只可惜牠已經受傷了，那人在牠的洞口埋伏，牠狠狠反擊，咬中獵人的摺疊刀，導致牠的嘴巴嚴重受傷。我不相信牠能活下來，但還是將牠放進籠子，拿了顆蛋給牠吃。

隔天早上，蛋被南美蜥吃光了，牠靜靜趴在角落。牠的嘴巴在幾週間痊癒，等到把牠交給倫敦動物園時，已經完全恢復以往的凶狠剽悍。

我們已經收集到不少動物，除了冠雉和南美蜥，我們獲得一對罕見的鱗頭鸚哥、一隻年幼的絨冠藍鴉、五隻小小的鸚鵡雛鳥。然而我們仍舊沒見到最重要的目標：犰狳。

日復一日，我們搜過牠們居住的洞穴。要找到洞口並不難，犰狳熱愛挖洞，往地底下找食物，叢林裡到處都是牠們的備用巢穴，應該是認定總有一天會用到吧。牠們不時捨棄巢穴，再挖一個新家。

我們終於找到一條地道，種種跡象顯示目前裡頭住了犰狳。洞口附近有剛踩下的腳印，尚未枯萎的綠葉碎片散落在洞內。假如犰狳真的就在洞裡，最直接的手段就是把牠們挖出來。我不認為能靠這招逮到成年犰狳，牠們肯定會退往深處，說不定離地有十五呎遠。就算我們能挖得這麼深，相信犰狳也有辦法以更快的速度往下鑽。我們期望能找到幼獸，牠們通常會在地表附近育兒，避開不適合長久居住的深坑，畢竟洞穴深處一下雨就可能淹水。

這份差事無比艱辛，天氣熱得要命。地面鋪滿糾結的草根。挖了一個小時，我們發現主坑道大約在離地三呎處，與地面平行伸展，葉片越來越多，我相信育幼室就在眼前。我四肢著地，挖出鬆動的土石，目測洞裡夠安全，才把手伸進去。但我什麼都看不見，實在是難以累積信心。只能放手一搏了。我平趴在挖開的洞裡，一手伸進坑道。只摸到一堆樹葉。突然有了動靜。盲目一抓，握住不斷掙動的溫暖物體。我敢說這是犰狳的尾巴，可是無論正解為何，我都無法把牠扯出來。那隻動物似乎是以背部抵住洞穴頂部，四腳抓住地面。我撐了一會兒，好不容易才把另一隻手塞進去。在

尋找犰狳。

摸索掙扎的過程中，發現對手實在不好對付。這時我左手無意間摸到牠的腹部，瞬間捲起，四隻腳鬆開，像是瓶塞般被我拉出。

我鬆了一大口氣，這是一隻九帶犰狳幼獸。沒空仔細觀察，洞裡說不定還有其他犰狳。我把牠收進袋子裡，轉頭繼續努力。不到十分鐘，我又抓到三隻犰狳。正如我的預料——九帶犰狳有個特徵，雌獸每胎絕對都是同卵四胞胎。我們得意洋洋地帶著犰狳四兄弟回到營區。

第一個任務是替牠們布置舒服的籠子。亞松森的英國朋友送了四個木箱，我們把箱子解體後綑起，一路帶到這裡，幸好還沒用掉。我們迅速重組箱子，在箱頂釘上細密的鐵絲網，並鋪上泥土和乾草，完美的犰狳籠子大功告成。它們也省下替犰狳取名字的工夫——這些木箱原本裝的是雪利酒，犰狳小兄弟自然而然冠上菲諾（Fino）、阿蒙提拉多（Amontillado）、奧羅索（Oloroso）、薩克維爾

鑽進洞裡的犰狳。

（Sackville）等酒名。我們直接稱呼牠們四小福。

牠們是最迷人的生物，柔韌的外殼光滑瑩亮，充滿好奇心的小眼睛配上粉紅色的大肚皮。牠們幾乎整個白天都在乾草堆中呼呼大睡，到了傍晚就生氣蓬勃，在籠子裡衝撞討食。而且胃口不小。

九帶犰狳是最常見、分布最廣的犰狳。巴拉圭幾乎是牠們活動區域的最南端，其他北部的南美洲國家都看得到牠們的蹤影，過去五十年間，牠們的地盤擴展到美國南方。村民常常跑來看四小福，坐在籠子旁觀察牠們的一舉一動。我不懂他們為何如此感興趣，他們應該早就看過無數犰狳了吧。這種動物是他們飲食文化中的佳餚，或許是他們極少見識到活這麼久的犰狳，以往只要逮到就會馬上宰來吃。

他們和我們分享了許多犰狳的生態。他們說犰狳過河時會直接爬下河岸，踏入水中，就這樣直接沒頂踩著河床，爬上對岸。這個故事太過天馬行空，我沒有放在心上。不過等我們回到英國，我發現這個說法或許是真的。犰狳背上的鱗甲很沉，讓牠們得以沉在河底不會浮起。此外，牠們還擁有長時間憋氣、在缺氧狀態下持續活動的驚人能力。為了持續高速挖洞，鼻子難免要插在土裡，無法換氣，這自然是必備的機能。具備這兩個特性，犰狳相當可能擁有在水底行走的能力；美國學者曾在實驗室裡哄牠們完成這個任務。可是呢，至今尚未有科學家提出第一手報告，證明他們親眼觀察到犰狳以此種方式自行渡河，而且我們也知道犰狳能夠浮在水面上游泳（往肺裡吸滿空氣，降低身體密度）。

抓到四小福後，我們開始擔憂回程該如何是好。過去幾天沒下過大雨，水位大概要降了。卡尤或許已經折返，要是錯過他的船就慘了，因此我們收好所有的家當，浩浩蕩蕩地返回伊爾弗瓜。

涅尼托和朵勒瑞絲拿瑪黛茶迎接我們。我們坐在火堆旁，傳遞裝了茶水的葫蘆，聽他們分享近況。

這幾天沙蠅鬧得更凶了。伐木進展順利，他們砍了很多樹，大量的原木堆在河邊。不久就能開始搭木筏。

「卡尤呢？」我問。

「走了。」涅尼托以西班牙語不當一回事地回答。

「走了？」我們不敢相信自己的耳朵。

「對啊。水位很低，我請他稍等一會兒，讓我派人去找你，可是他說他很急。」

「那我們要怎麼回去？」

「上游好像還有一艘船。如果有的話，我想他們這陣子會回頭吧。他們一定會送你們一程。」

我們只能眼巴巴地等待。

算我們走運，沒有等上太久。兩天後，一艘小汽艇轟隆隆地從上游下來。船上已經載了五個人，顯然沒有我們的餘地，但船長答應幫忙運送大部分的行李和動物。水位降得很快，他們也在趕路。他們說要是沒在三天內駛進塞喬伊河，他們可能就要被困在這裡好幾禮拜，等待強勁雨勢讓水位上漲。不過，他們的目的地不是亞松森，最多只到波多伊村。與其繼續在伊爾弗瓜枯等，到下游找到開往亞松森的船機會更大。我們不到一個小時打包好所有的東西，向涅尼托和朵勒瑞絲道別，搭上我們的機動船，跟上汽艇。

回到塞喬伊河時，已經稍稍超出三天的限制。

即將停靠在波多伊村前，我看到另一艘汽艇駛近，掏出望遠鏡。是卡索號。連船長戴著草帽掌舵的身影都看得一清二楚。真沒想到我會如此幸運，能再見到他。

我們靠了過去，岡薩雷斯探出上身，從甲板上朝我們揮手。我們把裝備和動物運了上去，船長說他回到亞松森時，肉品公司的好心人沒見到我們，簡直嚇壞了，要他補充油料，回上游等我們。所以他才會出現在這邊。

船艙和天堂沒兩樣。

查爾斯打開收音機，靠在舖位上，做了一大盤精緻的小點心——塗滿奶油的餅乾上放了仔細捲好的鯷魚片。

他從身旁端起酒杯，喝了一大口啤酒，故作豁達地說道：「這趟旅程也不算太糟嘛。除了中間一、兩天不太如意，整體來說挺好的。」

第二十四章　鄉間的鳥巢

卡索號於清晨抵達亞松森，停靠在肉品公司的專用碼頭邊。船長扯著嗓子要岡薩雷斯關掉引擎，而他自己則爬上岸，掛著我們從沒見過的燦爛笑臉，以英雄之姿接受碼頭工人朋友的歡呼。岡薩雷斯跟在後頭，搭配生動的手勢描述這趟旅程的種種，引來一群聽眾。

經過幾星期的折磨與忐忑，再次看到亞松森港邊漂滿垃圾的海水和髒兮兮的碼頭，查爾斯和我開心的不得了。我們來到經理辦公室，感謝他出借這艘汽艇，我喜孜孜地想著市區的各種享受——不怕雨水的臥室、柔軟的床墊、來自家鄉的信件，還有不用自己動手的美味大餐，放在亮晶晶的桃花心木餐桌上，旁邊擱著雪亮的銀餐具。返程未定，下一趟旅程還沒個譜，必須花點時間規劃，我們少說能慵懶地度上一週的假。

經理熱情地招呼我們。

「你們回來的正是時候。還記得你們之前說想拜訪咱們的牧場嗎？公司的飛機後天會來亞松森一趟，如果你們有意跑一趟，去布宜諾艾利斯途中可以順道送你們到伊塔卡波（Ita Caabo）牧場。」

即便這代表豪華假期被硬生生取消，但我們沒有理由拒絕，因為先前聽說伊塔卡波的環境時，就認定這趟很可能帶來極大收穫。牧場在南方兩百哩外，位於阿根廷最北方的省分科連特斯，過去長期由蘇格蘭人麥基先生（Mr. Mckie）管理。他相信成功的牧牛環境不一定要完全驅逐所有的野生動物，身為滿懷熱情的自然學家，他在自己掌管的土地上禁止狩獵。因此牧場不只生產高品質的牛肉，也成為動物的避風港。這項傳統由目前的管理者迪克・巴頓（Dick Barton）承續。在伊塔卡波，阿根廷平原區域的野生動物數量幾乎是無人能敵。

悠閒的假期縮減成忙亂的兩天。我們把曝光過的底片寄去倫敦，檢修所有設備，打造欄舍和籠子，架設在招待我們的英國朋友家的大院子裡，讓動物暫時落腳。為了讓這些動物好好過活，我們接受屋主的建議，借用他的巴拉圭籍園丁，開朗活潑的小伙子阿波羅尼歐，再請他的兄弟來接手庭院事務。阿波羅尼歐熱愛動物，欣喜若狂地照顧冠雉雛鳥、鸚鵡、四小福，就連凶猛的南美蜥也不例外，我們肯定他會投入全副心力與這些動物周旋。

肉品公司的飛機準時抵達，那是架小小的單引擎飛機，小到我們得要大費周章才能把最基本的器材塞進去。

幾分鐘內，我們飛上天，離開亞松森和巴拉圭，前往阿根廷。從地理或政治的角度來看，這都是一塊嶄新的土地。道路和柵欄在深綠帆布似的草地上，毫無窒礙地劃出紅色和銀色的筆直線條。幾乎難以想像在這片沒有遮掩、全心奉獻給現代肉品產業的區域內，能找到任何野生動物。我們在嗡嗡引擎聲中度過將近兩個小時，機長大聲嚷嚷，指著前方紅色建築物構成的小小方形，窄窄的樹林框在四周，宛若鑲在深綠色畫框中的畫作。那裡就是伊塔卡波。地平線傾斜，建築物越來越大，平原上的小點化為牛隻。機身緩緩降低，著地。

經理正等著我們到達。他身材高大，臉上帶笑，戴著奇形怪狀的窄簷紳士帽，拄著手杖，看上去活像是從英國赫里福德郡農舍裡走出的人物。他的開場白就和外表一般洋溢英式風範。

「午安。我是巴頓。請進——相信兩位想先來一杯啤酒。」

不過呢，他帶著我們穿越的庭院與英國鄉間風情差了一大截。高大的棕櫚樹懶洋洋地在草坪中央揮舞葉片，紫薇花、九重葛、扶桑花在灌木叢中盛開。一名阿根廷牧牛工人瀟灑地站在花圃間，按部就班地除掉枯萎的花朵。他身穿寬鬆長褲，腰繫厚實皮帶，上頭插著未附鞘的刀子，頭上頂著寬邊帽，一臉黑色落腮鬍。

屋子只有一層樓，架著波浪鐵皮屋頂，稱不上好看，也缺了點雅致，但結構和家具都呈現出愛德華時代的豐足氣息。我們分到空間很大的客用套房，並附有私人衛浴。隨後來到寬敞的撞球間與迪克．巴頓碰面，享用他先前承諾的啤酒。

我們說起此行想見到哪些動物——美洲鴕（rhea）、水豚（capybara）、烏龜、犰狳、兔絨鼠（viscachas）、鴴（plover）、穴鴞（burrowing owl）。

「天吶！」他說，「還不簡單嗎？這裡多得是。可以借你們貨車，讓你們到處找動物。我還會叫手下幫忙留意，警告他們要是沒辦法幫你們找到那些動物，我就要發脾氣啦。」

與空中俯瞰時的印象不同，房屋周圍的土地並非完全平坦，恰似英國威爾特郡的丘陵般和緩起伏。草地上也不是光禿禿一片，他們種了幾片澳洲的木麻黃和尤加利樹給牲口乘涼。巴頓說此地不是彭巴草原——往南延伸、涵蓋布宜諾艾利斯省幾百哩處，跟桌面一樣毫無起伏的平原——而是「camp」，從西班牙語裡剪接下來的詞，單純代表「鄉間」。

牧場所屬的八萬五千畝土地，以鐵絲網隔成幾個牧場，每一個都跟英國的小農莊一樣大。茂密的青草是牛隻的佳餚，但是寥寥可數的遮蔭無法給予鳥類屏障，也不適合築巢。即

在伊塔卡波工作的牧牛工人。

便如此，還是有幾種鳥兒使出渾身解數，在這片不太友善的遼闊土地上蓬勃發展。

棕灶鳥[13]（或稱阿隆索鳥）是一種紅棕色小鳥，體型與歐洲的歌鶇相差無幾，牠們築巢

棕灶鳥與半完成的巢。（上圖）
棕灶鳥與大功告成的巢。（下圖）

13 審註：在南美洲可稱為 ovenbird 的鳥種非常多，按照照片和描述，作者應指的是作為阿根廷國鳥的 Rufous hornero（*Furnarius rufus*）。

時從未想到要避過鷹隼的耳目，也不在乎四處覓食的牛隻。牠們用了完全不同的招數保護蛋和雛鳥：建造堅不可摧的鳥巢，以太陽下烤乾的泥塊築起圓頂結構，形似當地民眾烤麵包的陶爐。這個巢長約一呎，開口能讓成人的手通過。不過，鳥蛋受到良好的保護，接近開口處築了一道牆，封住孵蛋的空間，只開了一個容鳥兒鑽過的小洞。

既然有如此精巧的要塞，棕灶鳥不需要將巢藏起，而是大剌剌地築在最顯眼的地方。假如沒有樹木，牠們就在柵欄的桿頂、電線桿頂，或是任何能托住鳥巢遠離地表讓牛隻踢踩不到的物體上。我們在一扇常用的柵門頂端找到一個巢，每天肯定要隨著門板來回移動好幾次。

棕灶鳥膽子很大，看來牠們頗喜歡人類的陪伴，往往選擇在屋舍附近築巢。對於牠們的青睞，牧牛工人也相當喜愛這些可愛又無畏的小鳥，還替牠們取了各種暱稱。像是我們把歐亞歌鴝叫做紅胸羅賓，稱呼鷦鷯為珍妮．雷恩[14]，他們把棕灶鳥稱為阿隆索．加西亞和João de los Barrios（勉強可以譯為「泥糊裡的強尼」）。他們說這種鳥兒簡直是傑出的表率：總是愉快高歌的樂觀性情、畢生忠於伴侶的高尚道德觀、築巢期間從早到晚不停工作的勤勉精神——除了週日，他們說這代表牠虔誠到了極點。

多刺的紅心鳳梨屬植物零星散布在土地凹陷處及溪流岸邊，從基座簇生葉叢凶惡帶刺的葉片，往上抽伸的莖條結滿果實，能長到超過六呎高。許多漂亮的小鳥住在這些簇生植物裡，偶爾才會溜到開闊的草地上。

一群群叉尾霸鶲（Scissor-tail）[15]到野鳳梨叢間覓食，以無法預測的軌跡在莖條間飛舞，或是攀附在高處，曬著太陽，唱出滴滴答答的歌聲，尾羽不斷開合。也能找到小小的白蒙吉霸鶲（Widow tyrant）[16]，這種鳥兒渾身雪白，僅在尾巴和初級飛羽帶了一抹黑；還有珍奇的朱紅霸鶲（Churrinche）[17]，拖著黑色尾巴，翅膀和其他部位全是奇特的鮮紅色。牧牛工人以西班牙語稱呼牠們「火人、牛血」，不過最傳神的應當是「燒紅的小煤炭」。只要看到朱紅霸鶲，我們總會停下腳步，欣賞眼前美景，惋惜我們要拍的是黑白片。

這片鄉間最高雅的成員當屬美洲鴕。巴頓納悶我們這些書呆子，幹嘛執意不直接稱牠們鴕鳥，沒錯，這兩種鳥類確實極為相似。真正的鴕鳥只分布在非洲，而美洲鴕的活動範圍僅限於南美洲，可以從幾個細節分辨兩者：美洲鴕身形略小，羽毛不是黑白色，而是溫暖的淺灰色；牠們一腳各有三根腳趾，鴕鳥則只有兩根。

---

14 註：robin（羅賓）和 wren（雷恩）兩個人名本身也是鳥類群的名字，故稱。
15 註：通用的英文俗名 Fork-tailed flycatcher。
16 註：通用的英文俗名 White monjita。
17 註：通用的英文俗名 Scarlet flycatcher。

常能看到美洲鴕在草地上緩緩漫步，優雅從容的姿態猶如時裝模特兒。牧場的狩獵禁令讓牠們發展出不太怕生的性子，我們可以把車停在幾碼外就近觀察，若是入侵了牠們的安全範圍，牠們會像野鹿般抬起頭，懷疑地盯著我們。長長的脖子透出高傲的氣質，但水汪汪的大眼睛總是溫和無比。

這些不會飛的鳥兒毛茸茸的翅膀，除了保暖，沒有實質功能。牠們身上只有薄薄的乳白色羽毛，得要蓬起翅膀，包裹自己光禿禿的身子，那副模樣活像是風騷的扇子舞女郎。

每群美洲鴕都由一隻公鳥搭配體型年齡各異的母鳥組成。公鳥通常是裡面體型最大的，一道黑色紋路從後頸往下延伸，在肩頭繞成圈。牠的妻子們也有這條斑紋，不過是較不顯眼的棕色。

假如不顧牠們示警的眼神，靠得太近，整群鳥會高速奔離，強健的腳掌在地上踩出亂七

美洲鴕的巢。

八糟的印子。巴頓說牠們有辦法擺脫最快的馬匹，腳步敏捷，不斷轉向亂竄，極難捕捉。

我們在沼地的蘆葦叢中找到一處鳥巢。整個巢不深，直徑近三呎，鋪著枯葉，裡頭擺著巨大的白色鳥蛋，數量多到令人咋舌。每顆蛋長達六吋，體積超過一點五品脫[18]，總共有三十顆，橫七豎八地擱在巢裡。我一邊看著，在心裡稍稍盤算，以蛋黃蛋白的分量來看，這個巢裡的蛋幾乎等同五百顆雞蛋。不過這巢還不算大，上一季有個牧牛工人找到裝了五十三顆蛋的巢，本世紀初過世的鳥類學家威廉・亨利・哈德森（W. H. Hudson）在著作中提到，美洲鴕有記錄過一百二十顆蛋的天文數據。

巢裡的蛋自然不是同一隻母鳥所生，是公鳥整個妻妾群的功勞。仔細觀察這個鳥巢，看得出這些蛋的尺寸略有差異，比較小的蛋應該是來自年紀較小的母鳥。

我腦海中浮現無數疑問。我知道公鳥負責選擇築巢地點和孵蛋，可是牠的妻子怎麼知道鳥巢的位置？如何調整生蛋次序，才不會有幾隻母鳥同時生蛋，或是一連幾天巢裡沒有任何新蛋？可惜就算監視這個巢也找不出答案，我們眼前的蛋都冷了——鳥群捨棄了這個巢。

三天後，我們鑽進另一片溪邊的野鳳梨叢，想仔細觀看一隻朱紅霸鶲，沒想到一隻美洲鴕在我們面前一躍而起，閃過高大的草莖，沙沙逃離。我們在前方幾碼處找到牠的巢，裡頭只有兩顆蛋。要是能持續觀察，說不定就能解開美洲鴕生蛋之謎。

18 註：重量是雞蛋的十倍重。

依照以往經驗，我們決定拿貨車當掩護。最適當的觀測處在三十碼外的斜坡上，比鳥巢稍微高一些。野鳳梨叢相當茂密，隔著幾呎就看不見鳥巢的蹤影。我們小心翼翼地砍下幾根高挺的草莖，清出狹窄的通道，讓我們能從遠處窺視。我試著一次只清掉幾叢野鳳梨，讓公鳥慢慢習慣周圍環境的改變。

接下來幾天，我們每個早上都會回到定點，把車停在同一個地方。每天早上，美洲鴕一離開他的巢，我們就上前拓寬車子和鳥巢間的通道。此舉並沒有打擾到鳥群，每天早上都能看到多出一顆新生下的亮黃色鳥蛋，與其他褪成象牙色的蛋形成強烈對比。到了第五天早上，我們的通道總算大功告成，可以實行監視計畫了。

我們對這隻美洲鴕老兄產生了親近的情感，替牠取了「黑頸」這個名字。牠坐在巢上，彎起頸子，腦袋擱在肩頭，那身灰色羽毛與雜草和野鳳梨叢融為一體，即便我們把牠家院子修剪出一個大洞，仍舊難以辨識牠的身影，只能從那雙瑩亮的眼珠子尋找牠的下落。就算有了線索，若不是早就知道鳥巢的位置，我八成搞不清楚要往哪裡看。我們在這個基地守了好一陣子。

兩個小時後，黑頸依然毫無動靜，太陽升起，氣溫越來越高。抵達此處時還在開闊草地上覓食的牛隻，紛紛躲進我們背後那片尤加利樹的陰影下。鳥巢的另一側，有隻鷺在溪裡抓了幾條魚，喧鬧地鼓翅離開，結束早餐時光。黑頸一動也不動。每隔幾分鐘，我就舉起望遠鏡，期盼能看到牠做些有意思的事。牠除了眨眼，什麼都沒做。

我們已經在車上看了兩小時了，這隻鳥肯定還沒開始孵蛋，巢裡的蛋頂多才六顆吧，還沒裝滿呢。六隻美洲鴕出現在我們右側的山丘頂上，悠閒地吃草。牠們都是母鳥——巢裡那隻公鳥的妻妾群。牠們緩緩走近，又退回天際線後。

黑頸緩緩起身，站了一會兒，慢吞吞地走向牠那些妻子。漫長的等待就此開始。黑頸在九點離開，接下來的三小時內，我們沒看到牠或牠的妻妾群。到了十二點十五分，牠翻過丘頂，身旁陪著一隻年輕的母鳥，一起走向鳥巢。黑頸看似為牠的伴侶領路，又像是護送牠來鳥巢，但根本無法得知實情為何。牠的妻妾群成員比鳥蛋的數量還多，或許這隻母鳥從未造訪過該巢，因此黑頸必須替牠帶路。

無論母鳥有沒有見過這個巢，等牠終於抵達目的地，牠對鳥巢的評價似乎不太高，細細打量了好幾分鐘，垂下腦袋從鳥蛋間銜起一根小小的羽毛，不屑地甩到背後。黑頸站在牠身旁看著。牠又整理了一、兩處，卻還是無法滿意，大步走向左側的野鳳梨叢，黑頸跟了上去。

牠們走了一百碼，母鳥突然坐下，幾乎被草叢淹沒。領路的黑頸轉向牠——以及我們——左右搖晃牠的腦袋。大部分的求偶表演似乎都在刻意展示雄性特有的外表差異，黑頸的舞姿為得是在伴侶面前誇示脖子和肩上光亮的黑色條紋。牠突然朝母鳥踏出一步，兩條頸子越靠越近，像蛇一般交纏。牠們激情共舞了幾秒，母鳥再次坐下，黑頸稍稍退開，灰色的羽毛一掮，趴到母鳥背上，壓低腦袋。這個姿勢維持了幾分鐘，我們只看得見一大堆灰色羽毛。兩隻鳥分開，黑頸走向山丘，有一口沒一口地啄食野鳳梨漿果。母鳥起身跟上，牠們抖抖翅膀、理順羽毛，一同回到鳥巢邊。母鳥再次彎下脖子檢視，但牠沒有坐下，而是跟著公鳥一起往右走，與其餘妻妾成員會合。

鳥巢恢復淨空，放眼望去沒看到半隻美洲鴕。我們靜靜坐著，執意要一直等到有鳥來下蛋，顯然我們看到了產卵過程的前半段，目睹公鳥帶其中一個妻子來看牠的巢，然後向其求偶。假如這是牠第一次與這隻母鳥交配，那母鳥得要過幾天才會生下受精的鳥蛋。不過呢，我們見識到的求偶行為，說不定是為了刺激母鳥，催促牠生蛋。答案為何，我們無從得知。

黑頸與牠的伴侶之一。

鳥巢就這樣三個小時無人聞問，到了四點，一隻母鳥穿過右側的野鳳梨叢，黑頸跟在背後。牠們直直走向鳥巢，我們認不出這隻母鳥是否就是早上那隻。牠看了看鳥巢，挑掉幾片枯葉，高高揚起腦袋，很慢很慢地坐下。

我從沒想過公鳥在伴侶生蛋時如何打發時間。或許大部分的雄性動物都不在場，也不清楚這事在什麼時候發生。黑頸並非如此。牠在鳥巢後頭走來走去，看起來與醫院產房外的準爸爸一樣心急如焚。母鳥好像不太舒服，兩度拍拍翅膀，腦袋垂到地上。過了幾分鐘，牠站了起來，移到公鳥身旁，兩隻鳥一同離開。

等牠們走遠，我悄悄下車，湊向鳥巢。第七顆蛋落在鳥巢邊緣外，黃色的蛋殼還沒乾。母鳥的體型不小，產下這顆蛋的位置與其他蛋有段距離。晚上黑頸肯定會回來把蛋推進巢內，然後徹夜守著那窩蛋。

我們發動貨車，開開心心地回到住處。至少其中一個疑問解開了：是公美洲鴕帶母鳥到鳥巢邊，並且安排生蛋的次序。

不過，我們依舊無法證實某個說法。桑迪・伍德曾說公鳥把鳥巢填滿，開始孵蛋時，會把一顆蛋推到巢外。他說這叫做「什一稅」。這顆蛋就這樣擱在外頭，直到大部分的蛋即將孵化，這時公鳥會把它一腳踢碎，蛋黃蛋白流了滿地。不出兩、三天，吸滿蛋液的土地會湧現蛆蟲，在雛鳥最需要營養的時刻給牠們完美的食物。要是能在伊塔卡波待得更久，或許就能看到黑頸這麼做了。

第二十五章　浴室裡的野獸

在採集動物的任務途中，沒有比浴室還要方便的空間了。我是在西非領悟這個真理，當時我們待的旅店浴室相當原始，沒有經過太多天人交戰就捨棄裡頭可疑的設備，把它當成克難動物園的別館。浴室裡唯一名實相符的設備，是帶了幾道裂痕的巨大琺瑯浴缸，堂而皇之地佇立在紅色泥土地上。一條粗鍊子把塞子掛在黃銅管路上，水龍頭上厚著臉皮標示著「熱水」和「冷水」，但是那組髒兮兮的維多利亞風出水口已經罷工多時——後頭沒有連接任何水管，而方圓幾哩內唯一的水源是附近的河流。

儘管這是一間極度不稱職的浴室，它仍舊是動物們舒適的住處。陰暗的光線與貓頭鷹巢穴的微弱亮度如此相似，毛茸茸的雛鳥愉快地棲息在插進燈芯草牆壁一角的桿子上。六隻胖嘟嘟的蟾蜍住在浴缸一角下方的潮濕縫隙間，之後浴缸裡添了一隻新房客：一碼長的年輕鱷魚。

說真的，浴缸並非鱷魚的理想居所，雖然牠白天無法爬上光滑的浴缸壁，夜晚似乎帶給牠更強大的精力，每天早上都會逮到牠在地上閒晃。於是我們早餐前的例行公事就是輪流拿濕抹布蓋住牠的眼睛，乘機拎著牠的後頸，把氣得不斷咕噥的牠放回珐瑯池子裡。

自從那時開始，我們在蘇利南、爪哇、新幾內亞都曾把蜂鳥、變色龍、蟒蛇、電鰻、水獺養在浴室裡。在伊塔卡波這裡，迪克·巴頓分配了精緻的私人浴室給我們，實在是太感謝他了，這可是我們至今來碰過最理想的浴室。地上鋪著磁磚，牆壁全是堅固的水泥，門板厚實密合，除了浴缸（水龍頭運作正常），還有馬桶和洗手台，提供了無限的可能性。

搭上肉品公司的飛機時，心想回程恐怕沒空間多塞動物了，不過日子一天天過去，對於機艙尺寸的精確記憶逐漸淡去，我說服自己艙內一定還放得下一、兩隻小動物。不乘機發揮這間浴室的潛力，實在是說不過去。

某天的一場暴雨後，我替浴室找到了第一名房客。我騎馬四處亂跑，凹洞積了水，形成淺淺的池子。經過一片水池時，我看到像是青蛙的小臉從水面探出，仔細打量我。我下了馬，那張臉馬上縮回泥水裡。我將馬兒綁在柵欄上，坐下來等待。不久，那張臉再次浮現，這回換到水池的另一端。我繞了過去，這才看清楚無論這個好奇的小東西是什麼，牠絕對不是蛙類。牠又一次消失，游泳橫越水池，掀起一道泥濘，直到牠又找了個地方安頓下來。我伸手一抓，握起一隻小烏龜。

牠的腹甲布滿美麗的黑白花紋，頸子太長，無法直接縮進殼內，得要往旁邊彎起。這是一隻側頸龜——不算稀有，但仍舊充滿魅力，我相信總能在飛機上替這麼可愛的小動物找到空間，就算放在我的口袋裡也行。我在浴缸裡放了半缸水，一端擺了幾顆大石頭，讓牠游泳游膩了可以上岸休息，是牠的絕佳旅館。

兩天後，我們在小溪裡幫牠找到了同伴。這兩隻烏龜靜靜趴在水底，牠們的下顎有兩條形似律師袍領帶的鮮明黑白色觸鬚。這或許是某種附肢，烏龜可以像石頭般靜靜趴在池底，隨意移動觸鬚，引誘小魚靠近牠們的嘴巴。不過，我們的烏龜沒有這個需求，每天晚上我們都會去廚房討一些生肉，用鉗子餵食，看牠們狼吞虎嚥，伸長脖子吞下肉塊。等牠們吃完，我們會把牠們撈出來，放在浴室磁磚上蹓躂，換我們讓浴缸發揮其原本的功能。

我格外好奇在阿根廷的這個區域能找到哪種犰狳，說不定是巴拉圭境內沒有的種類。巴頓說牧場裡最常見的有兩種：一個是我們在庫魯瓜提找到的九帶犰狳；而另一種被他稱為「小騾子」的犰狳，聽來有些陌生。巴頓承諾會叫牧牛工人看到的話就抓回來，隔天就有一名工頭找上門，手中拎著裝了小騾子的布袋。

我們又驚又喜，因為就我們所知，其活動分布不包含巴拉圭。雖然牠的外型與九帶犰狳大致類似，牠背部中央只有七條分離的帶狀鱗甲，外殼也沒那麼光滑，漆黑粗糙，長了一顆顆小疣。我們一定要替牠找個機位。從四小福身上，我們深知犰狳是強健又執著的挖洞好手，就連最扎實的籠子也關不住牠們。看來沒有必要搭籠子，反正我們有這間浴室，滿地磁磚，寬敞穩固，目前還不算太擁擠。我們收集了一堆乾草，放在馬桶旁的角落，再加上一碟絞肉配牛奶，把小騾子放進牠的新家。牠一頭鑽進草堆，在裡頭翻來翻去，使得草堆像是掀起浪花的海面。玩累了，牠伸出腦袋，聞到肉味就奔向碟子開始進食，嚼肉喝奶，嘶嘶吐氣，從鼻孔裡吐出牛奶泡泡。看牠吃完晚餐，我們上床睡覺，開開心心地想著除了四小福，又多了一種犰狳啦。

隔天早上，我進浴室刮鬍子時，沒看到小騾子的身影。我猜牠一定是在草堆裡熟睡，翻開乾草卻沒找到牠。難以想像這間空蕩蕩的浴室有什麼躲藏的死角。我找了浴缸、馬桶後方、毛巾架的底座、洗手台，已經沒別的地方可找了，但還是找不到牠。這裡沒有對外的門窗，無法相信牠會溜出去，除非某個僕人開過門，不小心將其放走。得知這個消息，巴頓激動不已，問過每一個僕人，可是今天早上沒有人進過那間浴室。早餐後，我們又搜了一輪，小騾子真的消失了，我們完全無法想像牠是以何種方式脫離浴室。

兩天後，我們得到第二隻小騾子。這次是母犰狳。我們同樣把牠關在浴室裡，晚間每隔一個小時就去探視牠過得如何——牠看起來舒服得很，跟先前那隻犰狳一樣胃口極佳。然而深夜我再去巡房時，牠也不見了。牠一定還在浴室的某個角落。我找來查爾斯和巴頓，三人找上找下，心想說不定牠用了某種魔術潛入馬桶裡。我們掀開院子裡的人孔蓋，但牠不在裡頭。我們在浴室裡滿地亂爬，尋找隱藏式的排水孔或隙縫，仍舊一無所獲。最後總算在馬桶底座與牆面間看到一條長著一顆顆小疣的黑尾巴。第二隻犰狳鑽進了中空的陶瓷底座，費了一番工夫才把牠挖出來，牠緊緊塞在裡頭，我們只能使出搔肚的老把戲。查爾斯瞇眼凝視底座內部，讚嘆牠竟能自行擠入如此狹窄的空間。

他往後坐下，咧嘴一笑。

「你看。」他說。馬桶底座下的沙土被挖出一條隧道，隧道底部有一團黑色物體，是我們的一號小騾子。只有犰狳能在銅牆鐵壁般的浴室裡找到這個破綻，但我相信只要加工一下，還是可以把這些逃脫高手養在裡頭。我在洗手台裡放了半盆水，將烏龜移過去，放乾浴缸，鋪上乾草，把兩隻犰狳放進去。牠們在草堆裡鑽來穿去，在光滑的琺瑯上不斷滑倒，鼻尖塞進排水孔，抓了抓黃銅孔緣，判斷此地不宜開挖，認命地趴回草堆睡覺。

我們關燈離開浴室。

「跟你們說，找到牠們的下落我其實有點遺憾。」巴頓開口道，「我相信牠們能替未來的客人提供寓教於樂的美好時光。世上可沒有多少馬桶裡住了犰狳的宅院！」

半哩外有一條小河橫越整片牧場，水挺深的，兩岸長滿高聳的蘆葦和垂柳。河水時而在沙岸邊掀起漣漪、時而在岩石上打出白色水花，但整體來說水勢平緩，串連一個個灑滿陽光的水潭。蒼鷺和白鷺來此抓魚，站在及膝的淺灘區；蜻蜓拍打透明翅膀，掠過水面捕食蚊子和蠓；隱密處還有幾群嬌小水鴨，排成整齊的陣形浮在水上。這幅景色已經足夠美妙，但巴頓說有個地方能看到水豚。

這個消息令人手舞足蹈。查爾斯和我一直盼望能拍攝自然環境中的水豚，跟我們在蓋亞那收集到的馴化水豚大不相同。

水豚不是稀有動物，但牠們非常害羞戒備，畢竟牠們的皮肉都是獵人眼中的好貨，不僅滋味類似小牛肉，格外柔軟堅韌的獸皮還能做成高級的工作圍裙和馬鞍墊。

「在這裡不用大費周章。」巴頓滿懷信心。「牧場裡有好幾百隻，而且此地禁止打獵，牠們膽子大的不得了。只要用最陽春的小相機就能近距離拍到牠們，你們那些高級道具肯定能獲得更好的成果。」

我們對他的說法持保留態度。以前有人跟我們說過這種話，而我們往往只能看到動物離去的背影，再聽他們以馬後砲般的語氣揶揄我們有勇無謀。隔天，我們帶上最厲害的伸縮鏡頭，準備應付最惡劣的狀況，依照巴頓的指示繞過一片尤加利樹。查爾斯小心翼翼地停好車，我拿著望遠鏡掃視岸邊的整排樹木，幾乎無法相信自己的雙眼——巴頓的描述只是皮毛，完全及不上我親眼所見的情景。

一百多隻水豚趴在河邊草地上，擁擠程度直逼國定假日的黑池海灘。水豚媽媽後臀著地，以慈愛的眼神注視周圍嬉鬧的水豚寶寶。水豚老先生找了比較清靜的角落伸長四肢，下巴擱在前腳上。小伙子在一窩窩水豚間閒晃，不時吵醒打瞌睡的長輩，連忙以笨拙的姿勢逃到安全地帶，免得陷入紛爭。氣溫很高，牠們大多沒什麼精神。

我們緩緩開車靠近。一、兩隻年長的公水豚坐了起來，認真地打量我們，接著別開臉繼續睡。牠們的側臉接近長方形，肩頭長著蓬鬆的紅色鬃毛。在鼻孔和眼睛之間有個醒目的突起腺體，母水豚則沒有這項特徵。牠們有種高貴氣質，表情超然，讓我聯想到獅子，而不是牠們的嚙齒類親戚（老鼠之類的）。

一隻水豚媽媽緩緩走向河邊，六個小孩跟在牠背後排成一列，踏進清涼的水中。靠得近些才發現，游水的水豚數量不亞於曬太陽的同伴。牠們慵懶地來回漂浮或打水，除了享樂別無目的。一隻水豚老太太站在淹到牠肚皮的淺水區陷入冥想，咀嚼荷葉。整群裡只有一隻年輕的公水豚游得快一些，我們看牠橫越河面，脖子後掀起扇形水花。突然間，牠潛入水裡，我們順著整排漣漪追蹤牠潛水的路線，直到牠冒出水面，喘息吐水，來到一隻母水豚身旁，那隻毛皮光澤極美的母水豚正優雅地漂在臨近對岸。母水豚立刻游走，這兩隻水豚只有棕色腦袋浮在水面上，往下游移動，彷彿是兩艘依

河邊的水豚。

序航行的模型船。母水豚潛到水裡想擺脫追求者，但公水豚也依樣畫葫蘆，從水面下跟到水面上。這場求偶戲碼在河裡來來回回持續了至少十分鐘，公水豚使出渾身解數示愛，母水豚終於讓步，牠們在一棵柳樹下的淺灘交配。

那天早上，我們拍了兩個小時，接下來的每一天幾乎都會去河邊看水豚，這可是難得的機會——世界上沒別的地方可以不用遠離塵囂，就能看見這麼大群的水豚。

說來有些諷刺，兔絨鼠這種形似兔子的嚙齒類，在阿根廷曾經隨處可見，現在卻是伊塔卡波最罕見的稀客。

七十年前，哈德森曾寫道，在彭巴草原的某些區域，你騎上五百哩的馬，途中至少每隔半哩就會看見一處兔子窩，甚至一次能看見一百多隻兔絨鼠。兔絨鼠的數量大增的主因，是牧場主獵殺了牠們的天敵美洲豹和狐狸，使得牠們肆無忌憚地大量繁殖。不過呢，牧場主很快就發覺這些小東西吃草的速度極快，壓迫到牛隻的草料，於是掀起了一場大戰。人們引河水淹向兔鼠的洞穴，把牠們逼到高處，一舉屠殺。牠們的巢穴（viscacheras）被人挖開，用土石堵住，將兔絨鼠困在裡頭活活餓死。使出這些狠招的獵人得要提防兔絨鼠趁夜脫困——附近的兔絨鼠群會以某種神祕的方式得知鄰居陷入危機，若是不加注意，牠們就會跑來挖開土石，解救遭到活埋的同胞。現在只剩少數的兔絨鼠。巴頓要下令趕盡殺絕自然是不費吹灰之力，但他在牧場角落替一窩兔絨鼠留了一席之地，某天傍晚，他開車帶我們過去。

搭了半小時的車，我們離開壓出車轍的沙土車道，輾過大片薊草，在凹凸不平的草地上顛簸一段時間。距離停車處二十呎外有個低矮的土堆，頂上蓋著石子、乾枯的木片、樹根。土堆底部有十多個大洞。

那些石子並不是自然散落於此，而是由兔絨鼠堆起，牠們擁有收集癖，放到土堆上的不只是挖洞途中翻出的小東西，牠們在牧場找到什麼搬得動的奇特物體也會搬回來。要是牧牛工人在外頭騎馬時弄丟什麼東西，很有可能從這個雜亂但深受喜愛的博物館尋回。

這些動物還在地底迷宮裡熟睡，牠們只在夜晚出門，趁夜吃草。

這個時段涼爽得很，微風替我們搧涼，吹動野鳳梨叢。四隻美洲鴕出現在天際線上，緩緩走了過來。牠們坐在一片鬆散的沙地上，翻動毛茸茸的翅膀，垂下腦袋享受沙浴。麥雞[19]的叫聲漸漸減弱，鳥兒雙雙對對地回巢歇息。碩大的血紅太陽沉向筆直的地平線。

兔子窩的主人尚未現身，這個土堆可一點都不冷清。一對穴鴞身材嬌小，毛色像是條紋背心，睜著亮晶晶的黃眼珠，在石堆頂上衛兵似地站得直挺挺的。這種鳥有辦法自己挖洞築巢，但牠們多半會借用兔絨鼠現成的洞穴，把石堆當成盯哨的崗位，觀察周遭環境，尋找牠們的主食囓齒類和蟲子。

這兩隻穴鴞的住處位於另一端，相當在意我們的存在，探出頭又縮起來，搖頭晃腦，憤

19 審註：麥雞稱為lapwing，與稱為plover的鴴同樣屬於鴴科（Charadriidae），唯前者腳長、體型較大。在台灣有土豆鳥之稱號的小辮鴴，即是麥雞屬的物種。

怒地眨眼。牠們不時喪失勇氣，躲回洞裡，隔了幾分鐘又冒出來瞪眼。

他們不是這片土洞窩唯一的房客。幾隻小礦雀（miner bird）輕巧地踏過周圍被啃過的草莖。牠們住在狹長的隧道裡，因為牧場幾乎沒有其他合適的場所，於是牠們多半會在兔絨鼠的巢穴出入口旁挖洞。礦雀與棕灶鳥血緣相近，也是每年築一次新巢，但之前挖好的隧道絕對不會浪費，交給在土洞窩上空滑翔的燕子使用。兔絨鼠的窩其實是周遭多數野生動物的聚集點。看房客在柔和的夜色中嬉戲，我們耐心等待房東登場。

在巢穴洞口的穴鴞。

我們沒看到牠是怎麼來的，只是在一瞬間察覺到牠憑空出現，蹲坐在某個洞口旁，活像是灰色岩石。

牠的外表類似豐滿的灰色大兔子，但耳朵不長，一道黑色斑紋橫過鼻梁，導致牠看起來像是剛歪頭鑽過油漆未乾的欄杆。牠以後腿搔搔耳後，咕噥幾聲，伸展肢體，露出牙齒。接著笨拙地跳到土堆頂上，安頓下來，觀察這個世界在牠上回出門後有何變化。等牠認定一切如常，再次更仔細地理了一趟毛，然後挺起上身，用前掌抓抓奶油色的腹部。

查爾斯輕手輕腳地下了車，扛著攝影機和腳架，一步步靠近。兔絨鼠的注意力從肚子換到長鬍鬚上，細心地梳理。落日的速度很快，查爾斯加快腳步，擔心無法在日光消失前找到好位置，這樣什麼都別想拍了。他的動作很快，但兔絨鼠不為所動，查爾斯終於在離牠不到四呎處架好攝影機。那對穴鴞一臉震驚，退到幾碼外的草叢裡，狠狠盯著我們。礦雀在我們頭頂上緊張地盤旋，嘴裡吱吱喳喳唱個不停。但那隻兔絨鼠不動如山，神情泰然自若，沒有離開他祖傳的石頭寶座，宛如坐定讓人畫肖像畫的皇室成員。

我們在伊塔卡波並未停留太久。過了兩個禮拜，肉品公司的飛機回頭接我們回亞松森。這片牧場太舒服、太迷人了，實在是捨不得離開。我們帶上那兩隻犰狳、烏龜、某位牧場工人送來的溫馴小狐狸。在回憶和膠捲中裝滿棕灶鳥、穴鴞、鴴、美洲鴕、兔絨鼠，還有最難忘的，那一大群水豚。

第二十六章　追逐巨犰狳

從亞松森市區內鋪設卵石的坡道上放眼望去，能夠看到熱鬧的碼頭、越過棕色的巴拉圭河、深入廣闊的荒野。野地從河對岸朝西方地平線延伸，橫跨五百哩外的玻利維亞邊界，直至安地斯山脈腳下。這片野地就是大查科地區（Gran Chaco，意思是大獵場）。一年中有好幾個月是熾熱的沙漠，只看得到黃沙與仙人掌，不過到了夏天，安地斯山脈的積雪融化，導致河流氾濫，再加上暴雨的洗禮，它搖身一變，成為蚊子肆虐的巨大沼澤。我們決定要在巴拉圭之旅的最後一段時光造訪那片野地。提到查科野地，每個亞松森人都能說上幾句。他們大多說那片土地崎嶇難行，也有人建議我們應該帶上一堆稀奇古怪的裝備，更有人給了無數好理由，勸我們打消念頭。

他們有個共識：那裡非常熱。因此我們先去添購兩頂草帽，碼頭邊有間小店，面對遮陽棚的櫥窗裡擺滿各式廉價衣物。

「草帽？」幸好我們不需以蹩腳的西班牙語惹笑話。顧店的年輕人一臉大鬍子，滿頭黑色捲髮，沒剩幾顆牙，身材肥碩，領帶打著鬆鬆的結。他曾在美國待過，說得一口行雲流水般的布魯克林腔。他拿出便宜的草帽，完全符合我們的需求。可惜我們順口說出買帽子的緣由。

「查科啊，那裡真的很可怕。」他嘖嘖幾聲。「天啊，那裡的蚊子，還有蟲子，凶得要命。到處都看得到，你們一站出去就成了巨大的高級肉排。朋友，牠們會把你們吃乾抹淨。」

他稍事停頓，沉醉在自己的想像中，突然臉色一亮。

「我有超高品質的蚊帳。」我們買了兩件。

他賊兮兮地隔著櫃檯湊向我們。

「那裡冷得要命。到了晚上，天啊，你們會凍死。不過千萬別擔心，這裡有上好的斗篷。」

他掏出兩塊便宜毯子，中央開了條縫，可以套在身上當斗篷穿。我們也買下了。

「你們很會騎馬嗎？跟大明星賈利・古柏一樣？」

我們承認自己的馬術沒那麼好。

「沒差，你們之後就會學到。」他越說越快，「你們一定也需要寬褲。」他掏出兩件打了褶子的寬褲。這樣下去可不行。

「不用了，萬分感謝。」我們連忙推拒，「我們穿普通褲子就好。」

他擠出嚇人的激動表情。

「不可能的，朋友。你們會受重傷的。你們一定要帶上寬褲。」

我們投降了，也因此讓他逮到進逼的大好時機。

「你們買了這些漂亮好看的高級寬褲——」他彷彿是要讚美我們的眼光，「——可是查科的仙人掌和樹叢有很多刺。」他抓抓空氣，強調危險性。「一定會把你們漂亮的褲子扯成碎片。」

我們等待他的下一波攻勢。

「別擔心！」他大喊，以魔術師從帽子裡拽出兔子的花俏手勢，從櫃檯下掏出兩對皮革綁腿。「試試這個！」

我們活該被敲竹槓，乖乖掏了錢。我們全身上下已經沒有半個部位沒受過他的款待，但還沒完呢，他上下打量我們一番。

「你們沒有肚子。」他有些喪氣。「不過！我想你們可能會需要纏腰帶。」他從背後的架子取下兩捲厚實的織品，大約六吋寬。「看好，是這樣用的。」他把其中一條往自己圓滾滾的肚皮上捲了三圈，演得很認真，像是騎在馬背上似地跳了幾下。

「看吧。」他得意洋洋地說道，「這樣肚皮就不會亂跳了。」

我們扛著大批商品，搖搖晃晃、垂頭喪氣地走出店外。

「不知道這些玩意兒在查科能有多大用處。」查爾斯說，「不過我們肯定能在下一次的化妝舞會上打敗其他人。」

不只是這些有趣的衣物，我們還被各處店家老闆說服買下其他生存必備的物品（他們給查科野地取了個誇張名號：「綠色地獄」），包括特製的半統靴，少了這東西就沒辦法在查科騎馬；兩打沒有標籤的瓶子，裡頭裝滿難聞的黃色液體，老闆說這是效果特強的軍用驅蟲劑；幾條查爾斯在市場裡找到的粗彈力繩，他完全無法抵擋老闆的推銷（「老兄，這東西好用得很，要弄陷阱什麼的都行」）；某個好心又悲觀的巴拉圭朋友塞給我們大量的蛇毒血清（配上幾根粗大的皮下注射針管）；整箱的罐頭食物，扛起來像是裝滿了啞鈴。

我們幾乎準備完畢，去旅行社找來桑迪・伍德，再次僱用他擔任口譯，又訂了三張送我們到查科中部偏僻牧場的機票。

距離出發還有三天的空檔要打發，我們決定拿這個時間來尋找巴拉圭的獨特資產——音樂。三百五十年前，第一批踏上這片土地的西班牙拓荒者和耶穌會傳教士，發現原住民瓜拉尼人的音樂原始而單一——單調緩慢的小調。傳教士向他們介紹歐洲樂器，瓜拉尼人對此興致勃勃，很快就學會了。潛藏的音樂天分在瞬間綻放成遍地繁花。他們吸收各種歐洲的風潮——波卡舞曲、嘉洛舞曲、華爾滋——轉換成新鮮獨特、節奏強烈的慵懶樂曲。同時他們也開始自製樂器，吉他的外型不改，但豎琴幻化為嶄新的樂器，他們的豎琴完全以木料打造，小巧方便攜帶，也沒有歐洲豎琴的踏板，因此無法奏出半音。但巴拉圭豎琴樂手仍舊能發揮出樂器的潛力，敏捷的旋律令人印象深刻，音色花巧，指尖在琴弦間拂出驚異的滑音，時而撥動低音弦營造出深入腦髓的重擊。我聽過巴拉圭樂團到歐洲表演的錄音，而現在我要來享受原汁原味的巴拉圭音樂。

巴拉圭頂尖的樂器工匠就住在盧克市的一個小村落裡，離亞松森不過幾哩，我們前去拜訪他的工房。那棟小屋周圍長滿香氣怡人的橘子樹叢，是巴拉圭這一帶常見的美麗豐饒景色。他本人坐在工作檯邊打磨豎琴，滿懷愛意的輕緩手法展現出專業本色。兩隻溫馴的鸚鵡盤據了他背後馬廄裡的屋梁，還有一隻寵物鷹站在院子裡的棲木上。我們坐在橘樹下，工匠的妻子端來冰冷的瑪黛茶。茶杯在我們手中傳了一圈，工匠用剛完工的吉他為我們演奏。兩個附近農場的小伙子跑來湊熱鬧，他們就這樣配著吉他唱了一小時的歌，甜美中混雜著酸澀，略略有些刺耳，正是典型的巴拉圭風情。他們的樂聲柔和，充滿迷人的交叉節奏與切分音。隔壁的巴西可不是如此，那裡的音樂刺耳，幾乎可用野蠻來形容，這要歸功於當地的非洲人口，而巴拉圭境內的非裔居民不多。吉他傳到我手上，老工匠要我彈首英文歌來聽聽。我盡力了。

他遞給我的吉他美極了，音色醇厚圓融。我深深著迷，忍不住以最委婉的方式詢問是否能買下它。

「不行。」老人惡狠狠地回應，我擔心是不是冒犯了他。「不能讓你帶走這把吉他。還不夠好。我特別幫你再做一把，聲音美得像鳥兒。」

一個月後，我們從查科回到亞松森，那把吉他在房裡等著我。工匠用了巴拉圭森林裡細緻美麗的木材，指板頂端還以象牙嵌入我的名字縮寫。

隔天，我們在市中心的酒吧與桑迪碰面，顯然他正在為了炎熱的查科儲水。他請我們喝啤酒。

「對，昨天有個小伙子來旅行社問是不是真的有人在找犰狳。他說他手邊有一隻 tatu carreta。」

我差點被啤酒嗆到。Tatu-carreta——「跟手推車一樣大的 Tatu」——是這裡的人替巨犰狳（giant armadillo）取的名字。這種犰狳很不得了，將近五呎長，極度稀有，還沒有人能

吉他工匠。

將其活捉到英國，也很少人看過活生生的巨犰狳。我只敢在做夢時妄想能找到這種犰狳。

「這個人在哪裡？他拿什麼餵犰狳？牠狀況好嗎？他開價多少？」我們興奮不已，拿問題轟炸桑迪。他從容地喝了一大口啤酒。

「這個嘛，我也不清楚他人在哪裡。如果你們有興趣的話，我們就去找找吧。我沒有親眼見到他。」

我們衝去旅行社，找到跟那人說過話的職員。

「他就這樣晃進來。」職員被我們激動的模樣嚇到了。「問說哪個英國人要出多少錢買Tatu carreta，他抓到一隻，打算拿來賣。我不知道你們有沒有興趣，他說他過一陣子再來。我想他是叫阿奎諾來著。」

平日總是坐在旅行社門外混時間的路人加入我們。

「他好像有時會去碼頭那邊的木材行工作。」

趁著興頭，我們叫來計程車，追蹤那人的下落。在木材行的辦公室，我們得知阿奎諾在三天前搭乘一艘載滿原木的貨船抵達此地。他的出發地是北方一百哩外的河畔小鎮康塞普西翁（Concepción），但他並沒有帶著巨犰狳上船，牠可能還在康塞普西翁鎮吧。他們說阿奎諾幾個小時前已經搭船回去了。

我們得要盡快找到他。根據過往的經驗，我很清楚許多人無論抓到什麼動物，都只會往籠裡扔米飯或木薯，若是動物不吃東西，他們會以為牠病了，丟著不管。此時此刻，這隻稀有的動物可能正在康塞普西翁的某個角落飢餓垂死。我們得要找到牠，確保牠獲得恰當的照顧，同時也不能捨棄去查科的計畫，因此我們只有兩天時間能用。

我們衝向航空公司的辦公室。明天有一架前往康塞普西翁的飛機，還有兩個空位。我們說好讓桑迪跟我過去，查爾斯留下來替查科之旅做最後的準備。

飛機在隔天早上七點起飛，只花了一個多小時就抵達康塞普西翁。這座小鎮街道髒兮兮的，建築物盡是簡樸的刷白泥牆。我們直接進了鎮上唯一的旅館，桑迪篤定這是展開尋人任務的最佳地點。露台擠滿喝咖啡的客人，時間寶貴，我想直接一桌桌詢問有沒有人認識名叫阿奎諾的小伙子，但桑迪認為此舉無禮至極，這裡有不少他的老朋友，要是沒以文明而隨興的方式好好和他們打招呼，他們可是會生氣的。他向我一一引介朋友，我忍住不耐，與其他人寒暄說笑。

桑迪向眾人解釋，我對巨犰狳很有興趣。大家紛紛表示那是最少見的珍奇動物，說得沒完沒了。桑迪透露我不只喜歡巨犰狳，還想活捉一隻帶回去，這話引起一陣驚呼，眾人討論起各種逮到巨犰狳的招數。這段時間可謂是白白浪費了，沒人見過這種動物，也沒人嘗試捕捉牠，大家說得清楚明白：他們根本沒這個野心。因此，話題稍稍轉移到要如何關住入手的巨犰狳。主流意見是壓根不可能，除非是銅牆鐵壁，否則牠什麼籠子都能挖開。服務生在我們旁邊坐下，針對巨犰狳的飲食問題說了幾句完笑話。我越來越絕望，得在二十四小時內找到牠的下落。最後桑迪問起阿奎諾的身分。大家都認識他。他還沒回到此地，但大家說他以開卡車維生，最近正替一個德國人經營的伐木基地運送原木，那個基地在東邊九十哩外，靠近巴西邊界。假如他真的逮到Tatu carreta，肯定會養在那裡。

「可以租車請人載我們過去嗎？」我發覺自己的疑問很可能會引發半個小時的激辯。幸好這個問題很快就解決了，全康塞普西翁只有一個人有貨車。他叫安卓亞，大家派了個男孩去找他。

在等待的空檔，我去附近的店家買了點能用來餵犰狳的食物，但是只找得到兩個小羊舌罐頭和一罐無糖煉乳，至少我們養過的幾隻犰狳對這樣的伙食都沒有意見。

半個小時後，安卓亞來了。這個年輕人留著壯觀的黑色鬍鬚，頭髮梳得油亮，身穿印滿鮮豔花朵圖案的襯衫。他點了杯咖啡，坐下來跟我們討論租借方案。喝完三杯咖啡，他同意送我們過去，只要先去見見母親、妻子、兄弟、岳母，向他們報告自己的行蹤，再給貨車加滿油就能上路了。我越發擔憂我們永遠離不開這間咖啡酒吧，不過安卓亞說話算話，才二十分鐘就開來一輛馬力強大的嶄新貨車。桑迪和我擠進前座，安卓亞載著我們揚長而去，猛按喇叭，客人和服務生大聲嚷嚷，替我們加油打氣。仔細想想，抵達此地後只過了四個小時就能上路，可謂是進展飛速了。

然而我們的效率維持不了多久，安卓亞猛然右轉，停在當地醫院外頭。

他說他昨晚跟水手喝酒，那個從烏拉圭逆流而上、來到此地的新朋友犯了個錯，在酒吧裡拿了杯甘蔗酒邀女孩子共飲，旁邊有個男人出其不意地拿一把長刀，捅進烏拉圭水手的肚子。現在水手住進醫院，安卓亞相信他一定渴了，帶上兩瓶甘蔗酒，要趁護士不注意時塞到他枕頭下。他沒有離開太久，但也夠我深深自省體察當地民情的重要性。

森林裡開出的紅土路布滿車轍，到處都是大坑。安卓亞幾乎沒有減速，狠狠轉彎避開大部分的危機，每隔幾哩就會經過義務兵的駐紮崗位，理論上他們應該要維護路面，但沒看到半個人在做事，安卓亞也說不該抱太大期望。義務兵薪水微薄，無論路況如何他都拿得到錢，那乾脆經營更有利益的副業，比如說砍柴薪賣給過路旅人。在我看來，多數人連活都不幹，就在路旁樹下呼呼大睡。外頭熱得要命，若不是越來越顛簸的路面震得我的牙齒格格作響，腦袋不斷撞上車頂，我一定會對他們深感同情。

下午五點，我們抵達伐木營地，說穿了其實就是一棟小木屋，前方停了幾組跟伊爾弗瓜同樣的大輪子牛車。接近小屋途中，我的心跳飆升。巨犰狳還活著嗎？我努力克制拔腿狂奔的衝動。

小木屋無人駐守，不只如此，我沒看到犰狳的蹤影，也沒見著曾經關過犰狳的籠子。不過此處殘留了些許生活痕跡——一件舊襯衫、三把鋒銳的斧頭、幾個擱在木牆邊晾乾的琺瑯盤子、正面裝設鏡子的大衣櫃、掛在角落的吊床。或許那個德國人去森林裡工作了。我們扯著嗓門打招呼，安卓亞把喇叭按得震天響，但森林裡沒有半點回音。我們垂頭喪氣地坐在小屋的陰影下等待。

到了六點，一名男子騎著馬轉了個彎，出現在前方道路上。是那個德國人。

「Tatu carreta？」我衝上前去，焦急詢問。

他一副遇到神經病的模樣。此時我總算頓悟這趟注定是找不到巨犰狳了。

桑迪問出來龍去脈，搭配少許猜測，終於真相大白。一個禮拜前，替德國人工作的波蘭人來到營區，他在森林深處調查伐木相關事宜。吃晚餐時，他說他遇到一個原住民，對方說他最近在村子裡享用了一頓大餐，主菜是一隻巨犰狳。波蘭人說他從未見過如此珍稀的動物，之後回森林裡要再問問那些原住民，能不能抓一隻給他瞧瞧。阿奎諾碰巧從康塞普西翁來這裡收原木，聽到兩人的對話。看來他想起亞松森謠傳有幾個英國人在找犰狳，他沒跟那個波蘭人提起這事，回到康塞普西翁，再隨原木來到亞松森。他順著八卦傳輸的路線找到桑迪工作的旅行社，為了掌握談判的籌碼，他宣稱已經抓到tatu carreta。現在他一定在回程路上，準備給波蘭人一點錢，換得一隻巨犰狳，再送去亞松森，在我們手中賣到好價錢。德國人覺得這事太逗趣了——不只是因為我們大老遠跑來這裡，就為了區區一隻野獸，也因為我們無意間破壞了阿奎諾的發財大計。他掏出一瓶威士忌分我們幾口。

「音樂！」他大喊，從衣櫃裡抱出龐大的手風琴。安卓亞興高采烈，兩個人唱起荒腔走板的義大利歌曲〈我的太陽〉。我沒有心情與他們同樂，心裡失望到了極點。等我們說服安卓亞發動貨車時，已經過了晚上十點。我們向德國人保證，只要能活捉巨犰狳，必定會支付優渥的報仇，然後留下詳細的照顧指示，以及那兩罐小羊舌和一罐無糖煉乳。

隔天回到亞松森時，我已經從幻滅的犰狳美夢中恢復過來。向查爾斯描述這趟旅程的途中，我越來越樂觀。儘管我們沒能親眼看到巨犰狳，至少跟一個人說過話，他僱用的伐木工遇到一個吃過巨犰狳的原住民。我堅持這只是時運不濟，我們的機會大得很——我請德國人告知波蘭人向原住民散播消息，提供的賞金足以說服他們相信，巨犰狳能比幾磅難嚼的瘦肉排還要有價值。我們說不定很快就能如願以償了。

我感覺得出查爾斯沒有太大的信心。

第二十七章　查科野地的牧場

桑迪與我回到亞松森的隔天，我們便動身前往查科野地。一大早，將所有設備裝上貨車，往機場前進。到了現場立刻發現，不可能把所有的家當塞進我們要搭的小飛機。我們試過了，就是沒辦法，必須要捨棄部分行李。我們勉強把食物留在機場，反正預計投宿的牧場透過無線電堅稱不需要帶任何補給品，我們事後對此後悔萬分。

飛機起飛，在亞松森盤旋一圈，我們望向東方，在容納全巴拉圭四分之三人口的城市外，丘陵起伏的田野滿是橘子園和小村莊。接著飛機往西飛越巴拉圭河，黃濁的寬闊河道在陽光下閃閃發亮，再過去就是查科地區了。對岸的地貌與亞松森這一側完全不同，我們看不到半點人煙，一條溪流在荒野間蜿蜒，扭曲的程度使得好幾處河道幾乎彎成一個圓。直來直往的水流切斷曲流頸，被截斷的河道成為雜草叢生的牛軛湖。地圖上給這條河標記的名稱是康夫索河（Rio Confuso），意即「令人搞不懂的河」，我完全能夠理解這個命名邏輯。在廣大的區域內隨處可見零星的棕櫚樹，宛若數千根插在褪色綠毯上的帽針，幾乎看不到任何房子、道路、森林、湖泊、山丘，淨是荒涼平淡的野地。我發覺機師準備了兩把大口徑手槍和裝滿彈藥的皮帶。看來查科似乎就如亞松森人所稱的那樣，危機四伏。

我們在杳無人煙的曠野上空往西飛了將近兩百哩，總算看見目的地：艾西塔牧場（Elsita）。

牧場主人佛斯提諾．布里祖拉（Faustino Brizuela）以妻子艾西塔的名字替牧場命名，他們就在我們降落的飛機跑道旁接機。他身高六呎，只是中廣身材讓他看起來矮了些。他的穿著不落俗套，鮮豔的條紋睡褲、軟木遮陽帽、太陽眼鏡。他以西班牙語打招呼，亮出一口金牙，向身旁的艾西塔介紹我們，這名嬌小圓潤的婦人懷裡抱了個寶寶，嘴角叼著沒有點火的雪茄。一群裸露上身塗滿顏料的原住民也來跟我們打招呼，他們高大壯碩，筆直的黑髮綁成馬尾，有人攜帶弓箭，一、兩個人手持老舊獵槍。在接下來的幾週，佛斯提諾幾乎都穿著這條睡褲現身，艾西塔也鮮少放下她的雪茄，不過原住民平時不做這般打扮，他們是特別為了我們而盛裝前來，之後沒再看過這樣的景象。

亞松森有個朋友說查科的牧場主人都很懶，為了證實此事，他引述聯合國一名農業專家的經歷。那人造訪查科深處的牧場，發現牧場主人只吃木薯和牛肉過活，嚇得說不出話。

「你們怎麼不種香蕉？」專家問。

「感覺這裡長不出香蕉。我也不知道。」

「那泡泡樹呢？」

「好像也不會長。」

「玉米呢？」

「就是長不出來。」

「橘子？」

「一樣的問題。」

「可是附近有個德國人，他的牧場裡有香蕉、泡泡樹、玉米、橘子。」

「對啊，那是他自己種的。」

不過呢，倘若佛斯提諾是典型的牧場主人，那這個故事就有失公允了。他家院子裡看得到結實纍纍、綠樹成蔭的橘子樹，廚房門外長著泡泡樹，院子的彼端是一畝飽滿高大的玉米田。在紅瓦屋頂上架設著鋁製風車，隨著微風轉動，供應屋裡電燈和無線電的電力。此外，佛斯提諾還發明了替廚房和衛浴供水的設備。屋子附近有一個長滿浮萍的大淺塘，他在旁邊挖了口淺井，井壁鋪上木板，正上方架設一個鐵製水塔，每天早上由一個原住民男孩牽馬利用滑輪，把一桶桶井水灌進去。水塔接出幾條管線，連接屋裡的水龍頭。這個設計相當精巧，效率極高，看佛斯提諾一家大小整天喝井水，我們以為這裡的水質不錯，也跟著喝了幾天，才碰到需要仔細檢驗那口井的狀況。

我們要抓幾隻青蛙來餵紅腿叫鶴（cariama），這是牧牛工人幫我們抓來的大型鳥類，佛斯提諾說井裡應該有源源不絕的青蛙可抓。我爬了進去，網子泡進有點怪味的混濁井水，撈起三隻活跳跳的橄欖綠色青蛙、四隻死蛙、一隻老鼠的腐屍。或許老鼠是不小心摔進去溺死的，但我們的飲水裡面究竟含有什麼成分，能殺死擅長游泳的蛙類呢？我不想深究這個動物學的謎題。接下來的兩天，我們偷偷把氯片丟進飲用水裡，但實在是太難喝了，最後還是捨棄了這個習慣。

我們是在乾季末期抵達，原本是巨大沼澤的野地，現在滿地都是烤乾的泥巴，水分蒸發後留下鹽粒結晶，枯萎蘆葦的根堆成小山丘，牛隻幾個月前踏著沼澤尋找水源的腳印乾硬如石頭。荒地中央還留有幾片泛著藍光的泥巴，我們的馬兒一踩下去就陷到腳踝。不時會遇到流淌著泥水的淺塘（跟屋子附近的那個差不多），這是每年這個野地大半區域被洪水淹沒的證據。

只有地勢稍高的矮丘能長出林木，不怕被大水淹死。這些區塊全被灌木叢占據，它們尖銳的棘刺能抵擋急需水分的牛隻啃咬，也發展出許多機制好在乾季儲水。有的長出巨大的地下根，有的則像是吊燈般的高大仙人掌，把水裝在肥大的莖裡。美人樹（又稱酒瓶木棉）用膨脹的樹幹裝水，表面長滿瘤狀刺。這些樹木體現了查科地區的植被特質，如同形狀奇特的瓶子般聚在一起，準備在雨季重獲新生，抽芽生枝。

原住民的聚落位於牧場半哩外。幾年前，這些瑪卡人在眾人心目中是難以信任的嗜血族群，因早期拓荒者入侵他們的領土，給了其大開殺戒的絕佳理由。基本上他們鮮少在同一處停留太久，而是在查科地區四處遊蕩，找到獵物相對豐富的地方就搭建臨時營地。不過，這裡大部分的村民已經捨棄了傳統的遊獵生活，男性大多來佛斯提諾的牧場工作。即便他們的村子已經在此落腳，屋子的形式仍舊未見改善，只有簡單的圓頂狀木屋，鋪上乾草當屋頂。這裡的人使用的語言對我來說相當陌生，混入大量喉音，重音似乎是放在最後一個音節，因此他們說起話來活像是把錄下的英語倒著播放。

在查科度過的第一個下午，認識了原住民史皮卡，他跟在我們背後，在村裡繞來繞去。我突然停下腳步，面前是一個搭在火堆上的簡陋木架，掛著一個用九帶犰狳灰色外殼做的籃子。

「Tatu！」我興奮大叫。

史皮卡點點頭。「Tatu hu。」

瓜拉尼語的hu意思是黑色。

「Mucho、mucho？」我朝著荒野揮舞手臂。

史皮卡一下就聽懂我是問犰狳在這裡多不多，再次點頭，接著以我聽不懂的瑪卡語補充幾句。我一臉茫然，為了解釋，史皮卡從灰燼裡撿起犰狳殼的碎片，遞給我。儘管破損的邊緣已經燒得焦黑，但我還是認得出這是三帶犰狳由大量鱗甲拼成的黃色外殼。

「Tatu naranje。」史皮卡說，「Portiju。」他舔舔嘴，誇張地演出大快朵頤的模樣。

我已經從佛斯提諾那邊學到「Portiju」這個瓜拉尼字彙，意思大概是「美食」。

又經過一陣西班牙語混雜瓜拉尼語、加上比手畫腳的對談，史皮卡說明 Tatu naranje[20]，意指橘色的犰狳，在這一帶數量充足；通常在夜裡活動，不過白天也找得到；不需要搭陷阱，只要找到就能徒手抓起來。他還說附近有另外一種犰狳：Tatu podju。桑迪說 podju 指的是「黃色腳掌」，從這麼模糊的描述實在是難以判斷犰狳的種類。總之，我們得知這一帶至少能找到兩種沒見過的犰狳，隔天我們向佛斯提諾借了馬，外出尋找目標。老實講，就算史皮卡說得天花亂墜，我還是難以相信能在白天見到犰狳，但我們總要熟悉一下周遭地形，如果真的得趁夜出擊，可不能在野地裡迷路。

史皮卡說得對。離開佛斯提諾家不到一哩遠，我們就看到前方幾碼處有隻犰狳正橫跨乾涸的沼地。桑迪幫我拉著轠繩，我跳下馬背，追了上去。這隻犰狳長約兩呎出頭，比 tatu hu 大得多，粗硬稀疏的長毛覆蓋偏黃的粉紅色外殼，四條腿短到我不認為牠能跑多快。因此我沒有直接抓住牠，而是跟在牠旁邊，觀察牠的反應。牠暫停一會兒，抬起像是長了落腮鬍的小臉看看我，接著繼續踏過粗糙的沙地，嘴裡念念有詞。不久，牠遇到一個凹洞，聞了聞，提腳開挖，前腿把大量的沙土往後撥。不到幾秒，我只看得到牠的後腿和尾巴，心想現在是出手的好機會了。牠的腦袋埋在土裡，渾然不知我動了歪腦筋，也無法退避，我一把抓住牠的尾巴，輕輕鬆鬆就把牠拉了出來。牠不斷噴氣咕噥，前腿在半空中刨抓。

我們帶他回屋裡，史皮卡前來驗明正身。

「Tatu podju。」他說得肯定。「黃腳」成了牠的名字。從動物學的角度來說，這是一隻六帶犰狳，或是披毛犰狳[21]。在阿根廷，這種犰狳稱為peludo，意思是「多毛的」。哈德森對牠讚不絕口，認為牠的飲食和生活習慣是彭巴草原所有動物中最有適應力的。他提過一個特殊案例，說犰狳是如何吃掉一條蛇。那隻犰狳爬到怒氣騰騰的爬蟲類身上，前後搖擺，以甲冑參差的邊緣把蛇幾乎鋸成兩半。途中那條蛇不斷反擊，但沒有任何成效，最後還是慘死甲冑下，而犰狳從蛇尾開始飽餐一頓。

每天我們出外探索牧場周圍的荒野，有時騎馬跟佛斯提諾或牧牛工人同行，我相當崇拜他們的馬術，試著模仿。跟英國人上下晃動的方式不同，他們牢牢坐在墊著羊皮的馬鞍上，

20 註：Tatu naranje是拉河三帶犰狳，是唯二犰狳科裡可以捲成一顆球的物種。

21 審註：依現今的分類系統，披毛犰狳屬（*Chaetophractus*）已經從六帶犰狳屬（*Euphractus*）獨立出來，一共有三個物種。因此，六帶犰狳目前不會稱呼為披毛犰狳。

人和馬彷彿融為一體。起初，我們穿上在亞松森買的所有裝備——寬褲、馬靴、皮革綁腿、纏腰帶——然後一一捨棄。鬆垮垮的寬褲雖然適合騎馬，然而一旦下了馬，走進滿地荊棘的灌木叢，我們就跟殘疾人士沒有兩樣。某次我踏進沼澤，靴子乾燥後扭曲變形，穿起來難受極了，只能束之高閣。綁腿太悶熱又太硬，纏腰帶鮮豔多彩，看起來頗有專業騎士風範，但它得要綁得夠牢靠才能發揮效用，因此我寧可不用這東西，任由我的「肚皮亂跳」。唯有斗篷真正派上用場——被我們拿來墊馬鞍了。

有時我們徒步探險，離此最近的灌木帶位於牧場邊緣，往北綿延幾哩遠，直到鹽度高、流速緩慢的蒙特林多河（Rio Monte Lindo）岸邊。植被最茂密的區域完全無法穿透。巨大的仙人掌、荊棘灌木、發育不良的棕櫚樹被藤蔓兜在一塊；野鳳梨的多肉葉叢在地上蔓生；每一棵植物都布滿尖刺，如同刀刃和鐵絲網般拉扯我們的衣物，刺穿帆布鞋，割破皮肉。祕魯聖木和紅堅木零星可見，在灌木叢中鶴立雞群，不時看到樹叢散開，仙人掌兀自生長在一團團雜草間。

某些住在此地的鳥類似乎對於築巢相當偏執，熱衷於建造出龐大的宅邸，格外顯眼。我們在一處空地上找到十多棵低矮的有刺樹木，頂端的枝幹全都頂著雜亂成團的樹枝，尺寸約有兩顆足球大。這些鳥巢的住戶是比鶇鳥略小的黃棕色小鳥，牠們站在巢頂上，當著烈日尖聲唱歌。桑迪說牠們是Leñatero——意思是撿柴火的鳥[22]。有幾隻鳥忙著施工，雖然牠們飛行能力不強，但對於自己的負重卻相當樂觀，往往會選擇比自己還大隻的鳥兒都叼不動的樹枝，氣勢洶洶地飛向巢邊。快抵達目的地時，因力氣不足以好好降落，樹枝被灌木叢勾住，於是每個鳥巢下都有成堆被遺棄的巢材積在地上。這是生營火的絕佳材料，難怪牠們會得此稱號。

我們在枯死的祕魯聖木上找到最大的鳥巢，這棵樹位於灌木帶邊陲，失去樹皮的裸露樹幹被太陽烤得發白，憔悴的枝幹間結起好幾個長形鳥巢，尺寸跟田裡的玉米桿堆差不多。這是和尚鸚哥的群聚窩，這種綠色的鳥兒臉頰和腹部長著灰毛，體型大約是虎皮鸚鵡的兩倍。鸚鵡科鳥類的所有其他成員會在洞裡築巢，例如樹洞、白蟻或樹蟻捨棄的巢穴、洞穴等等。只有和尚鸚哥選擇把鳥巢設在開闊的裸露空間。牠們巨大的巢比起共用住宅，更像是一格格公寓，每對鳥夫妻都有自己的獨立巢室、玄關、出入口，巢

和尚鸚哥的巢。

22 註：這種鳥是集木雀（*Anumbius annumbi*）。

室間也沒有連通管道。

牠們極度勤快，一組成員出外咬下灌木叢的新鮮樹枝，源源不絕地送回來，留守的成員則是忙著竊取左鄰右舍沒好好盯著的巢材。和尚鸚哥終年住在同一個地方，導致這個瘋狂的建案永遠沒有完工的一天。牠們得在生育季節到來前重新裝潢，替日漸茁壯的雛鳥擴建育兒室，幼鳥長大後，多半也會在老家附近築巢。這個社區越來越壯大，直到被風吹垮的危機來臨。

就算是眼力最差的旅人，也不會錯過和尚鸚哥和集木雀顯眼的巢，不過並非全查科地區的鳥兒都這麼大膽。某天，我沿著原住民穿梭在灌木間的狩獵路徑探險，走了一個小時左右，汗流浹背，口乾舌燥，坐在荊棘叢單薄的陰影下大口灌水。正當思肘著是否該回頭時，一陣嗡嗡聲在頭頂響起。我抬起頭，看到一隻小小的綠色蜂鳥在枝枒間盤旋。實在是想不出牠為何會飛來此地，這棵樹上明明沒有花朵能讓牠吸食花蜜。但牠看起來忙碌極了，來回彈飛，翅膀高速鼓動，我只看得見模糊的殘影。蜂鳥能以一秒兩百次的驚人速度振翅，但牠們只在俯衝或專注求偶時會發揮潛力。我頭頂的小東西只要一秒振翅五十次，就能停滯在半空中，轉向時再加速就好，一開始引起我注意的嗡嗡聲就是從這來的。牠突然離開，如同箭矢般射過我面前的空地。

大部分的蜂鳥社會採取多配偶制，每隻母鳥有自己的巢，一肩擔下孵蛋和餵養雛鳥的責任。因此我知道眼前是一隻母鳥，牠以鮮紅色的鳥喙將剛才收集到的蜘蛛絲，纏繞在小小鳥巢外頭。等到布置完畢，牠吐出絲線般的舌頭，將黏膩的唾液糊在鳥巢外牆上，活像是在蛋糕表面塗滿鮮奶油似的。接著牠的雙腳往巢上猛踏，把鳥巢揉成杯子狀。又用鳥喙塗抹幾次後，再次高速飛離，繼續尋找巢材。

牠努力不懈，過了一小時，鳥巢明顯大了一圈。我靜靜坐著觀察蜂鳥，時間久到周遭動物都已忽略了我的存在。小蜥蜴在一團團雜草間的光裸土地上繞來繞去；一群外出工作的和尚鸚哥鎖定一片灌木叢，收集巢材，吱吱喳喳聊個不停。就在我關注周遭動物時，眼角餘光瞥見一棵仙人掌樹下有動靜，舉起望遠鏡掃過，在枯萎的雜草、仙人掌扭曲多汁的莖之間，只看到一團黃色土堆。土堆突然動了，下半部露出深色的水平線條，緩緩擴大。接著，一張毛茸茸的小臉探了出來，土堆變成一隻小巧的犰狳，是拉河三帶犰狳。牠小心翼翼地穿過草叢，進入開闊處就加速，踮起腳尖奔跑，短腿動得飛快，像是某種奇特的發條玩具。我跳起來追上去。那隻犰狳靈巧地轉了個彎，消失在一片野鳳梨葉子下的洞穴裡。我跳過那叢植物，等待犰狳從另一端現身，感覺像是在玩火車過山洞。過不了幾秒，犰狳便直接衝進我手中。

這隻小小的犰狳怒吼幾聲，緊緊捲成一團，再次化為黃色小球，長滿鱗片的尾巴搭在頭頂上帶著小角的三角形外殼上，渾身上下不露半點破綻。只要保持這個姿勢，就沒有任何動物能傷害牠，除非是野狼或美洲豹將牠狠狠咬碎。我從口袋裡掏出布袋，把捲成一顆球的犰狳裝進去。這種袋子適合拿來搬運各種剛抓到的動物，布料織得不密，通風良好，在陰暗的

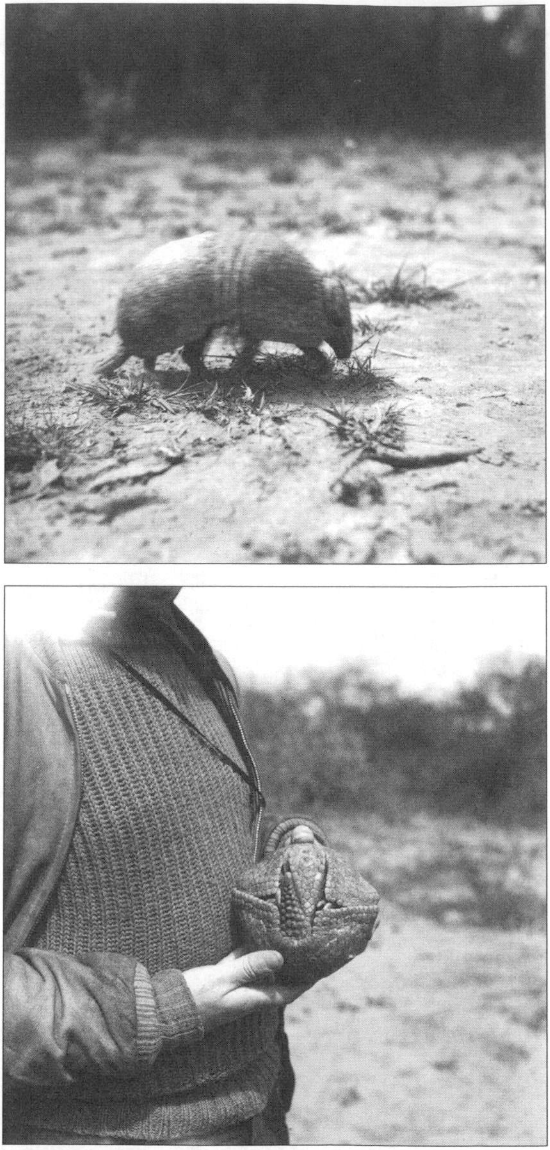

拉河三帶犰狳展開和縮成球的模樣（下圖）。

袋子裡，動物通常會躺著或趴著不動，不用擔心牠們掙扎受傷。我把裝了犰狳的袋子放在地上，回到原本觀察蜂鳥鳥巢的位置撿我丟在地上的望遠鏡盒子。等我回過頭，布袋不見了。我東張西望，看見袋子貼在地上緩緩移動，不斷翻轉。這隻小發條玩具挺直背脊，帶著袋子逃跑了。我拎起袋子，帶牠回去，跟黃腳一起關進廢棄的牛車，待在舒服的籠子裡。

不到一星期，我們收集了三對拉河三帶犰狳和兩對九帶犰狳，再加上黃腳這位六帶犰狳。牛車車廂夠大，能夠容納所有的犰狳，但牠們食量驚人，每晚我們提供的飼料多到被戲稱為慈善廚房。牧場每週宰牛，不缺牛肉。但是不能只給牠們吃肉，犰狳也需要牛奶和蛋，這就不是那麼足夠了。幸好有隻在我們房間進進出出的母雞，決定在我的旅行袋上築巢。原本想請牠離開，但發現牠每天都會生一顆蛋，我決定不向佛斯提諾和艾西塔報告。這顆蛋加上我們省下的牛奶，成為犰狳每天晚上的伙食。

拉河三帶犰狳適應得不太好，牠們柔嫩的粉紅色腳底磨破了皮。為了減輕傷害，我們在慈善廚房底部鋪上泥土。此舉保住了犰狳的腳掌，卻替我們帶來額外的麻煩，因為牠們的餐桌禮儀不佳，食物灑得到處都是，使得泥土發臭。因此我們每隔幾天就要清理籠子，換上新土。

接著，拉河三帶犰狳開始嚴重腹瀉。要追蹤哪隻犰狳出問題簡單極了，牠們的神經相當纖細，一被人拎起來，不只四條腿抖個不停，也會乖乖提供糞便樣本。我們試著調整飼料成分，加入搗碎的水煮木薯，竟遭到無情拒絕，牠們拉得更凶了。查爾斯和我擔憂不已，要是真的治不好，我們不能任由牠們死在籠子裡，得要將其放生。經過無數次討論，我們想到拉河三帶犰狳在野地裡四處挖蟲子和樹根吃，難免會吃下不少土壤。或許牠們的消化系統需要這個，或許我們提供的伙食太過營養。那天晚上，我們在絞肉、牛奶、蛋裡頭加了兩把土，混成讓人倒胃口的爛泥。過了三天，拉河三帶犰狳總算恢復了健康。

第二十八章　查科之旅

南風吹起，帶來刺骨的冷空氣，通常伴隨著好幾個小時的傾盆大雨。遇上這樣的天氣，我們被迫取消戶外行程，受邀造訪牛舍旁牧牛工人聚集的茅草棚屋。他們在那裡聊天、磨刀、編牛皮繩、跟來牧場幫忙煮飯的混血原住民女孩打情罵俏。其中最重要的活動是，喝瑪黛茶。棚屋中央升起一堆火，牧牛工人總會替我們保留座位，讓我們坐在長凳上烤火，共享眾人手中傳遞的茶水。這是個熱情友善的處所，瀰漫著馬匹、皮革、焚燒祕魯聖木的氣味。

某個下雨的早晨，我到棚屋討點瑪黛茶暖暖身子，沒想到屋裡空無一人，只見五六隻毛髮油亮、吃得很好的狗兒。一看到我，牠們坐起來，狐疑地打量我。接著我發現一名男子躺在木頭長凳上，臉上蓋著髒兮兮的寬邊帽。我從沒見過他。這人長得很高——肯定不只六呎——穿著處處裂縫的寬褲，襯衫釦子沒扣，原住民編織的褪色纏腰帶包住他的肚子。他光著腳，從長滿厚繭的腳底來看，他應該很少穿鞋。

「Buenas dias。」我說聲早安。

「Buenas dias。」陌生人隔著帽子悶聲回應。

「你從遠處來嗎？」我用破爛西班牙語詢問。

「對。」他一動也不動，只是慵懶地抓抓肚皮。

棚屋裡沉默片刻。

「今天真冷。」我漫無目的地找話題，除了天氣，完全想不到該如何延續對話。陌生人雙腿落地，帽子推到背後，坐了起來。

他面容俊朗，滿頭黑色鬈髮有幾處泛灰，皮膚曬得黝黑，下巴積了幾天份的鬍碴。

「要來點瑪黛茶嗎？」沒等我回答，他逕自打開拿來當枕頭的帆布袋，掏出牛角杯、銀製吸管、裝茶葉的小紙包，往牛角裡倒了點乾燥的茶葉，默默地拿長凳旁的陶罐倒水，啜飲熱茶。他先吐掉幾口混了沙土的茶水，很有禮貌地把牛角杯遞給我。

「你來這裡幹嘛？」他問。

「我們來找動物。」

「哪一種？」

「Tatu。」我隨口應道。「各式各樣的 tatu。」

「我這裡有一隻 tatu carreta。」他說。

至少我認為他是這麼說的，只是我不太敢確定。說不定他用的是過去式；說不定他的意思是他可以抓到。不知道是哪一個。

「Momentito。」我興奮地請他稍等，然後衝出棚屋，淋著雨到屋裡找來桑迪。我們一起回到棚屋，桑迪展開一段有禮的寒暄，他堅持這是提出正經要求的正確方式。我在一旁坐立不安。過了幾分鐘，桑迪翻譯了兩人對話的摘要。陌生人名叫柯麥利，是個獵人，在查科地區四處遊蕩，尋找美洲豹、美洲巨水鼠、狐狸，什麼都行，只要皮毛能拿來交易火柴、子彈、刀具，以及各種流浪生活中必備的物品。他十年沒在屋子裡睡過覺，也一點都不想這麼做。

「Tatu carreta呢？」我語氣焦急。

「啊！」桑迪一副完全忘記這檔子事的模樣。

他又跟柯麥利陷入長談。

「他以前養過一隻tatu carreta，養了幾個禮拜，那是很久以前的事情了。」

「牠後來怎麼了？」

「死了。」

「他在哪裡抓到的？」

「離這裡很遠，要過皮科馬約河。」

「他明天可以帶我們過去嗎？」

桑迪翻譯了這個問題，陌生人咧嘴燦笑。

「樂意之至。」

我興高采烈地跑回屋裡向查爾斯報喜。我想盡快前往柯麥利說的那個地方，無論能不能找到巨犰狳，至少我們都能看到牧場一帶沒有的動物。騎馬過去要三天，假如隨時會停下來獵捕動物，少說要離開兩個禮拜。佛斯提諾借我們兩匹馬、一輛台車放裝備，還有兩頭拉車的牛，但我們沒有半點補給品。

「喔，那就隨地覓食啊。」我答得熱烈，但答案相當模糊。

「好吧，反正也不會比現在的菜色糟到哪裡去。」他一臉哀戚。

這點我不得不同意。佛斯提諾和艾西塔非常好客，但他們提供的餐點實在令人提不起胃口，除非你已經習慣以各式各樣的牛隻內臟入菜——炸牛腸、奇形怪狀的乾癟器官，我實在是認不出它們原本的功能（或許這是好事）。再加上無限供應的堅韌肉片，口感猶如硬化的橡皮。如果說「野地求生」能讓我們換換口味，那真的是太棒了。

我們跟佛斯提諾討論這個問題。

「查科能吃的東西不多。」他說，「可以給你們新鮮木薯和木薯粉、瑪黛茶，可是吃這些不會飽的。」

他臉一亮。

「別在意，如果你們餓了，我允許你們宰我家的牛。」

我們花了兩天時間打點一切。修理台車的皮革鞍具；要把牛隻和馬匹抓回來整備。艾西塔看了看自家倉庫，挖出一個大鑄鐵鍋和一個平底鍋。查爾斯和我採了一箱橘子，佛斯提諾很夠意思，給了我們整條牛後腿，他說在生肉壞掉前，至少還能吃上一餐。

終於萬事俱備，裝備和補給品堆在台車上，兩頭牛也套上牛軛。桑迪握住韁繩，伴隨著車軸刺耳的轉動聲，緩緩離開牧場。風向變了，北風吹走寒冷的雨水，我們迎向萬里無雲的藍天。柯麥利在前方領路，頂著寬邊帽，長腿垂在馬兒腹部兩側，幾乎要碰到地面，看起來彷彿是南美洲版本的唐吉軻德。他的狗兒散往各處，柯麥利不只認得出牠們各式的叫聲，也分得出牠們的足跡，一路上不時呼喚牠們。領頭的狗兒名叫惡魔；老二則是工頭。其中兩隻的名字直到最後我還是不清楚，再來是最懶散、最漂亮的棕色母狗，牠與柯麥利可說是深愛著彼此。他叫牠庫倫達（cuarenta），是西班

柯麥利跟庫倫達。

牙文的數字四十，他滿懷愛意地解釋說，因為牠的腳掌很大，可以穿得下四十號鞋。

我們往南走，牧場與周遭的灌木帶不久便逐漸遠去，消失在視線範圍內。眼前是廣大的平原，只看得見佛斯提諾的幾頭牛。拉車的牛緩緩前進，時速不超過兩哩，為了不讓牠們停下腳步，操縱者得要不斷叫嚷下令。我們四個人輪流騎兩匹馬、駕駛牛車，沒事做的人就坐在台車上，啜飲冰涼的瑪黛茶。

到了傍晚，地平線上浮現一棵枯樹，靠得近些，才看清樹頂搭著裸頸鸛的巨大鳥巢。枯樹前方有一小片水潭，荊棘叢環繞樹幹。

我們在此地紮營。

接下來三天，我們繼續往南穿越平原。柯麥利把灌木帶當成島嶼看待，這個稱呼很貼切——它們是草原之海上的灌木群島，就跟水手一樣，他把這些植被視為導航的地標。離開牧場後，天氣熱得讓人窒息，烈日簡直要把我們烤焦。到了第四天早上，風向變了，雲層聚集，等到傍晚抵達皮科馬約河河畔時，下起了大雨。

這條河岔成好幾條支流，夾帶泥沙流過彎彎曲曲的碎石河床。八十年前，皮科馬約河曾是阿根廷和巴拉圭的國界，但河道在平坦的查科地區上改變了無數次，現在它移到國界北方幾哩處，因此南岸仍舊有一塊土地屬於巴拉圭。

我們催促馬兒踏進河裡，儘管河水不深，當兩頭牛好不容易把台車拖上對岸時，水還是差點淹進車斗。

佛斯提諾給我們的牛腿已在兩天前吃得一乾二淨。我們找不到獵物，連乏味的木薯、木薯粉、瑪黛茶庫存也即將見底。柯麥利向我們保證，不遠處有間名叫帕索羅亞的交易站，裡頭堆滿各種罐頭。光想我就口水直流。

我們在暴雨中抵達倚著灌木帶的交易站時已經是傍晚了。若是不找地方躲雨，攝影器材恐怕會溼透，柯麥利帶我們走過荊棘叢間的泥濘小道，找到一間無人居住的小破屋。這屋子只有四片表面剝落的泥磚牆，加上凹陷的乾草屋頂。柯麥利跟我們說建造者幾年前死了，埋在這片灌木叢的某處，屋子一直空著。雨水從屋頂傾瀉而下，門邊積起水窪，風吹過牆縫發出呼呼聲。我們匆忙卸下台車上的行囊，把器材分別堆在幾個地方，避開漏水。

我們又累又溼又餓，擺好東西後，隨即冒雨到半哩外的交易站覓食。交易站比我們歇腳的破屋稍微大一些，幾乎一樣破爛。門沒關，我們走了進去，閃過幾隻羽毛蓬亂的雞鴨（牠們被主人趕進來躲雨）。兩張吊床橫跨屋內，老闆就躺在其中一張上喝瑪黛茶。他出奇年輕，看起來莫名開朗。我們報上身分，他從後頭叫來妻子與表弟來跟我們打招呼。我們坐在木箱上，渾身溼透，抖個不停，桑迪問能不能買點吃的。

老闆快活地笑了笑，搖搖頭。

「什麼都沒有。」他說，「我等牛車送補給品來，已經等了好幾個禮拜啦，一直沒來。我手邊只剩啤酒了。」

他從隔壁房間搬出裝著六個瓶子的木箱，把酒瓶一一遞給表弟，我看他表弟用臼齒咬開金屬瓶蓋，一陣心驚肉跳。

我們直接就著瓶口喝酒，若不是別無選擇，我不可能喝下這麼淡又冰冷的啤酒，這東西完全無法彌補我妄想了一整天的沙丁魚和桃子罐頭。

「帕索羅亞還不錯吧？」柯麥利愉快地問道，往我肩上一拍。

我硬擠出微笑，實在是無法開口撒謊。

當晚，我們在借住的小屋裡生火，烤乾濕答答的衣服，拿木薯粉煮出讓人提不起胃口的晚餐。屋子容不下四個人加上那群狗，於是查爾斯和我自願在外頭過夜，雖然雨勢不小，我們準備了供應美軍叢林部隊的吊床，上頭附了個薄薄的橡皮屋頂，理論上可以防水。

不遠處有個類似倉庫的廢墟，屋頂和三面牆都塌了，不過四角的柱子還在。趁著風雨稍停的空檔，我衝了出去，把吊床掛在兩根柱子間。查爾斯則是挑了附近兩棵樹。不到幾分鐘，我已經躲進避風港，拉起連接吊床與屋頂的蚊帳拉鍊，用斗篷把自己包好，手電筒放在身旁，幾乎在瞬間睡著，覺得這是整天最溫暖、最舒服的一刻。

深夜十二點多，我被難受的擠壓感驚醒，不知怎地，腳不斷往腦袋靠近，我整個人像摺疊刀似地摺起。我摸起手電筒，就著燈光發現我拿來架吊床的兩根柱子搖搖晃晃地往內靠，吊床離地面只有幾吋。我躺著不動，衡量當下情勢。雨還是很大，重重敲打周圍地面。要是爬出去，不用幾秒就會淋成落湯雞。但如果繼續待在吊床上，柱子就會繼續往內倒，我就要躺到地上了。心想就算真的落地了，也不會比睡在小屋地上糟到哪裡去，因此我決定閉眼繼續睡。

過了一個小時左右，寒意染上後腰，把我冷醒。不需要開手電筒也能知道我已經躺在地上，泡進一大灘水裡，雨水慢慢滲入我的吊床和斗篷。我躺了半個小時，看閃電照亮雨幕，比較現下處境的不適及回到小屋路上會淋得多溼。想到能用餘燼暖身子，我終於下定決心，拉開蚊帳，把濕透的吊床留在水窪裡，光腳踏過滿地泥濘。

桑迪和柯麥利的鼾聲在小屋裡迴盪，濃濃的濕狗味襲來。火熄了。我又冷又可憐地蹲在角落，庫倫達注意到我，輕巧地跨過桑迪伸長的腿，窩在我腳邊。我裹著濕答答的斗篷等待天亮。

柯麥利第一個醒來，他和我一起把火重新生起，然後拿平底鍋燒水泡茶。隨著黎明的到來，風雨也漸漸平歇。查爾斯醒過來，舒暢地伸懶腰，說他度過最美好、最舒適的一夜，裝模作樣地說他要在吊床上喝瑪黛茶。

他開玩笑的品味實在不怎麼樣。

吃早餐時，老闆、開瓶器表弟及另一名男子鑽進小屋，坐在火堆旁。老闆說陌生人是他的另一個表弟，幹的是殺牛行當。他神情陰鬱，臉上那道扭曲了眉毛、眼皮、把一邊嘴角勾成詭笑的猙獰疤痕，使得他更加可疑。老闆解釋這道傷疤的來源，是某天晚上大家喝茫了，殺牛表弟被開瓶器表弟惹毛，掄起屠刀撲上去。開瓶器表弟用破酒瓶自衛，很快就讓殺牛表弟清醒過來，老闆叫他太太幫忙縫合傷口。雖然起了這番衝突，這三個表兄弟看似交情極佳，畢竟帕索羅亞只住了他們一家，方圓幾哩內見不到其他人。

我們說明此行的目的是尋找各種動物，特別想找 tatu carreta。開瓶器表弟說他見過腳印，但沒人親眼看過動物本尊。他們答應會幫我們留意可能會感興趣的任何動物。顯然他們打算跟我們共度這個早上。他們先是對我們的裝備興致勃勃。開瓶器表弟被查爾斯的吊床深深吸引，爬上去待著不走，對拉鍊、蚊帳、內袋、屋頂讚嘆不已。老闆坐在小屋外的一截原木上，專心把玩我的望遠鏡，在掌中翻來覆去，撫摸筒身，不時湊到眼前看。殺牛表弟對刀具格外感興趣。他找到我的小刀，蹲在火邊，著迷地用指腹測試刀刃，明示暗示他很想收下這個禮物。看我沒有反應——那畢竟是我唯一一把小刀——他改變了策略。

「多少錢？」

「一隻 tatu carreta。」我答得毫不猶豫。

「婊子！」他莫名其妙冒出很不雅的西班牙字眼，手一揮，擲出小刀，刀尖插入十五碼外的樹幹，刀柄一陣震動。

飯後，柯麥利說他要沿著灌木帶往東走，看能不能找到巨犰狳的蹤跡，需要兩、三天的時間才能踏遍他想定的範圍，若是有什麼發現，他會立刻回來帶上我們。他只花了幾分鐘就收好行李——斗篷、一包木薯粉、一袋瑪黛茶——太陽還沒爬到樹頂，他已經騎著馬悄悄離開，狗兒跑在前頭，愉快地搖著尾巴。

桑迪自告奮勇要整修這棟小屋，搭個棚子當廚房，努力讓我們匆忙設下的雜亂營地整齊些。

現在只剩一匹馬，查爾斯和我無法同時走太遠，因此我們把攝影、錄音器材和水瓶放到馬背上，牽馬往北方的平原探險。

帕索羅亞和皮科馬約河之間的查科地區被水流切割，這些溪流不深，有些長達數百碼，憑空冒出，又驟然止於一灘泥水。水中滿是布袋蓮等浮游植物，蚊子和凶惡的馬蠅在水面上嗡嗡飛舞。某處河岸旁，我看到一堆不太尋常的乾燥蘆葦，拿開山刀小心翼翼地戳了幾下，發現在內層潮濕的蘆葦下藏了十多隻小凱門鱷，牠們是鱷魚在南美洲的親戚[23]。其中幾條爬過我的腳掌，跳進溪裡，但還是被我撈起四隻。凱門鱷媽媽把蛋生在蘆葦搭的巢裡，靠著日照高溫孵蛋。我抓到的都還是六吋長的小寶寶，不過牠們已經會咬我的手指，並發出憤怒的鼻音，狠狠瞪著我，張大嘴巴露出帶著檸檬黃色條紋的口腔。我把一個布袋浸濕，將小凱門鱷丟進去。

23 註：凱門鱷的英文是caiman，鱷魚是crocodile，用字完全不同因此作者這邊補充。

我們東張西望，看溪邊還能找到什麼動物，突然間發現對岸有四名男子默默看著我們。他們是原住民，人手一把年代久遠的獵槍，裸著上身，光著腳，只穿著長褲和皮綁腿。他們臉上刺了花紋，編成一束一束的捲髮垂到臉頰邊。其中兩人扛著鼓脹的布袋，一人抱著已經拔毛放血的美洲鴕屍體。

顯然他們是獵人。招募厲害幫手的機會來了。我們涉水橫越小溪，試著以手勢邀請他們跟我們一起回營地。他們一臉茫然，倚著獵槍，最後我總算讓他們理解我的意思，他們以濃重的喉音迅速討論一番，然後點頭表示同意。

回到營地，桑迪能以瓜拉尼語和瑪卡語與他們溝通。他得知他們離開村子好幾天，就為了獵美洲鴕。阿根廷人拿美洲鴕的羽毛做撢子，可以賣到好價錢，因此這些原住民可以輕易拿羽毛跟交易商（像是老闆）換到火柴、鹽巴和子彈。他們已經在阿根廷邊界附近賣掉羽毛，現在要回村裡交差。桑迪向他們解釋如果能幫我們找動物，我們可以在合作期間提供木薯粉，只要找到任何動物，還有優渥的獎賞能拿。Tatu carreta 的價碼特別好。他們欣然同意，馬上討了點瑪黛茶當訂金。我們從少量的庫存裡分了幾杯茶給他們。依照方才談定的條件，我以為他們會走進灌木帶，開始獵捕動物，但他們似乎對自己的職責有不同的詮釋，躺在樹蔭下，拉起斗篷蓋住臉呼呼大睡。或許以時間來說，現在開始找動物有點太晚了吧。

他們在太陽下山時醒來，隔了一點距離生起營火，來跟我們討木薯粉，帶回火堆旁和帶骨的美洲鴕肉一起煮。碩大的銀月爬到樹梢，我們準備睡覺。那些原住民似乎白天睡得夠飽，不打算早點休息。

「說不定他們要整夜狩獵呢。」我對桑迪滿懷希望地說道。

桑迪苦笑幾聲。「我相信他們沒這個打算。不過，跟他們說也沒用，原住民是催不得的。」

我在兩棵樹間重新掛好吊床，爬進去準備入睡。原住民看起來開心極了，不停笑鬧。從我的位置可以看見，一瓶甘蔗酒在他們手中傳來傳去，不時喝下一大口。派對越來越失控，其中一人嗚嗚長嚎，把空酒瓶丟進火堆旁的灌木叢。我看著他的同伴從布袋裡掏出另一瓶酒。他們要鬧很久才肯睡。我翻個身，拿斗篷蓋住腦袋，再次努力入睡。

突然間，震耳欲聾的爆炸聲響起，腦袋上方嗡嗡作響。我警覺地往外一瞄，看到他們圍繞火堆嬉鬧，其中一人握著甘蔗酒瓶，四人一齊揮舞獵槍。有個人大叫一聲，再次對空鳴槍。

情勢完全失控，得要在有人受傷前好好處理。

查爾斯已經爬出吊床，鑽進小屋。我跟了上去，發現他正在拆開急救用品。

「天啊！你中槍了嗎？」

「沒有。」他沉著臉回應。「我要去確認他們沒有受傷。」

其中一人踉蹌走近，悲痛欲絕地倒持酒瓶，表示瓶子是空的。他喃喃說了些話，似乎是想再來一瓶。查爾斯遞給他一大杯水，往裡頭丟了點東西。

「安眠藥。」他對我說。「沒有任何害處，如果運氣夠好，在藥效發作前，我們不需要繼續躲子彈。」

另外三人圍了過來，腳步虛晃，不希望他們的同伴獨占了什麼好處。查爾斯從善如流，發給每個人下了藥的清水。他們大口灌下，眨眨眼，很意外我們提供的飲料沒有半點滋味。

我不知道安眠藥的藥效來得這麼快。第一個服藥的人丟下獵槍，重重坐在地上猛搖頭。他試著挺直上身，醉醺醺地點頭，掙扎了幾分鐘，仰躺在地。不久，這四個人陷入沉眠，營地總算恢復平靜。

隔天早上，他們的位置沒有移動過，直到下午才有人開始轉醒。甘蔗酒帶來最猛烈的宿醉，他們虛弱地坐在樹下，眼神惺忪，亂髮蓋住臉龐。

那天下午，他們搖搖晃晃地離開營地。我抱持著奢望，心想說不定他們鬧夠了，決定好好工作，回報我們的瑪黛茶和木薯粉，然而他們再也沒有出現過。

第二十九章　第二趟搜索

兩天後，庫倫達小跑步回到營地，送上親熱的吠叫和舔舐。惡魔緊跟在後，氣勢非凡，神情超然，領著其餘部下。狗兒聚在一棵樹下趴好，過了十分鐘，柯麥利轉了個彎，朝營地靠近。馬兒踏著輕快的腳步，他的帽子掛在後腦勺，寬褲破了個大洞。一看到我們，他失望地搖搖頭。

「什麼都沒有。」他翻下馬背。「我往東走了好幾哩，到了灌木帶的另一頭，還是沒有收穫。」

他吐了口口水，一切盡在不言中，轉身替馬兒刷毛。

「婊子。」我借用了殺牛表弟的西班牙粗話，蘊含滿滿的怨氣，深刻表現我的失望之情。

柯麥利咧嘴一笑，白牙在半長不短的黑鬍間格外醒目。

「你可以去找，只是你運氣要夠好。去年我在這一帶找到好多好多個 tatu carreta 的洞。

那時我沒別的事好做，就拿牠當目標，只是想看看牠長什麼樣子。整整一個月，每天晚上帶狗到處找，可是我們連一點味道都聞不到。我想說管牠去死。三天後的晚上，我完全忘記那個混帳了，沒想到一隻巨犰狳就從我的馬前面走過，我跳下抓住牠的尾巴。一點都不難，靠得全是運氣。我就只看過這麼一次。」

我還沒有那麼樂觀，幻想柯麥利會帶著活生生的巨犰狳回來，把不斷掙扎的野獸綁在馬鞍上，但我抱著一絲希望，希望他能找到洞穴、足跡、糞便，什麼都好，只要能證明巨犰狳住在這一帶。一旦掌握證據，我們可以展開地毯式搜尋。沒有證據，要往哪裡找都是問題。

柯麥利拍拍馬屁股，讓牠去旁邊吃草。

「朋友，別難過。年紀大的 tatu carreta 完全無法預料，說不定今晚就會自己走進營地呢。」說著，他解開行囊裡的布袋。「來，或許這會讓你們開心點。」

我鬆開袋口，小心翼翼地往裡頭看去，看到袋底一團紅色毛皮。

「這個會咬人嗎？」

柯麥利哈哈大笑，搖搖頭。

我伸手拎起一團、兩團……總共四團毛茸茸的小毛球，牠們眼神明亮，靈巧的尖鼻子，長尾巴上一圈圈黑毛。這是長鼻浣熊的寶寶。捧著這四隻可愛的小動物，我的失望之情瞬間煙消雲散。牠們膽子很大，爬到我身上，喉中擠出嗚嗚低吼，啃咬我的耳朵，鼻子伸進我的口袋裡。牠們活潑極了，不肯乖乖待在我懷裡，沒一會兒就落到地上打鬧不休、滾來滾去，追逐自己的尾巴。

成年的長鼻浣熊不好對付，滿嘴利牙，一心只想咬穿所有會動的東西，無論大小。牠們會舉家在灌木叢中遊蕩，把小型動物嚇得不敢妄動，只要可以入口，幼蟲、成蟲、樹根、雛鳥都逃不過牠們的嘴巴。柯麥利的狗群遇到帶著十隻寶寶的母長鼻浣熊，展開一場追逐，牠被逼到樹上，孩子也跟在後頭，柯麥利乘機逮到這四隻小東西。牠們還小，還教得動，溫馴的長鼻浣熊是最討喜的生物。我開開心心地收下這份大禮。

我們拿嫩枝搭了個大籠子，然後用藤蔓固定，並在中間插了根樹枝給牠們攀爬玩耍。牠們的第一餐是我們手邊僅有的存糧：水煮木薯。牠們熱情地撲上前，吃得稀哩呼嚕，一會兒就飽到差點走不動。牠們搖搖晃晃地窩到角落，抓抓鼓脹的肚子，沒過幾分鐘便相繼入睡。

可是木薯並不適合長鼻浣熊，牠們需要肉，我們也是。我們已經好幾天沒吃肉了，為了牠們，也為了我們，一定要弄點肉。在我們討論出該怎麼做之前，這個大問題適巧解決了。

二十名牧牛工人策馬奔向帕索羅亞，嘴裡嗚哇嗚哇亂叫，追趕一頭闖牛。

「Portiju！」柯麥利一躍而起，握著刀子衝了過去。

我一直以為要是被迫進屠宰場觀摩，我應該會瞬間成為素食主義者，不過現在闖牛落網的地點，離營地不到五十碼，我已經餓到能眼睜睜看著眾人手起刀落，心頭沒有半點不安。

柯麥利手肘以下鮮血淋漓，他肩上扛著半片牛肋，不到幾分鐘，肋排已在我們的營火上烤得滋滋作響、慢慢變色。牧牛工人登場後，過了四十五分鐘，我們總算吃到久違的肉。拿刀切肉太累贅了。我們握著長長的弓形骨頭，直接咬下柔軟的牛肉。我無法理解，為何艾西塔能將如此美味多汁的食材煮成硬梆梆的肉排。

「查科牛肉有兩種吃法。」桑迪邊吃邊說，「不是掛起來曬上幾天，要不就像這樣趁屍體還未僵硬時，現宰現吃。後者好吃太多了。」

我完全同意。從沒吃過如此美味的牛肉。

這群牧牛工人來自幾哩外的牧場，這趟是為了搜索走失牛隻。他們每隔幾天就殺一頭閹牛來吃，算我們走運，碰巧他們決定在帕索羅亞過夜時動手。

沒有人錯過白吃的午餐，就算是大食量的牧牛工人也無法分掉一整頭牛。殺牛表弟拎著一根還在淌血的牛腿走過。老闆和開瓶器表弟合力扛起一塊牛腩。柯麥利的狗兒狼吞虎嚥牛內臟，長鼻浣熊爭奪切成碎片的肋排。黑漆漆的禿鷲聚集在附近樹上，耐心等待輪到牠們領走自己那份屍骸的機會。

交易站和我們的營地間很快生起幾堆火，牧牛工人三兩成群，整片灌木帶彌漫烤肉的濃郁香氣。

柯麥利討來更多肋排，還搬回一大塊牛肩肉。我們實在是吃不下了，決定把剩餘的牛肉做成肉乾：切成長條，掛在繩子上曬乾。只要程序沒有問題，肉乾雖然不怎麼好吃，但至少能長時間存放。我們才剛掛好，回到火堆旁，一群和尚鸚哥隨即飛到肉條上，吵吵鬧鬧地大快朵頤。鸚鵡理論上是靠著水果和種子過活，可是查科的鸚鵡為了在貧瘠的地區過活，發展出不挑食的習性，眼前有什麼就吃什麼。改變食性的鳥類不只這一種，不久，漂亮的紅頭蟻唐納雀（red-headed cardinal）、金嘴舞雀（saltator，黑臉橘喙的大型雀類）、小嘲鶇（mockingbird）紛紛加入行列，在繩子上擺動長尾巴保持平衡，啄食生肉。

柯麥利打算轉往西邊，繼續尋找Tatu carreta，我很想與他同行。我們四個不能同時離開，丟下牛隻、行李、長鼻浣熊；柯麥利和我也不能騎走兩匹馬，讓查爾斯和桑迪無馬可用。這時我們發現開瓶器表弟手邊有匹馬，他說他不想出借，暗示想將其賣掉。他把名叫龐丘的馬兒牽來讓我們看看。我不太懂馬，也不知道要如何從牙齒判斷年紀，但就連我這個門外漢也看得出龐丘年事已高。牠的臉頰凹陷，背脊深深下垂，哀愁地彈彈耳朵，腦袋抬不起來。我想開瓶器表弟不想借馬，是怕這隻可憐蟲死於陌生的勞動形式，若是像牧牛工人那樣策馬狂奔，肯定會出事。但我無意這般折騰

吃生肉的和尚鸚哥。

牠，只需要讓牠載著我慢慢前進就好，龐丘應該做得來。年輕力壯的馬兒只會害我自取其辱。即便如此，我還是不太確定是否要買下他。

「多少？」我問。

「五百瓜拉尼。」開瓶器表弟滿懷希望地開價。

這樣大概是三十先令。我想這樣還挺划算的，便點頭答應了。

隔天，柯麥利和我一同離開，帶上一大包木薯粉和幾條肉乾。我們踏上灌木叢間的狹窄小徑，這裡的植被不像艾西塔牧場周圍那樣低矮多刺。狗兒靜靜往前探查，不時回到柯麥利身旁，隨即又轉身鑽進兩側的草叢。

到了傍晚，柯麥利突然勒馬落地。路旁有個大洞，不用他多說，我馬上從他得意的表情和洞穴的模樣意會過來——這是巨犰狳的傑作。洞口有兩呎寬，位於一個大土堆的側邊，這個土堆是一大群切葉蟻的巢穴，大片土塊散落在洞外，其中某些留有深深的凹槽，是巨犰狳前腳的爪印。我趴下來往洞裡看去。成群的蚊子在洞內嗡嗡盤旋，深處暗到看不清楚，我砍了根樹枝往裡頭戳。隧道不算太長——不超過五呎深。這不是tatu carreta的住處，只是牠挖來入侵蟻窩覓食的路徑。柯麥利追蹤巨犰狳離開蟻窩的腳印穿過灌木叢，繞到蟻窩另一側，發現類似的洞穴，功能一模一樣。洞口尺寸與挖洞時拋到一旁的土塊，顯示巨犰狳的體型和力量有多麼驚人。我們興奮極了，沿著腳印穿過布滿細刺的樹叢，在二十碼外找到第三個洞。經過半小時的搜索，我們總共找到十五個洞。狗兒幫我們確認這些洞全數空空如也，都是牠覓食的管道。

我們坐下來討論現下情勢。

「這些腳印不會超過四天。」柯麥利說，「不然就會被我們抵達此地時的大雨沖走。但也沒有很新鮮，氣味都沒了，腳印也挺模糊的。我想tatu carreta大概是四天前經過，現在可能已經跑到好幾哩外了。」

雖然結果令人沮喪，我只覺得振奮不已——至少親眼看到巨犰狳存在的證據，不然我都要懷疑牠是神話生物了。我們大費周章地搜遍樹叢，想找出巨犰狳移動的方向，可惜一無所獲。牠離開太久了，連狗兒也聞不出可供追蹤的氣味。於是我們沿著小徑繼續往西走，希望能找到更新的足跡。

太陽下山了，我們停下來紮營。柯麥利生了堆火，跟我一起拿肉乾當晚餐。

「先睡一下。」柯麥利說，「等月亮出來再找一圈。」

我在火堆旁攤開斗篷，閉上眼睛，夢見巨犰狳橫過龐丘面前。

柯麥利把我搖醒時，明月當空，皎潔的月光照亮灌木帶，幾乎可以看書了。我們再次安好馬鞍，在樹叢間悄悄移動。耳邊只聽得到轠繩鞍具摩擦的細碎聲響、不時掃過我們雙腳和馬腹的枝葉。灌木帶遠處傳來大雕鴞低沉陰鬱的嗚嗚叫聲，地下原本瘋狂鳴叫的蟋蟀被龐丘的蹄子震得安靜下來。

接近深夜，我們突然聽見惡魔尖銳的吠叫。牠找到什麼東西了。似乎連龐丘都染上興奮之情，我催促牠趕往惡魔的所在地，牠加快腳步，大膽地踏過灌木叢。我和柯麥利同時追上狗兒，一起跳下馬背，硬擠進樹叢，牠坐在地上，對著一隻動物時而低吼、時而吠叫。柯麥利叫牠讓開。我們看見一隻犰狳趴在地上。是九帶犰狳。

當晚，狗兒又找到兩隻九帶犰狳，除此之外沒有斬獲。我們在凌晨三點回到營地，睡到太陽升起。

我們繼續找了三天三夜。白天高溫難耐，我們早喝乾了從帕索羅亞帶來的骯髒開水，這一帶沒有水坑或溪流可以補充。我渴到難以忍受，柯麥利教我如何在乾涸的野地潤喉。灌木叢中隨處可見低矮的仙人掌，砍下一塊，拔掉尖刺，就可以吸到清涼的果汁。滋味類似小黃瓜，不過我不太喜歡讓人牙齒發酸的噁心餘味。不過呢，此地還有一種植物，數量更多，味道也更加單純。乍看之下不容易找到，它只有一小段扭曲的莖與稀疏的平凡葉子露出地面，往下挖兩呎才能找到尺寸和大蕪菁差不多的根，切開來能看到白色半透明的多汁組織，光是徒手一擰，就能榨出好幾杯飲水。

柯麥利在看似荒蕪的灌木叢間找到不少令伙食更加豐富的食材。他割下低矮的長刺棕櫚中央的白色嫩枝，說這東西營養豐富，原住民婦女哺乳時會特別找來吃。這個帶著堅果香的討喜氣味，讓人聯想到菊苣（chicory）。他告訴我哪些莓果可以吃、哪些有毒。某次我們遇到一棵倒下的樹，一群蜜蜂在樹幹內築巢。柯麥利準備劈開樹幹，我建議他先生火起煙，驅散大半蜂群，降低被螫的風險。這個做法把他逗得樂不可支。他說查科地區確實有會螫人的凶狠蜂類，但我們眼前這種蜜蜂只會在我們頭頂上警告似地嗡嗡飛舞，眼睜睜看我們拿柴刀劈開樹幹，毫無襲擊的意圖。我們挖出浸滿蜂蜜的蜂巢，連同蜂蠟、蜂糧、幼蟲，直接吃下肚，蜂蜜從我們的下巴滴落。

儘管白天馬不停蹄，但我們早不指望能找到巨犰狳。柯麥利說牠們幾乎只在夜裡出洞，不過或許能找到牠活動的痕跡。我們又找到幾個坑洞，挖掘的時期和先前找到的差不多，全都不是用來棲息的巢穴。夜裡，我們仰賴狗兒的鼻子偵測各種動物。牠們找到一隻披毛犰狳、幾隻三帶犰狳，某天晚上牠們逮到一隻狐狸，當場吃了。可惜都沒有找到更新鮮的巨犰狳足跡。

我們一路走到灌木帶的邊緣，小徑接上開闊的平原。柯麥利堅稱巨犰狳極少離開樹叢的遮蔽，再走下去也沒用。我們垂頭喪氣地回到帕索羅亞。

查爾斯和桑迪出來迎接，我們四個圍在火堆旁，我分享這幾天在灌木帶的見聞，這時，殺牛表弟來到營地，手中捧著毛茸茸的貓頭鷹雛鳥，牠睜著黃色大眼，睫毛特別長，腳掌相當大。殺牛表弟靦腆地笑著，似乎是覺得跟這麼幼稚的動物扯上關係有些尷尬。對雛鳥如此無關緊要的生物釋出善意、溫柔以待，並非其天性，但又不敢對牠太過怠慢，畢竟他還打算靠牠賺點外快呢。

他把小貓頭鷹放在地上，坐到火堆旁。雛鳥直直站著，鳥喙喀啦敲擊，自顧自地柔聲咕咕叫。我假裝沒有看到。

「晚安。」殺牛表弟格外有禮。

我們也同樣客氣地打招呼。

他朝雛鳥歪歪腦袋。

「很好。」他說。「很稀有。」

我裝模作樣地笑了幾聲。「這是大雕鴞南美亞種，一點都不稀有。」

殺牛表弟一臉不悅。

「很有價值的鳥，比tatu carreta還要稀有。我打算要養。」

他等著看我變臉，我直盯著火堆。

「你想要的話可以給你。」

「你要拿牠來換什麼？」

殺牛表弟等的就是這一刻，時機到了，他卻吞吞吐吐地羞於啟齒，遲遲無法說出我早就知道的答案。他拿樹枝撥撥火堆。

「你的刀。」他低喃。

反正我們馬上就要離開查科，在亞松森買把小刀還不容易嗎？我把刀子遞給宰牛表弟，收下雛鳥，給牠吃點東西。

這隻小貓頭鷹是我們在帕索羅亞最後的收穫。隔天早上就要動身，因為再過五天，載我們回亞松森的飛機就要抵達艾西塔牧場了。

第三十章　迷你動物園大搬家

超過兩星期的乾熱天氣，在我們騎馬回到艾西塔牧場時再次轉變，從滿天紅光的清晨時分開始凝聚的雲層化為暴雨，不到幾小時，屋外的飛機跑道已經積滿了水。當晚，佛斯提諾用無線電聯繫亞松森機場，取消隔天要來接我們的飛機。

又過了將近一星期，他才再次連繫機場，通報跑道差不多乾了，飛機可以安全降落。

飛機總算來了。我們小心翼翼地擺好犰狳、凱門鱷、長鼻浣熊、小貓頭鷹等動物。眾人在跑道上道別時，史皮卡帶來三隻小鸚鵡，最終大拍賣的價碼令他相當滿意。佛斯提諾給我們一大片生牛肉，要我們轉交給他在亞松森的親戚。「那些可憐的傢伙。」他說，「他們永遠吃不到美味的查科牛肉。」艾西塔嘴裡仍舊咬著雪茄，帶寶寶出來送行。柯麥利熱情地跟我握手說再見。「我會繼續去找Tatu carreta。如果在你們離開巴拉圭之前找到的話，我就親自騎馬送去亞松森。」

飛機引擎嘶吼發動，我們甩上機艙門，兩個小時後，我們回到了亞松森。

從庫魯瓜提和伊塔卡波帶回來的動物，在阿波羅尼歐盡心盡力的照顧之下養得很好，我們喜出望外。其中有幾隻已經成長到我們險些認不得了，阿波羅尼歐還替我們添上幾隻他自己抓的負鼠和蟾蜍。

接下來便是整趟旅程中最忙碌、最令人掛心的階段了。得要把所有的動物重新裝進輕便的攜帶式籠舍；得要讓海關職員仔細檢查，清點數量；得要請農林局的職員確認牠們健康狀況良好，身上沒有傳染病。我們必須安排好接駁的貨機——先飛布宜諾艾利斯，轉機到紐約，最後抵達倫敦。運送動物牽涉到無數法規，我們必須備好各個機場所需的正式文件，研究個一清二楚，就怕漏掉必備的文件和健康證明書。

同時，我們要自行餵食、清洗這些動物。就算由阿波羅尼歐擔下大半業務，這仍是個沒有休息時間的粗活。幼小的動物最麻煩，不能給小貓頭鷹直接吃肉，必須混著毛皮、軟骨、肌腱、羽毛一起下肚，牠們會反芻吐出球狀異物。伙食裡若是少了這些成分會導致消化不良。因此阿波羅尼歐和園丁兄弟花費大量時間抓野鼠和蜥蜴，讓我們剁碎，拿在手上餵給雛鳥。還有一窩無法自行進食的巨嘴鳥寶寶，我們每天分三次把莓果和碎肉深深塞進牠們的巨大鳥喙，直至食道。

剛來到巴拉圭時，我確認過以飛機運送整批動物回倫敦的唯一途徑，是在美國轉機，這樣等於是繞了遠路，可能會在接駁時有所延誤。現在是十二月，我們面臨的大問題是停留在紐約時替動物們找到有暖氣的住宿地點。這條路線不太理想，但我們認定別無他法。

這時，桑迪說他適巧遇到某間歐洲航空公司在本地的代表，對方宣稱他能幫我們安排從布宜諾艾利斯直接飛往歐洲，如此一來便能節省不少時間，比原本的規劃好多了，於是我們衝去航空公司的辦公室問個仔細。桑迪的朋友說他做得到，雖然布宜諾艾利斯沒有橫越大西洋的貨機航班，但他公司返回歐洲的不少客機航班在此時節都有四分之三的空位，因此他有辦法取得特別許可，讓其中一個航班運送我們和整批動物，只要交給他動物清單就好。我們快馬加鞭，複印了原交給海關的長長清單，上頭列明每一隻動物的性別、尺寸及詳細年紀。

他高聲念出內容，語氣充滿驚異。念到犰狳時，他皺起眉頭，翻開厚重的法規手冊，研究索引好一會兒，抬頭盯著我們。

「請問這是什麼動物？」

「犰狳。牠們很可愛，身上長著硬殼。」

「喔，是烏龜啊。」

「不是的，是犰狳。」

「是某種龍蝦嗎？」

「不對，牠們不是龍蝦。」我耐著性子解釋，「是犰狳。」

「用西班牙語要怎麼說？」

「犰狳（armadillo）。」

「瓜拉尼語呢？」

「Tatu。」

「英語呢？」

「很巧，也是犰狳（armadillo）。」我打趣道。

「先生，你們一定是哪裡弄錯了。」他說，「牠們肯定有別的名字，因為法規上沒有提到犰狳，這裡已經列出所有的動物了。」

「抱歉，牠們就叫這個名字，沒有別的了。」

他啪地一聲闔上手冊。

「別在意。」他語氣開朗。「我給牠們套上別的名字，這樣保證沒問題。」

有了他的強力擔保，我們取消了途經紐約的繁複航班。

離開亞松森前兩天，航空公司的代表來到我們的住處，一臉擔憂。

「非常抱歉，敝公司無法接下你們的貨物。布宜諾艾利斯的高層說沒列在手冊上的動物會散發異味。」

「胡說八道。」我嗤之以鼻。「我們的犰狳完全沒有味道。你給牠們冠上什麼名字？」

「我寫上某個我相信沒有人聽過的動物。我記不得你說的那個名字，所以我從我兒子的動物圖鑑裡找了一個。」

「你給牠們冠上什麼名字？」我又問了一次。

「臭鼬。」

「拜託，可以請你發電報給布宜諾艾利斯，說我的犰狳不是臭鼬嗎？」我努力壓抑怒氣。「牠們沒有味道，你要不要自己來看看？」

「沒用了。」他滿懷歉意。「艙位已經被其他貨物占走了。」

那天下午，我們回去找原本的航空公司，低聲下氣地詢問是否能重新預定一週前取消的紐約航班。

在亞松森待得越久，麻煩事就越多。感覺巴拉圭全國上下都知道我們的存在，各地民眾騎著腳踏車、開著搖搖晃晃的貨車或徒步湧向我們的住處，以葫蘆、箱子、束口袋帶來各種動物。這些在最後一刻滑壘上門的訪客中，最讓人振奮的動物，由桑迪和我前往康塞普西翁尋找巨犰狳的那次，在旅館遇到的男子帶來。他推著一輛手推車，車斗上以木板和細繩構成網子，關著一頭龐大奇異的狼。牠渾身紅棕色長毛，毛茸茸的三角形耳朵，胸口一片白毛，修長優美的四條腿與身體其他部位不成比例，氣勢非凡。感覺像是漂亮的德國牧羊犬映在哈哈鏡裡的扭曲身影，進入現實世界。這是罕見的鬃狼（maned wolf），只在查科地區和阿根廷北部找得到。牠的長腿跑得特別輕快，有人說牠是陸地上腳程最快的動物，甚至比獵豹還快。沒有人知道牠們為何需要這樣的速度——牠們不需要逃跑，美洲豹不會往牠們活動的開闊平原跑，要抓到犰狳和小型嚙齒類（假設這些是牠們的主食）也用不著狂奔。唯有美洲鴕的速度能與之匹敵，但沒有人看過牠們襲擊美洲鴕。據說以其身高能在平原上獲得極廣的視野，這點自然沒錯，可是仍然稱不上牠們發展出如此體態的原因。

我開心極了——倫敦動物園才剛發了封電報，通知他們剛從德國的動物園獲得一頭公鬃狼，問我們能否幫牠找個伴。幸好送上門來的正是一頭母狼。

牠的安置問題真是令人頭大。目前牠所待的籠子太脆弱，非常危險，而且小到讓牠無法轉身。儘管其主人說最近才逮到牠，但牠看起來相當乖巧，阿波羅尼歐和我替牠套上皮項圈時，沒有絲毫掙扎反抗。我們繃緊神經，牽牠離開籠子，拴在一棵樹下。我送上生肉，可是牠不屑一顧。阿波羅尼歐堅持要給牠吃香蕉，感覺一點都不像狼的食物，沒想到牠一口氣就吃了四根。過了一會兒，牠不斷用力拉扯項圈，我怕牠會傷到自己的頸子，於是把雞關進籠子，讓牠在淨空的雞舍裡活動，轉頭拿鋸子和鎚子，將一個大木箱改造成牠的籠子。當晚，籠子大功告成，我們把它放進雞舍角落，努力哄牠進籠，但牠對我們凶狠吼叫，只好改變策略：阿波羅尼歐在籠子深處擺上更多香蕉，自己則坐在一旁操縱控制籠門的繩子，就等牠自己踏進去。我則是跑去打造長鼻浣熊的外出籠。

夜幕低垂，狼毫無進籠的意思。我上前與阿波羅尼歐討論，就在此時，牠突然跳起，輕輕一躍，爬過雞舍網子上方，消失得無影無蹤。

為了擋住流浪狗，院子的籬笆相當牢固，我很樂觀地以為這能阻止牠跑進城裡，然而這棟屋子幅員廣大，種了大量的竹子、開花的樹木、觀賞用的仙人掌。現在天色很暗，我們跑去拿了手電筒，加上查爾斯，三人在院子裡找了一個小時。我們找不到這匹狼的半點蹤跡，牠彷彿化為一陣輕煙，隨風飄散。我們兵分三路，各自搜索一個區域。

「先生、先生。」阿波羅尼歐在院子另一端大喊，「牠在這裡！」

我跑了過去，看到他拿手電筒照著那匹狼，牠坐在一片小棵仙人掌圍繞的草地上，神情猙獰。沒錯，找到牠了，那接下來要怎麼做呢？我想不到具體對策。我們既無繩子，也沒有網子和籠子。在我陷入沉思的當頭，阿波羅尼歐跳過仙人掌，抓住牠的後頸。既然他都如此英勇了，我也不好意思當縮頭烏龜，也跟著跳過仙人掌，撲向扭成一團的一人一狼，抱住阿波羅尼歐的腰。等到我解開雙手，狼嘴已經卡在他手上，我跨坐在牠背上，牢牢扣住牠的腦袋，不用擔心被咬。發覺有人從背後制住牠，狼放開阿波羅尼歐的手，幸好他沒有傷得太重。查爾斯乘機跑去扛籠子過來，狼在我們懷裡拚命掙扎，感覺過了許久，他才帶著籠子現身，讓我們把狼塞進去。

總算打點好大小事務，離開巴拉圭的時刻到了。許多朋友到機場送行，我們最後一次從亞松森機場起飛，不捨與慶幸在心頭交織。

我們要在布宜諾艾利斯等上兩天，不過動物可以寄放在海關貨棚，避開複雜的入境與檢疫問題。抵達當地時，我聽說有個朋友和他太太也在這裡，正展開他們收集動物的冒險之旅。我查到他的電話號碼，與之聯絡。他的妻子接起電話，聽完我們細數這趟的收穫後，她跟我們提起他們的計畫。

「喔，對了。」她淡然道，「我們弄到了一隻巨犰狳。」

「真棒。」我盡力隱藏滿心嫉妒。「可以讓我們看看嗎？我們在巴拉圭找了好久，我想親眼見識牠們的真面目。」

「這個嘛，其實還沒有真正到手。但我們聽說五百哩外，在阿根廷北部有個小伙子抓到一隻，我們要過去接牠。」

若是提起我們在康塞普西翁的慘敗經驗，恐怕會很潑冷水。幾個月後，我發現他們跟我們一樣不走運。

我們的貨機延遲了幾個小時起飛，害我們在波多黎各搭不上接駁的班機。幸好碰巧有架豪華客機要回紐約，機上空無一人，航空公司高層又好心准許我們帶著動物上飛機。飼料存量岌岌可危，不過空服人員提供大量無人享用的飛機餐。我沒有實驗手邊的動物是否會喜歡魚子醬，但犰狳和長鼻浣熊愉快地吃了點燻鮭魚、鸚鵡大啖新鮮的加州蜜桃。

降落紐約時，看到機外滿地白雪，心中警鈴大作。假如無法在幾分鐘內替動物找到有暖氣的倉庫，牠們肯定會凍死。我小看了美國人對中央空調暖氣的執著，我的動物被送進平凡無奇的倉庫，裡頭的溫度感覺比亞松森的均溫還要高出不少。

隔天晚上，我們抵達倫敦。動物園的職員開著暖呼呼的貨車來接動物，一轉眼就把牠們送到攝政公園。看著牠們消失在夜色中，我總算放下心頭重擔。從亞松森出發後過了六天，沒有任何一隻動物生病或不舒服，更沒有任何一條生命消逝，我感到十分寬慰。

接下來的幾星期內，我去動物園探望牠們好幾次。大雕鴞雛鳥羽毛幾乎長齊了，體型突飛猛進。動物園裡有一隻孤單多年的公大雕鴞。母貓頭鷹的體型比伴侶還要龐大，我們帶來的雛鳥儘管年幼，體型已和未來的另一半並駕齊驅，等到兩隻鳥能共處一室時，想必牠可以好好照顧自己。

我對那頭鬃狼和早在園裡安頓下來的公狼初見時的發展格外在意。動物園的重要功能之一，是替稀有動物配對繁殖，要是這個物種在自然環境下面臨滅絕危機，這些動物還能在動物園內存活，或許有朝一日，園裡出生的動物有辦法野放，回到家鄉重振旗鼓。聽起來像是空口說白話，不過倫敦動物園早已在該領域擔任重要角色。稀有的大衛神父鹿（四不像，Père David's deer）多年前在中國絕種，倫敦動物園、貝德福德公爵邸宅沃本莊園（Woburn Abbey）的鹿園圈養了幾隻。近年，倫敦動物園將園內的大衛神父鹿送回中國，讓牠們在絕種了半個世紀後，回到家鄉落腳。

再過不久，鬃狼或許也會陷入危機，牠們已經相當稀少了，每年都有更多牧場主人到查科地區開墾，占據土地。因此，園內的這對鬃狼是否能接納彼此是極大的關鍵。貿然讓牠們進同一個籠舍是相當危險的做法，可能會大打出手，在我們控制住兩匹狼前打得遍體鱗傷。哺乳類區館長德斯蒙．莫里斯（Desmond Morris）和我看著管理員打開柵門，讓公狼走進母狼的籠舍。牠原本腳步輕快，一看到母狼就往後跳開，僵在原地，豎起鬃毛，捲起嘴唇發出無聲咆哮。母狼的反應與牠雷同。公狼突然張口一咬，但嘴巴沒有碰到母狼。母狼也咬了回去，兩頭狼打鬧一會兒。公狼垂著腦袋緩緩接近。母狼沒有移動，任由公狼嗅聞，卻是一臉淡漠的退到角落。公狼跟了上去。不久，兩匹狼趴在彼此身旁，公狼從喉嚨深處發出柔和的咕嚕聲，伸腳碰了碰母狼伸直的前腿。毋庸置疑，牠們接納了彼此。或許再過幾年，能在倫敦動物園裡看到這對美麗的動物繁衍成大家庭。

德斯蒙．莫里斯對我們帶回來的犰狳讚不絕口。我們帶回來四種犰狳，總共十四隻，但我仍舊為了無法抓到巨犰狳而情緒低落。我向德斯蒙描述在漫長艱辛的搜索旅途間看到的大洞，他聽得入神，認同我的看法：只要能看到這個奇蹟似的動物一眼就沒有遺憾了。不過他心地善良，淡化了我們的失敗。「至少你們帶給動物園更多犰狳，無論是數量還是種類，都超越我們原本的收藏。而且啊，三帶犰狳所屬的亞種，可是第一次在本園展出活著的個體。」

一週後，我接到他的電話。

「天大的好消息。」他興奮極了。「在巧到極點的機緣之下，我收到一名巴西商人的來信，他說他有一隻巨犰狳。」

「好極了！你能百分百確定那真的是巨犰狳嗎？還是說他跟康塞普西翁的小伙子一樣，想試探你會付多少錢？」

「當然。他是名聲高尚的動物商人，絕對不會亂講話。」

「喔，衷心期盼你能收到巨犰狳。」

「一定會很順利的！」

又過了一個禮拜，他又打了通電話給我。

「那隻犰狳剛從巴西送達。可是你恐怕要失望了。牠只是體型特別大的披毛犰狳，跟你那隻六帶犰狳一樣。你那個『找不到巨犰狳俱樂部』的副會長非我莫屬。」

三個月後，他的電話又來了。

「我想你會想知道這件事。」他的語氣平靜。「我們得到巨犰狳了。」

「哈哈！這事早聽你說過啦。」

「牠真的就在動物園裡，我正盯著牠看呢。」

「天啊，你到底從哪弄來的？」

「伯明罕！」德斯蒙應道。

我立刻趕到動物園。伯明罕的動物商人從蓋亞那找到這隻動物，牠是英國第一隻活生生的巨犰狳。我著迷不已，仔細打量，牠黑色的小眼睛緊盯著我。這隻巨犰狳超過四呎長，擁有巨大的前爪，而且跟我們納入旗下的各種犰狳不同，似乎偏好以後肢行走，前腳只是稍微接觸地面。每一個甲片的面積特別大，形狀各異，同時也帶有彈性，感覺像是披著鏈甲。牠在籠舍裡緩慢行走，追著自己粗壯的尾巴打轉，活像是上古怪物。牠是我這輩子見過最奇特、最美妙的動物。

看著牠，我想到康塞普西翁郊外森林裡的德國人，想到我們在帕索羅亞找到的坑洞和腳印，想到柯麥利和我在查科灌木叢中就著月光搜索的夜晚。

「很棒吧？」管理員問。

「是啊，真的很棒。」

國家圖書館出版品預行編目（CIP）資料

年輕自然博物學家冒險實錄：來自動物園的跨海請託／大衛·艾登堡爵士（Sir David Attenborough）作；楊佳蓉翻譯. -- 初版. -- 臺北市：馬可孛羅文化出版：英屬蓋曼群島商家庭傳媒股份有限公司城邦分公司發行, 2023.04
面；　公分. --（當代名家旅行文學；MM1154）
譯自：Adventures of a young naturalist : the zoo quest expeditions
ISBN 978-626-7156-68-1（平裝）

1. CST：艾登堡（Attenborough, David, 1926- ）　2. CST：動物學　3. CST：世界地理　4. CST：傳記

380　　112001677

【當代名家旅行文學】MM1154

年輕自然博物學家冒險實錄：來自動物園的跨海請託

Adventures of a Young Naturalist: The Zoo Quest Expeditions

作　　者❖大衛·艾登堡爵士 Sir David Attenborough
譯　　者❖楊佳蓉
封面設計❖朱　疋
內頁排版❖張彩梅
總 編 輯❖郭寶秀
責任編輯❖郭棤嘉
特約編輯❖林俶萍

發 行 人❖涂玉雲
出　　版❖馬可孛羅文化
10483台北市中山區民生東路二段141號5樓
電話：（886）2-25007696
發　　行❖英屬蓋曼群島商家庭傳媒股份有限公司城邦分公司
10483台北市中山區民生東路二段141號11樓
客服服務專線：（886）2-25007718；25007719
24小時傳真專線：（886）2-25001990；25001991
服務時間：週一至週五9:00～12:00；13:00～17:00
劃撥帳號：19863813　戶名：書虫股份有限公司
讀者服務信箱：service@readingclub.com.tw
香港發行所❖城邦（香港）出版集團有限公司
香港灣仔駱克道193號東超商業中心1樓
電話：（852）25086231　傳真：（852）25789337
E-mail：hkcite@biznetvigator.com
馬新發行所❖城邦（馬新）出版集團 Cite (M) Sdn. Bhd.(458372U)
41, Jalan Radin Anum, Bandar Baru Seri Petaling,
57000 Kuala Lumpur, Malaysia
電話：（603）90578822　傳真：（603）90576622
E-mail：services@cite.com.my
輸出印刷❖中原造像股份有限公司
初版一刷❖2023年4月
定　　價❖560元（紙書）
定　　價❖392元（電子書）

First published in Great Britain in 1980 by Lutterworth Press as *The Zoo Quest Expeditions: Travels in Guyana, Indonesia and Paraguay*.
This edition first published in Great Britain in 2017 by Two Roads, an imprint of John Murray Press, An Hachette UK company

ISBN：978-626-7156-68-1（平裝）
EISBN：9786267156711（EPUB）
城邦讀書花園
www.cite.com.tw